普通高等教育系列教材

电工技术基础

主　编　秦　雯
副主编　马慧霞　李　慧
参　编　林　娟　刘　青　李芳芳

机 械 工 业 出 版 社

本书在“必须、够用”的原则下，总结多年的教学实践经验编写而成。全书共分11章，主要内容包括电路的基本概念与基本定律、电路的分析方法、正弦交流电路、三相正弦交流电路、电路的暂态分析、磁路和变压器、异步电动机、继电-接触器控制、可编程序控制器、工厂供电与安全用电、电工测量。为便于学生复习、巩固所学的知识，各章均配有小结、思考与习题。

本书可作为高等工科院校大学本科、高职高专非电类专业的教材使用，也可作为成人教育大学、电视大学和网络教育等同类专业的教材，还可以作为工程技术人员的学习参考资料。

为方便教学，本书有电子课件、思考与习题答案、模拟试卷及答案等教学资源，凡选用本书作为授课教材的老师，均可通过电话（010-88379564）或QQ（2314073523）索取，有任何技术问题也可通过以上方式联系。

图书在版编目（CIP）数据

电工技术基础/秦雯主编．—北京：机械工业出版社，2017.12（2023.1重印）

普通高等教育系列教材

ISBN 978-7-111-59743-8

Ⅰ.①电…　Ⅱ.①秦…　Ⅲ.①电工技术-高等学校-教材　Ⅳ.①TM

中国版本图书馆CIP数据核字（2018）第081860号

机械工业出版社（北京市百万庄大街22号　邮政编码100037）
策划编辑：曲世海　责任编辑：曲世海
责任校对：王明欣　封面设计：陈　沛
责任印制：郜　敏
北京盛通商印快线网络科技有限公司印刷
2023年1月第1版第4次印刷
184mm×260mm · 12印张 · 293千字
标准书号：ISBN 978-7-111-59743-8
定价：39.00元

电话服务		网络服务	
客服电话：	010-88361066	机　工　官　网：	www.cmpbook.com
	010-88379833	机　工　官　博：	weibo.com/cmp1952
	010-68326294	金　　书　　网：	www.golden-book.com
封底无防伪标均为盗版		机工教育服务网：	www.cmpedu.com

前　言

本书在“必须、够用”的原则下，在创新性及实用性的指导思想基础上，总结多年的教学实践经验编写而成。

本书主要分为电路基础及电动机与控制两大部分。电路基础部分重点对线性电路理论的基本概念、基本元件、基本定律、基本定理、基本分析方法、基本测量技能等进行了深入浅出的阐述。电动机与控制部分主要从应用的角度，讲解了变压器和异步电动机的结构、工作原理、基本控制方法，并借助经典的继电-接触器控制概念，介绍了PLC控制技术。在“电工技术基础”课程的教学中，各院校可根据具体的授课学时和专业要求选择本书中适当的内容进行讲授。

“电工技术基础”教学内容广泛，信息量大。本书内容以注重电工技术基础知识为主线，例题以注重掌握与提高理论知识为目的，习题以注重综合能力培养为目标，力求讲清基本概念，做到深入浅出、通俗易懂，利于学生阅读和自学。

本书由秦雯任主编并统稿。编写分工为第4章、第9章由秦雯和李慧编写，第2章由李芳芳编写，第7章、第10章由马慧霞编写，第3章、第8章、第11章由刘青编写，第1章、第5章、第6章由林娟编写。

本书的编写得到了同行们的大力支持，在这里表示诚挚的谢意！对于书中疏漏及不当之处，恳请广大读者指正。

编　者

目　录

第 1 章　电路的基本概念与基本定律

内容提要：本章从电路模型入手，介绍了电路的组成、主要物理量、状态，电源的两种模型及其相互间的等效变换；阐述了电路的基本定律——基尔霍夫定律。这些内容都是分析与计算电路的基础。通过本章的学习，可以为以后分析复杂电路打下基础。

1.1　电路与电路模型

1.1.1　电路

电路是电流的通路。它是为了满足某种需要，将一些电气设备或元器件按照一定的方式连接而成的。

电路的结构、组成方式是多种多样的，但总的来说，一般由三个部分组成：电源、负载和中间环节。图 1-1 所示为最简单的一个实际电路的组成。它由干电池、开关、灯泡和连接导线组成。

电源是供应电能的设备，是将非电能转换成电能的装置，图 1-1 中的干电池就是将化学能转化为电能，给灯泡提供电能。又如，发电厂内发电机可以把光能、水能、热能等转换为电能，是常用的电源。电源是电路中能量的来源，是提供电流的源泉。

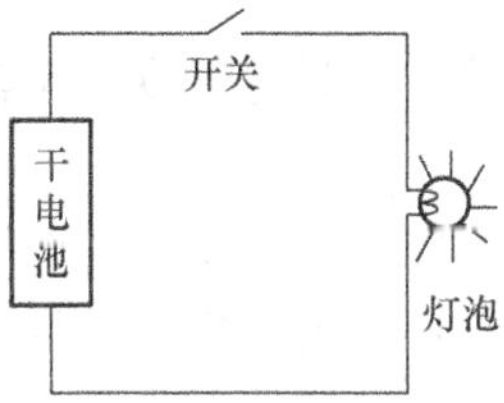

图 1-1　电路的组成

负载是取用电能的设备，它将电能转换为非电能。如图 1-1 中的灯泡是将电能转化成为光能和热能。负载是电路中的受电器。

连接电源和负载的部分是中间环节，包括导线、开关等一些装置和设备。其作用是传递和控制电能，以构成完整的电流通路。

现在工程技术领域中的电路种类繁多，形式和结构各不相同。但就其功能而言，电路可分为电力电路和信号电路两大类。

实现能量转换、传输和分配的电路称为电力电路。电力系统就是典型的例子。发电机将其他形式的能量转换为电能，经输电线传输、分配到各个用户，用户把电能转换为光能、热能、机械能等形式加以利用。这类电路中电压高、电流大、功率高，俗称“强电”系统，该系统的要求是尽可能地减少能量损耗以提高效率。

以传递和处理信号为目的的电路称为信号电路。常见的例子如收音机、电视机。收音机接收到微弱的电磁波后，经放大、混频、解调等处理电路，最终将信号传递给扬声器，还原为原始声音信号。与电力电路相比，信号电路中功率和电流小，电压低，因此俗称“弱电”系统。该类系统要求信号传递的质量高，如不失真、灵敏、准确等。

1.1.2　电路模型

实际电路是由一些起不同作用的实际元器件组成。这些实际元器件品种多样，且工作过程中表现出的电磁性能往往比较复杂，这就给电路分析带来许多困难。为了使问题得以简化，以便讨论电路的普遍规律，通常是将实际元器件理想化（或称模型化）。即在一定条件下，只考虑其主要的电磁性质，忽略它的次要因素，把它看作理想电路元器件。图 1-1 中，灯泡不但发热而且消耗电能，具有电阻性；在其周围还会产生一定的磁场，具有电感性。但是灯泡的电感很微小，可以忽略不计，因而可以用电阻元件代替灯泡。再如，用内电阻 R_S 和电动势 E 的串联来代替电池等。图 1-2 是在电工学中经常用到的几种理想元件的电路符号。

用一些理想电路元件组成的电路，就是实际电路的电路模型（理想电路）。图 1-1 的电路模型如图 1-3 所示。无论简单的，还是复杂的实际电路，都可以通过电路模型充分地描述。因此，电路模型的研究可以达到分析实际电路的目的。

本书电路分析中所涉及的电路都是电路模型。

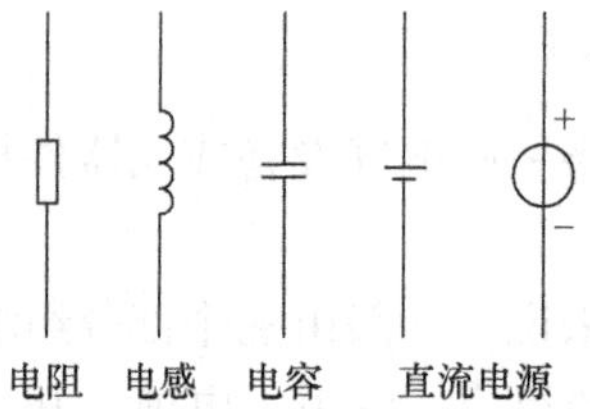

图 1-2　理想元件的电路符号

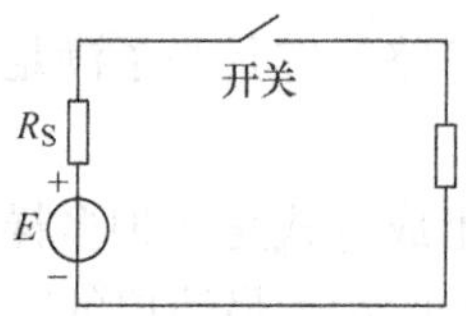

图 1-3　电路模型

1.2　电路的基本物理量及其参考方向

电流、电压、功率等物理量是电路分析中经常用到的物理量。本节将对这些物理量以及与它们有关的概念进行说明。

1.2.1　电流及其参考方向

1. 电流的概念

电流是由电荷有规律的定向运动形成的。习惯上规定电流的方向是正电荷运动的方向或负电荷运动的反方向。

电流的数值（大小）等于单位时间内通过某一导体横截面的电荷量，用符号 i 表示。其定义式为

$$i = \mathrm{d}q/\mathrm{d}t \tag{1-1}$$

式中，$\mathrm{d}q$ 为 $\mathrm{d}t$ 时间内通过导体横截面的电荷量。

式(1-1) 表示，电流是随时间而变的。数值和方向随着时间进行周期性变化的电流，称为交流电流，用英文小写字母 i 表示。如果电流不随时间变化而变化，即 $\mathrm{d}q/\mathrm{d}t$ = 常数，则称这种电流为直流电流，简称直流。直流电流用英文大写字母 I 表示。直流电流的定义式为

$$I = Q/t \tag{1-2}$$

式中，Q 为 t 时间内通过导体横截面的电荷量。

在国际单位制（SI）中，电流的单位是安［培］，符号为 A。电流的常用单位还有毫安（mA）和微安（μA）。它们之间的换算关系是

$$1\text{A} = 10^3\ \text{mA} = 10^6\ \mu\text{A}$$

2. 电流的参考方向

电流的实际方向是客观存在的。但在电路分析中，特别是分析复杂电路时，电流的实际方向往往难以判断。特别是对于交流电流，其方向随时间而变，是无法标出它的实际方向的。为此，引入了“参考方向”这一概念。

参考方向是人为地任意选定的一个方向。即在分析电路时，可任意选定一个方向作为电流的参考方向，在电路中用箭头表示。当然，参考方向并不一定与电流的实际方向一致。如果实际方向与参考方向一致，则电流为正值；反之，当电流的实际方向与参考方向相反时，电流为负值，如图 1-4 所示。这样，电流就是一个代数量了，可以根据电流的正、负值来确定电流的实际方向。

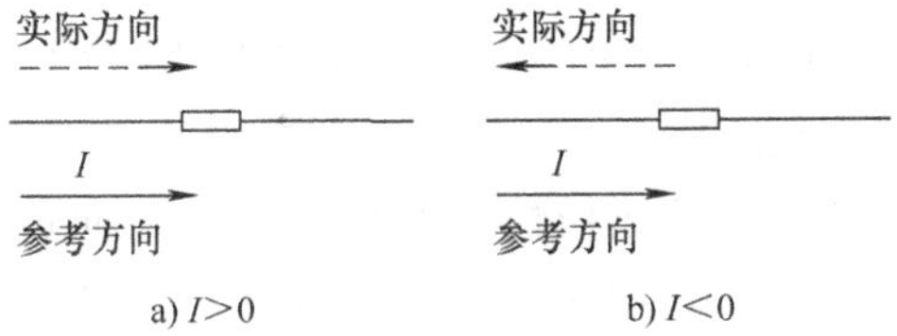

图 1-4　电流的参考方向与实际方向

1.2.2　电压及其参考方向

1. 电压的概念

图 1-5 中，A、B 是电源的两个电极，A 带正电为正极，B 带负电称为负极，A、B 间产生由 A 指向 B 的电场。若将 A、B 用导体连接起来，则在电场力的作用下，正电荷会沿导体从 A 移到 B（实际是导体中的自由电子在电场作用下由 B 移到 A，两者等效），形成电流，这就是电场力对电荷做了功。

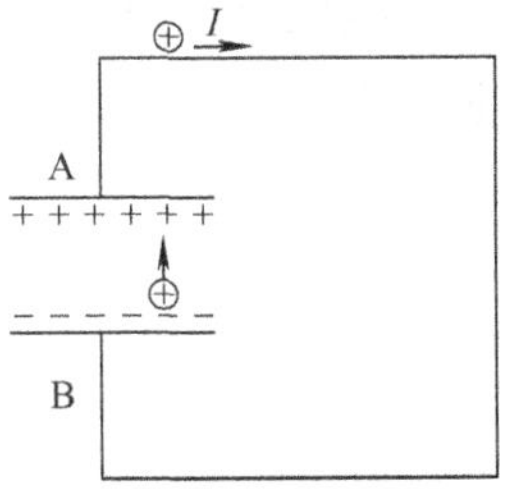

图 1-5　电荷的移动回路

为了衡量电场力对电荷做功的能力，引入了“电压”这一物理量。A、B 两点间的电压定义为：电场力把单位正电荷从 A 点移动到 B 点所做的功，用符号 u_{AB} 表示。其定义式为

$$u_{AB} = dw_{AB}/dq \tag{1-3}$$

式中，dw_{AB}为电场力将 dq 的正电荷从 A 点移动到 B 点所做的功。

随时间而变的电压称为交流电压，用英文小写字母 u 表示。不随时间而变的电压称为直流电压，用英文大写字母 U 表示。

在国际单位制中，电压的单位是伏［特］，符号为 V。常用的电压单位还有千伏（kV）、毫伏（mV）。它们之间的换算关系是

$$1\text{V} = 10^{-3}\ \text{kV} = 10^{3}\ \text{mV}$$

2. 电动势的概念

图 1-5 中，在电场力的作用下，随着正电荷从 A 点移到了 B 点，会使电极 A 的正电荷逐渐减少，A、B 间电场减小，甚至消失。这样，导体中电流也会减小到零。为了维持电流的流通，必须有一种力，能够克服电场力做功，使运动到电极 B 的正电荷流向电极 A，以保证 A、B 间电场恒定，这种力称为电源力。电动势是描述电源力对正电荷做功能力的物理量。定义为：电源力把单位正电荷从电源负极移到正极所做的功，用符号 e 表示。其定义式为

$$e = dw_{BA}/dq \tag{1-4}$$

式中，dw_{BA}为电源力将 dq 的正电荷从 B 点移动到 A 点所做的功。

电动势的单位与电压单位相同。

根据定义规定，电压的方向是从正极性（高电位）端指向负极性（低电位）端；电动势的方向是从负极性（低电位）端指向正极性（高电位）端，两者方向相反。

若忽略电源内部的其他能量转换，根据能量守恒定律，电源的电压在数值上等于电动势。

3. 电压和电动势的参考方向

与电流相似，在电路分析时，可以给电压、电动势规定参考方向。其参考方向有三种表示方式：

（1）采用参考极性表示　如图 1-6a 所示，在电路元件上标出正（+）、负（-）极性。

（2）采用箭头表示　如图 1-6b 所示，箭头方向为参考方向。

（3）采用双下角标表示　在图 1-6c 中，U_{AB}表示参考方向是由 A 指向 B，E_{AB}表示参考方向是由 B 指向 A。

在规定了参考方向后，电压和电动势成为代数量。参考方向与实际方向一致则取为正，有 $U>0$；参考方向与实际方向相反则取负值，有 $U<0$。

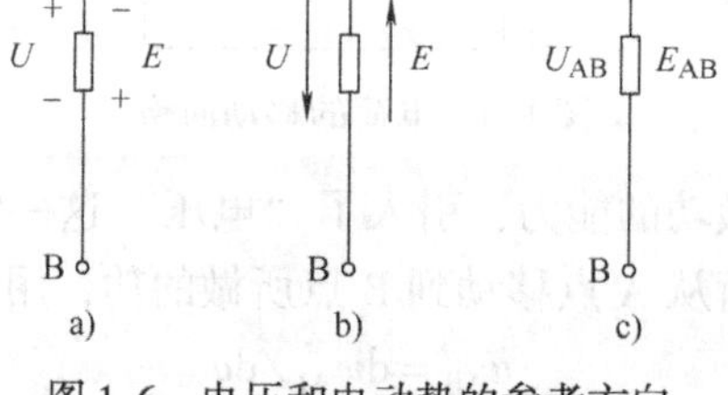

图 1-6　电压和电动势的参考方向

4. 关联参考方向

在规定了电压和电流的参考方向后，若电压和电流的参考方向选取一致，称为关联参考方向，如图 1-7a 所示。若不一致，则称为非关联参考方向，如图 1-7b 所示。

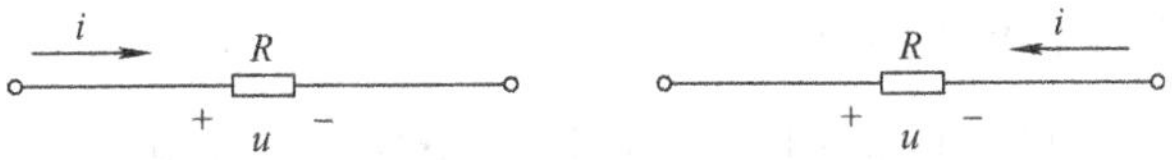

a) 关联参考方向　　b) 非关联参考方向

图 1-7 电压和电流的参考方向

1.2.3 电功率和电能

1. 电功率

图 1-5 中，正电荷在电场力的作用下，从高电位移至低电位使电能减少；正电荷在电源力的作用下，吸收电能后从低电位移回高电位。在这些电能转换中，电能的转换速率称为电功率，简称功率，用符号 p 表示。其定义式为

$$p = \mathrm{d}w/\mathrm{d}t \tag{1-5}$$

式中，$\mathrm{d}w$ 为 $\mathrm{d}t$ 时间内转换的电能。

功率 p 也可以表示为

$$p = \mathrm{d}w/\mathrm{d}t = u\mathrm{d}q/\mathrm{d}t = ui \tag{1-6}$$

直流时有

$$P = UI \tag{1-7}$$

在国际单位制中，功率的单位是瓦［特］，符号为 W。功率常用的单位还有千瓦（kW）、毫瓦（mW）等。它们之间的换算关系是

$$1\mathrm{W} = 10^{-3}\mathrm{kW} = 10^{3}\ \mathrm{mW}$$

在考虑电压、电流的参考方向时，功率也是代数量。式(1-6)、式(1-7) 是在电压与电流的参考方向一致时的表达式。当电压与电流的参考方向不一致时，表达式应加“－”号，即

$$p = -ui \quad 或 \quad P = -UI \tag{1-8}$$

无论电压与电流的参考方向是否一致，代入相应的公式后，如果计算结果为正值，说明元件实际消耗（吸收）功率，在电路中为负载或起负载的作用；若得到的功率为负值，说明元件实际发出（产生）功率，在电路中为电源或起电源的作用。当然，根据能量守恒定律，电路中元件发出的功率之和应该等于元件吸收的功率之和，即整个电路的功率是平衡的。

2. 电能

在时间 t 内，电路转换的电能为

$$W = \int_0^t p\mathrm{d}t \tag{1-9}$$

直流时有

$$W = Pt \tag{1-10}$$

在国际单位制中，电能的单位是焦［耳］，符号为 J。另外，工程上常用“度”作为电能的单位。它等于功率为 1kW 的用电设备在 1h 内消耗的电能。

$$1\text{度} = 1\text{kW}\cdot\text{h} = 1000\text{W}\times3600\text{s} = 3.6\times10^6\text{J}$$

例 1-1 图 1-8 所示是某电路中的一部分，已知 $U_1=5\text{V}$，$U_2=3\text{V}$，$I=-2\text{A}$。(1) 求元件 1、2 的功率，说明它们是消耗还是发出功率，起电源还是负载作用；(2) 元件 3 消耗功率为 14W，求 U_3；(3) 求 A、B 端的总功率及在 1h 内消耗电能多少千瓦时（度）。

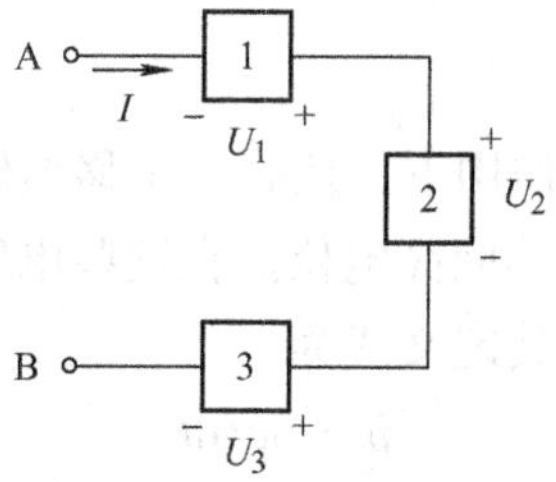

图 1-8 例 1-1 电路

解：(1) 元件 1 的电压与电流参考方向不一致，故

$$P_1 = -U_1I = -5\text{V}\times(-2\text{A}) = 10\text{W}$$

$P_1>0$，元件 1 消耗功率，起负载作用。

元件 2 的电压与电流参考方向一致，故

$$P_2 = U_2I = 3\text{V}\times(-2\text{A}) = -6\text{W}$$

$P_2<0$，元件 2 发出功率，起电源作用。

(2) 元件 3 的电压与电流参考方向一致，且消耗功率（$P>0$），有

$$P_3 = U_3I = 14\text{W}$$

$$U_3 = P_3/I = 14\text{W}/(-2\text{A}) = -7\text{V}$$

(3) 总功率为

$$P = P_1+P_2+P_3 = (10-6+14)\text{W} = 18\text{W}$$

$$W = Pt = 18\times10^{-3}\text{kW}\times1\text{h} = 0.018\text{度}$$

1.3 基尔霍夫定律

1.3.1 基本概念

基尔霍夫定律是由德国物理学家 G·基尔霍夫教授在 1847 年提出来的。它是电路的基本定律之一，包含有基尔霍夫电流和基尔霍夫电压两条定律。

为了便于讨论，先介绍几个有关的名词。

1. 支路

电路中流过同一电流的每一个分支，都称为支路，如图 1-9 中有 ADC、ABC、AC 三个支路。

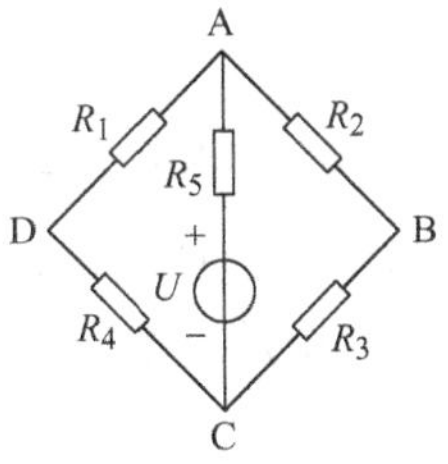

图 1-9　电路举例

2. 节点

电路中三个或三个以上支路的连接点称为节点，如图 1-9 中有两个节点：A 和 C。

3. 回路

由一个或多个支路组成的闭合路径称为回路，如图 1-9 中共有三个回路：ABCA、ACDA 和 ABCDA。

4. 网孔

网孔是平面电路中的回路，在该回路内部不存在其他支路，如图 1-9 中共有两个网孔：ABCA 和 ACDA。

1.3.2 基尔霍夫电流定律

基尔霍夫电流定律简称 KCL，它是描述电路中连接在同一节点上各支路电流之间关系的定律。KCL 内容是：任意时刻，流过电路中任一节点的各支路电流的代数和恒等于零。其数学表达式(或称为 KCL 方程) 为

$$\sum i = 0 \tag{1-11}$$

在运用 KCL 方程前，必须首先假定每一支路电流的参考方向，再根据参考方向是流入还是流出节点来假定该电流的正、负。如果规定流入节点的电流为正（带“+”号），则流出节点的电流就为负（带“-”号），反之亦然。

例如图 1-10 中，对节点 A 有电流 I_1、I_2流入，I_3、I_4流出，可列出 KCL 方程为

$$I_1 + I_2 - I_3 - I_4 = 0$$

上式也可以写为

$$I_1 + I_2 = I_3 + I_4$$

所以基尔霍夫电流定律也可以描述为任意时刻，流入某一节点的电流之和等于流出该节点的电流之和。

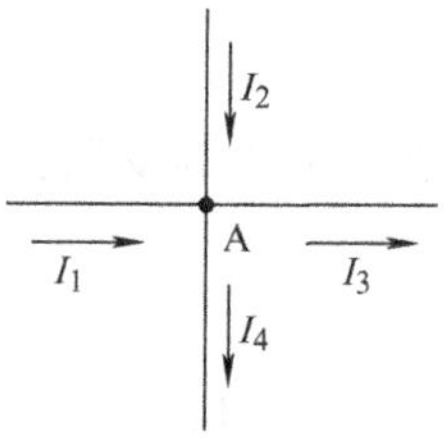

图 1-10　基尔霍夫电流定律举例

KCL 不仅适用于电路中的任一节点。图 1-10 基尔霍夫电流定律举例可以推广应用于电路中任一假设的闭合面。将一个闭合面看作是一个广义节点，就有：通过电路中任一假设闭合面的各支路电流的代数和恒等于零。

例 1-2　如图 1-10 所示，$I_1=3\text{A}$，$I_2=-1\text{A}$，$I_3=-2\text{A}$，试求 I_4。

解：由 KCL 可列出：

$$I_1+I_2-I_3-I_4=0$$

$$3\text{A}+(-1\text{A})-(-2\text{A})-I_4=0 \tag{1-12}$$

得

$$I_4=4\text{A}$$

式(1-12) 中有两套正负号，括号外的正负号是使用 KCL 时，根据电流的参考方向是流入还是流出节点来确定的，而括号内的正负号是电流本身数值具有的。在使用 KCL 时，必须加以注意。

例 1-3　列出图 1-11 中各电流的关系。

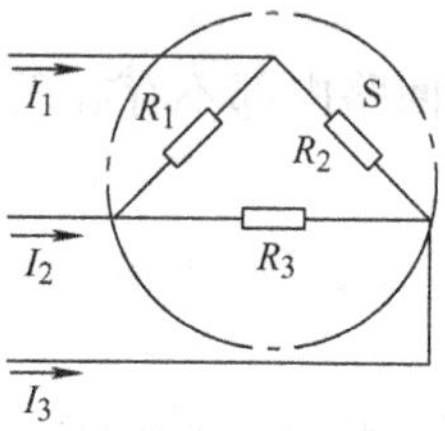

图 1-11　例 1-3 图

解：可将流过 I_1、I_2、I_3的这部分电路假想为闭合面 S，对 S 可列出 KCL 方程：

$$I_1+I_2+I_3=0$$

1.3.3　基尔霍夫电压定律

基尔霍夫电压定律简称 KVL，用它可以确定回路中各部分电压之间的关系。

基尔霍夫电压定律指出：任意时刻，沿任一回路绕行一周，回路中各部分电压的代数和等于零。其数学表达式(或称为 KVL 方程) 为

$$\sum u=0 \tag{1-13}$$

该定律应用时，必须先假定各部分电压的参考方向和回路的绕行方向（可以是顺时针，也可以是逆时针），然后再确定各部分电压值的正或负。若电压参考方向与回路绕行方向一致则取“+”号，相反则取“-”号。

在图 1-12 回路中假定顺时针为绕行方向，各部分电压的参考方向标注如图，可以列出 KVL 方程为

$$-U+U_2+U_3+U_5=0$$

基尔霍夫电压定律的另一种表达形式是：任意时刻，沿任一回路绕行一周，电位升之和等于电位降之和。因而图 1-12 的 KVL 方程也可写为

$$U=U_2+U_3+U_5$$

KVL 可以推广到任何一个不闭合的回路。如图 1-13 所示电路在 AB 间开路，当假设了开路电压 U_{AB}后，就可以列出 KVL 方程为

$$\sum U=-U_S+IR_S+U_{AB}=0$$

或 $$U_S=IR_S+U_{AB}$$

用 KVL 方程可以很方便地计算出电路中任一部分电压。

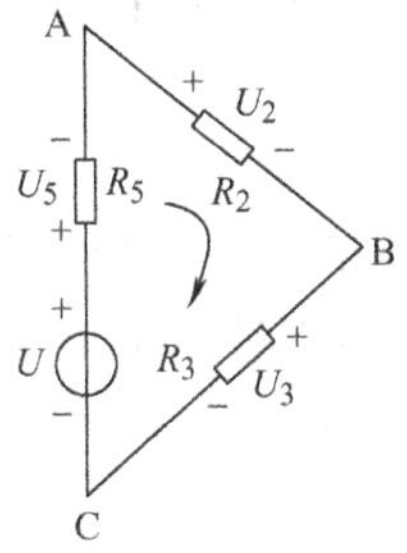

图 1-12　基尔霍夫电压定律举例

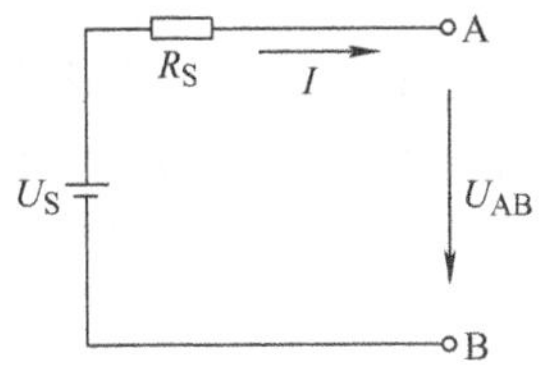

图 1-13　基尔霍夫电压定律推广

基尔霍夫两个定律分别指出了电路中各电流之间和各部分电压之间的约束关系，这种关系与电路的结构和元件的连接方式有关，而与元件的性质无关。所以，不论元件是线性的还是非线性的，电流和电压是直流的还是交流的，KCL 和 KVL 都是成立的。

例 1-4　图 1-14 中，求 I_2及电压 U_{BD}。

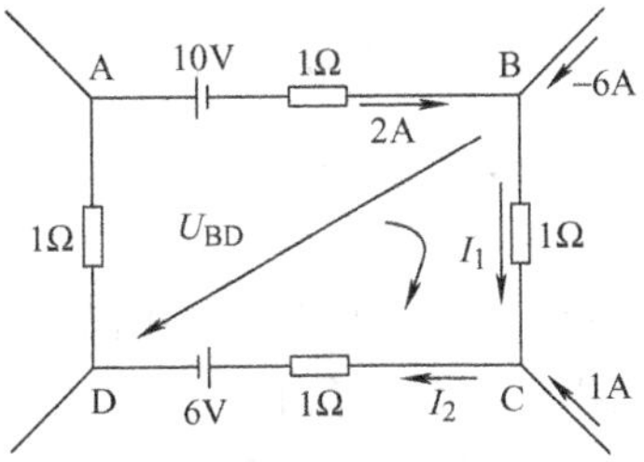

图 1-14　例 1-4 电路

解：对节点 B 列 KCL 方程：

$$-I_1+2A+(-6A)=0$$

得 $$I_1=-4A$$

对节点 C 列 KCL 方程：

$$I_1+1A-I_2=0$$

得 $$I_2=-3A$$

对不闭合的回路 BCDB 列 KVL 方程：

$$1\Omega\times(-4\mathrm{A})+1\Omega\times(-3\mathrm{A})+6\mathrm{V}-U_{\mathrm{BD}}=0$$

得

$$U_{\mathrm{BD}}=-1\mathrm{V}$$

1.4 基本电路元件

1.4.1 电阻元件与欧姆定律

1. 电阻

电阻元件是对电流有阻碍作用、消耗电能的实际材料或器件的理想化电路元件，如电炉、电灯等消耗电能，并将电能转换为热能、光能的实际元件可用电阻来反映。电阻用字母 R 表示，单位是欧姆（Ω）。常用的电阻单位还有千欧（kΩ）、兆欧（MΩ）。它们之间的换算关系是

$$1\mathrm{M}\Omega=10^{3}\mathrm{k}\Omega=10^{6}\Omega$$

在关联参考方向下，当电阻两端的电压和流过的电流比是常数时，称为线性电阻，其伏安特性如图 1-15a 所示，是过原点的直线。当电阻两端的电压和流过的电流不成正比关系时，其伏安特性是过原点的曲线，如图 1-15b 所示，称为非线性电阻。

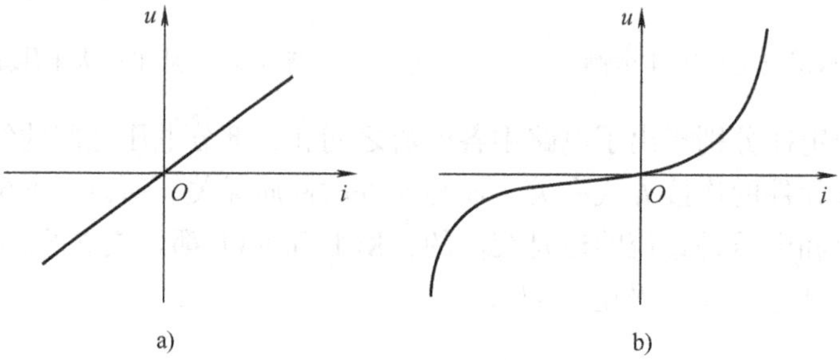

图 1-15 电阻的伏安特性

2. 电阻使用常识

选用电阻时要考虑的参数有两个：电阻的大小即电阻的标称阻值、电阻的额定功率。

（1）标称阻值 在大多数电阻上，都标有电阻的阻值，这就是电阻的标称阻值。标称阻值是国家规定的电阻产品的标准。电阻的标称阻值与实际阻值不完全相符，其偏差除以标称阻值所得的百分数叫电阻的误差。一般电路常采用 ±5% 或 ±10% 误差的电阻，它们在电阻上分别用金色和银色色环表示。误差为 ±5% 的电阻标称值有：1.0、1.1、1.2、1.3、1.5、1.6、1.8、2.0、2.2、2.4、2.7、3.0、3.3、3.6、3.9、4.3、4.7、5.1、5.6、6.2、6.8、7.5、8.2、9.1。误差为 ±10% 的电阻标称值有：1.0、1.2、1.5、1.8、2.2、2.7、3.3、3.9、4.7、5.6、6.8、8.2。

电阻的标称阻值常用数字法和色环法标注在电阻上。数字法就是直接将阻值标在电阻体上，如 1kΩ，标注为 1k。色环法就是用色环表示电阻大小，通常有 4 环和 5 环两种。将误

差色环定为最后一位，4 环法中前两位为数字，第三位为倍乘，5 环法中前三位为数字，第四位为倍乘。色环颜色黑、棕、红、橙、黄、绿、蓝、紫、灰、白分别对应数字 0、1、2、3、4、5、6、7、8、9。以 4 环法为例，如标有黄紫橙金色的电阻是 $47\Omega\times10^3=47k\Omega$、误差为 ±5%。

（2）电阻的额定功率　电阻长时间工作允许消耗的最大功率叫额定功率。电阻的额定功率也有标称值，常用的有 1/8W、1/4W、1/2W、1W、2W、3W、5W、10W、20W。选用电阻的时候，要留有一定的余量，选标称功率比实际消耗的功率大一些的电阻，以保证电路及元件的安全。

3. 欧姆定律

欧姆定律是电路的基本定律之一。它指出：流过电阻的电流与电阻两端的电压成正比。数学表达式为

$$R=U/I \tag{1-14}$$

应用欧姆定律时要注意电压和电流的参考方向。若电阻两端的电压和流过的电流具有相同的参考方向，如图 1-16a 所示，则数学表达式为

$$U=IR \tag{1-15}$$

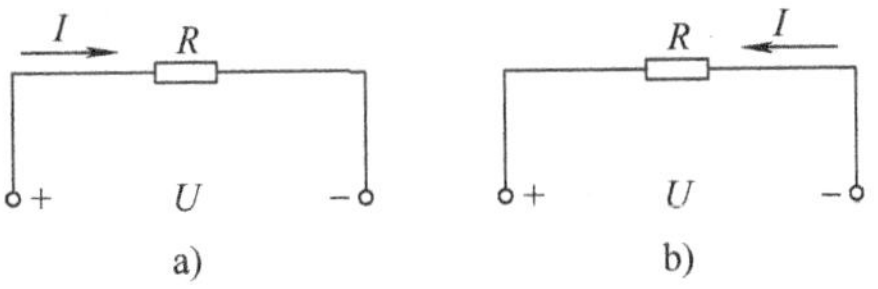

图 1-16　欧姆定律

如图 1-16b 所示，若两者的参考方向不一致，则欧姆定律的数学表达式为

$$U=-IR \tag{1-16}$$

例 1-5　求图 1-16 中的电阻 R。其中图 1-16a 中 $U=6V$，$I=3A$，图 1-16b 中 $U=-6V$，$I=2A$。

解： 图 1-16a 中电压和电流参考方向相同，所以

$$R=U/I=6V/(3A)=2\Omega$$

图 1-16b 中电压和电流参考方向不相同，因此

$$R=-U/I=-(-6V)/(2A)=3\Omega$$

由计算可见，欧姆定律中有两套正负号。数学表达式中的正负号（括号外的）是由欧姆定律中电压和电流的参考方向是否一致得到的。此外，电压和电流本身还有正负之分（括号内的正负号）。因此，应用时要注意。

1.4.2　电感元件

1. 线性电感元件

实际电感器是由导线绕制而成的线圈，如图 1-17a 所示。当实际电感器的导线电阻和匝

间电容效应被忽略时，电感器就成为理想的电感元件，简称电感。电感用字母 L 表示，其电路图形符号如图 1-17b 所示。

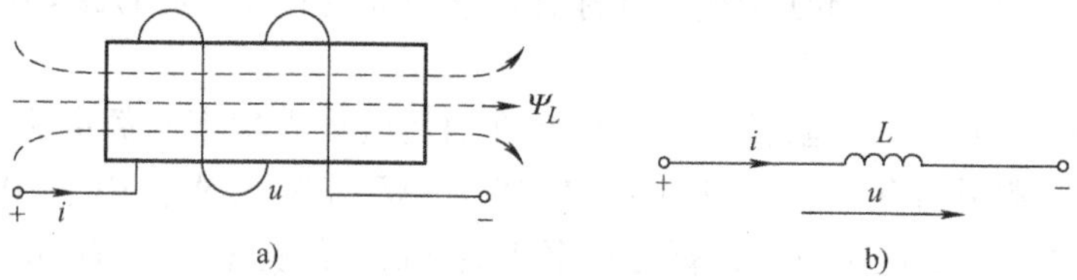

图 1-17　电感及符号

电感的单位是亨利（H）。常用的电感单位还有毫亨（mH）、微亨（μH）。它们之间的换算关系是

$$1\text{H}=10^3\ \text{mH}=10^6\ \mu\text{H}$$

电感有电流流过时将产生磁通 Φ_L，电流与磁通的参考方向符合右手螺旋定则。若磁通与 N 匝线圈都交链，则磁通链 $\Psi_L=N\Phi_L$。

Ψ_L是由电流产生的，当 Ψ_L与电流的参考方向符合右手螺旋定则时，有

$$\Psi_L=Li \tag{1-17}$$

线性电感元件的韦安特性如图 1-18 所示，是一条过原点的直线。线性电感元件的电感是一个与磁通链、电流无关的正实常数。

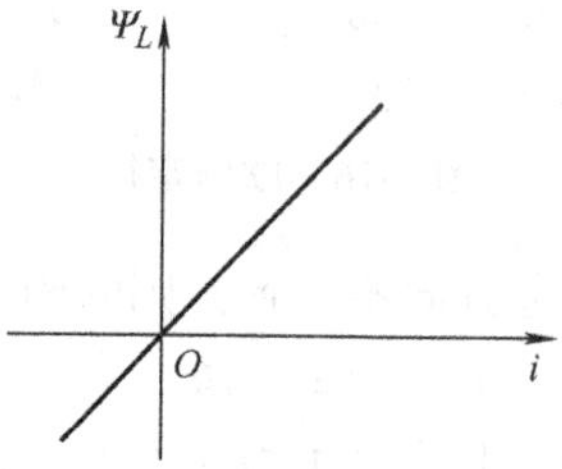

图 1-18　线性电感元件的韦安特性

当电感两端电压和流过电流为关联参考方向时，根据楞次定律有

$$u=\frac{\mathrm{d}\Psi_L}{\mathrm{d}t}$$

把式(1-17) 代入上式，得到

$$u=L\frac{\mathrm{d}i}{\mathrm{d}t} \tag{1-18}$$

式(1-18) 是电感的伏安特性方程。从式中可以看出，电感元件的电压与流过电流的变化率成正比。对于直流电，电流不随时间变化，则 $u=0$，电感相当于短路，所以电感元件具有“通直”的作用。

从式(1-18) 中还可以看出，电感元件的电流只能连续变化，不能跃变。如果电流跃变，则会产生无穷大的电压，对实际电感来说，这当然是不可能的。

电感元件不消耗能量，是一种储能元件。只要有电流，电感就储存磁场能。

2. 电感元件的记忆特性

线性电感元件的电流也可以表示为电压的函数，即

$$i(t)=\frac{1}{L}\int_{-\infty}^{t}u\mathrm{d}t=\frac{1}{L}\int_{-\infty}^{t_0}u\mathrm{d}t+\frac{1}{L}\int_{t_0}^{t}u\mathrm{d}t$$

$$=i(t_0)+\frac{1}{L}\int_{t_0}^{t}u\mathrm{d}t$$

t_0为任选的计时起点。若取 $t_0=0$，则

$$i(t)=i(0)+\frac{1}{L}\int_{0}^{t}u\mathrm{d}t \tag{1-19}$$

式(1-19) 指出，在某一 t 时刻，电感元件的电流值与初始值 $i(0)$ 以及从 0 到 t 区间的所有电压值有关，即电感元件上的电流与电压的全部历史有关，具有“记忆”电压的作用。

例 1-6　图 1-17b 中电感元件 $L=0.2\mathrm{H}$，通过电流的波形如图 1-19a 所示，求电感两端的电压波形。

解：当 $0\leqslant t\leqslant 4\mathrm{ms}$ 时，$i=t\mathrm{mA}$，则

$$u=L\frac{\mathrm{d}i}{\mathrm{d}t}=0.2\mathrm{V}$$

当 $4\mathrm{ms}\leqslant t\leqslant 6\mathrm{ms}$ 时，$i=(12-2t)\mathrm{mA}$，则

$$u=L\frac{\mathrm{d}i}{\mathrm{d}t}=0.4\mathrm{V}$$

电感两端电压的波形如图 1-19b 所示。

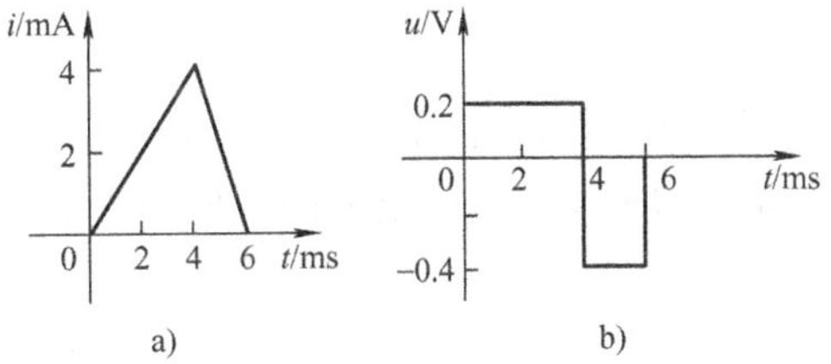

图 1-19　例 1-6 图

1.4.3　电容元件及使用常识

1. 电容

电容元件是实际电容的理想化模型，简称电容。电容是一种能储存电场能量的元件。电容用字母 C 表示，单位是法拉（F）。常用的电容单位还有微法（μF）、皮法（pF）。它们之间的换算关系是

$$1\mathrm{F}=10^{6}\mu\mathrm{F}=10^{12}\ \mathrm{pF}$$

如图 1-20 所示，电容上的电压参考方向由正极指向负极，则储存的电荷为

$$q=Cu \tag{1-20}$$

线性电容元件的库伏特性如图 1-21 所示，是一条过原点的直线。

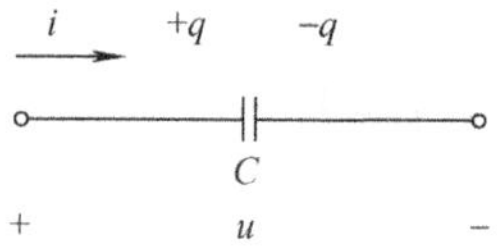

图 1-20　电容元件

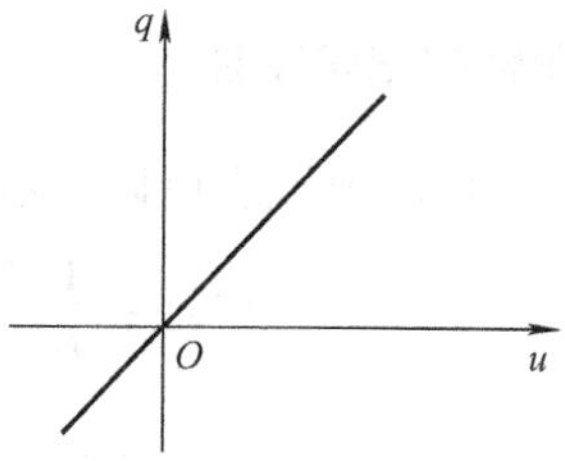

图 1-21　线性电容元件的库伏特性

图 1-20 中当 u、i 为关联参考方向时有

$$i=\frac{dq}{dt}=C\frac{du}{dt} \tag{1-21}$$

式(1-21) 是电容的伏安特性方程。从式(1-21) 可以看出，电流与电容元件两端电压的变化率成正比。对于直流电，电压不随时间变化，则 $i=0$，电容相当于开路，所以电容元件具有“隔直”的作用。

从式(1-21) 中还可以看出，电容元件两端的电压只能连续变化，不能跃变。

电容元件的电压也可以表示为电流的函数，即

$$\begin{aligned}u(t) &= \frac{1}{C}\int_{-\infty}^{t} i\mathrm{d}t = \frac{1}{C}\int_{-\infty}^{t_0} i\mathrm{d}t + \frac{1}{C}\int_{t_0}^{t} i\mathrm{d}t \\ &= u(t_0) + \frac{1}{C}\int_{t_0}^{t} i\mathrm{d}t\end{aligned}$$

若取 $t_0=0$，则

$$u(t) = u(0) + \frac{1}{C}\int_{0}^{t} i\mathrm{d}t \tag{1-22}$$

式(1-22) 说明电容元件上的电压与电流的全部历史有关，具有“记忆”电流的作用。

例 1-7　图 1-20 中电容元件 $C=1\mathrm{F}$，通过电流的波形如图 1-22a 所示，已知 $u(0)=0$，求电容两端的电压波形。

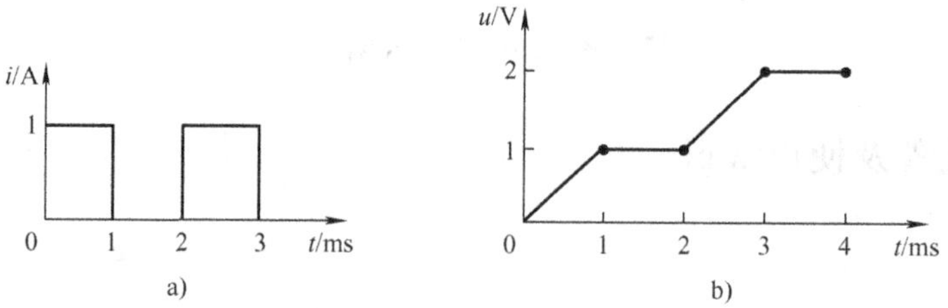

图 1-22　例 1-7 图

解：当 $0\leqslant t\leqslant 1\mathrm{ms}$ 时，$i=1\mathrm{A}$，则

$$u(t) = u(0) + \frac{1}{C}\int_{0}^{t} i\mathrm{d}t = 0 + \int_{0}^{t} 1\mathrm{d}t = t\mathrm{V}$$

当 $1\mathrm{ms}\leqslant t\leqslant 2\mathrm{ms}$ 时，$i=0\mathrm{A}$，则

$$u(t) = u(1) + \frac{1}{C}\int_{1}^{t} 0\mathrm{d}t = u(1) = 1\mathrm{V}$$

当 $2\mathrm{ms}\leqslant t\leqslant 3\mathrm{ms}$ 时，$i=1\mathrm{A}$，则

$$u(t) = u(2) + \frac{1}{C}\int_{2}^{t} 1\mathrm{d}t = (t-1)\mathrm{V}$$

当 $t \geqslant 3\mathrm{ms}$ 时，$i = 0\mathrm{A}$，则

$$u(t) = u(3) + \frac{1}{C}\int_{3}^{t} 0\mathrm{d}t = u(3) = 2\mathrm{V}$$

电容两端电压的波形如图 1-22b 所示。

2. 电容使用常识

选用电容时要考虑的参数有两个：电容的容量大小即电容的标称容量、电容的耐压。

（1）标称容量　电容上标有的容量是电容的标称容量。标称容量与实际容量会有误差。常用误差等级有 ±5%、±10%、±20%。常用电容的标称容量如表 1-1 所示。

表 1-1　常用电容的标称容量

电容类别	允许误差	容量范围	标称容量系列
纸介电容、金属化纸介电容、纸膜复合介质电容、低频（有极性）有机薄膜介质电容	±5% ±10% ±20	100pF ~ 1μF	1.0　1.5　2.2　3.3　4.7　6.8
		1 ~ 100μF	1　2　4　6　8　10　15　20　30　50　60　80　100
高频（无极性）有机薄膜介质电容、瓷介电容、玻璃釉电容、云母电容	±5%		1.1　1.2　1.3　1.5　1.6　1.8　2.0　2.4　2.7　3.0　3.3　3.6　3.9　4.3　4.7　5.1　5.6　6.2　6.8　7.5　8.2　9.1
	±10%		1.0　1.2　1.5　1.8　2.2　2.7　3.3　3.9　4.7　5.6　6.8　8.2
	±20%		1.0　1.5　2.2　3.3　4.7　6.8
铝、钽、铌、钛电解电容	±10% ±20%		1.0　1.5　2.2　3.3　4.7　6.8

标称容量在标注时，容量小于 10000pF 以 pF 为单位，大于 10000pF 以 μF 为单位。大于 100pF 而小于 1μF 的电容常常不标注单位。没有小数点的，单位是 pF；有小数点的，单位是 μF。

（2）电容的耐压　电容长时间工作能承受的最大直流电压叫电容的耐压。电容常用的耐压系列值有 1.6V、4V、6.3V、10V、16V、25V、32V、40V、50V、63V、100V、125V、160V、250V、300V、400V、450V、500V、630V、1000V。选用电容的时候，一定要留有余量，以防止电容被击穿。

1.5　独立电源

1.5.1　电压源

1. 理想电压源

理想电压源是一个理想电路元件，其端电压总保持恒定值或是给定的时间函数，而与输出电流无关。如大家熟悉的电池，若它的内阻为零，那么不论流过的电流为何值，电池的电压恒等于电池的电动势，这时电池就是一个理想电压源。

理想电压源有两个特点：

1）电压是一个定值或为给定的时间函数，与流过的电流无关。

2）流过的电流由电压源和与之相连的外电路共同决定。如对一个 10V 的直流电压源，如果接 2Ω 的负载，则输出的电流为 10V/2Ω = 5A；如果接 5Ω 的负载，则输出的电流为 10V/5Ω = 2A。

理想直流电压源符号如图 1-23a 所示。理想直流电压源的外特性曲线（表征端电压与输出电流之间的关系）如图 1-23b 所示，是一条与横轴平行的直线，表明理想直流电压源的电压恒等于 U_S，与电流大小无关。

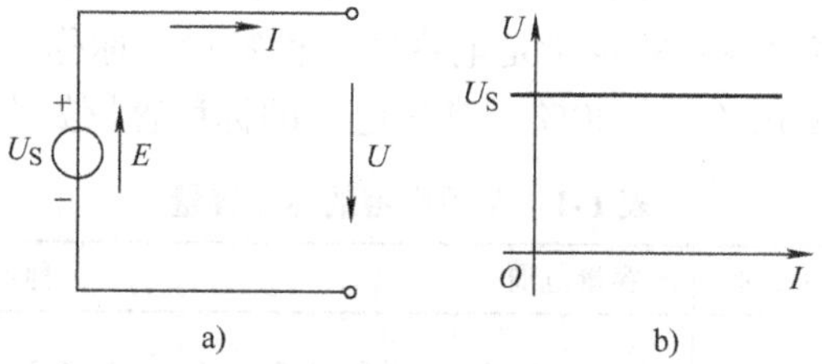

图 1-23　理想直流电压源模型及外特性

2. 实际电压源

理想电压源实际上是不存在的，任意一个实际的电压源，在能量转换过程中都存在功率损耗，即存在内阻。因此，实际电压源可用理想电压源串联内阻的形式作为电路模型。如图 1-24a 点画线框内所示，U_S与 R_S的串联为实际电压源。R_L 为负载电阻，其端电压为 U，输出电流为 I。

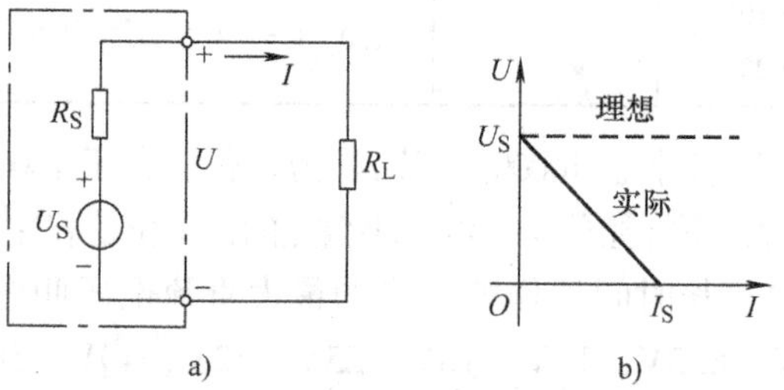

图 1-24　实际电压源模型及外特性

由图 1-24a 可知，实际电压源端电压为

$$U = U_S - R_S I \tag{1-23}$$

当电压源开路时，$I = 0$，$U = U_S$；当电压源短路时，$U = 0$，$I = I_S = U_S/R_S$。

由式(1-23)，得到电压源外特性如图 1-24b 所示。曲线表明，实际电压源的端电压不再恒定，而与输出电流有关。当输出电流增大时，内阻损耗增大，端电压会随之下降。我们希望电压源内阻越小越好，内阻越小，则直线越平，越接近于理想电压源。一般，若一个电源的内阻远小于负载，即 $R_S \ll R_L$时，就认为该电源为理想电压源。常用的稳压电源在工作时输出电压基本不随外电路变化，可近似看作是理想电压源。

1.5.2 电流源

1. 理想电流源

理想电流源也是一个理想电路元件。它向外输出的电流为恒定值或为给定的时间函数，而与端电压无关。

理想电流源有两个基本特性：

1）理想电流源向外输出的电流为恒定值或为给定的时间函数，而与端电压无关。

2）它的电压由电流源和与之相连的外电路共同决定。

理想直流电流源模型及外特性如图1-25所示。

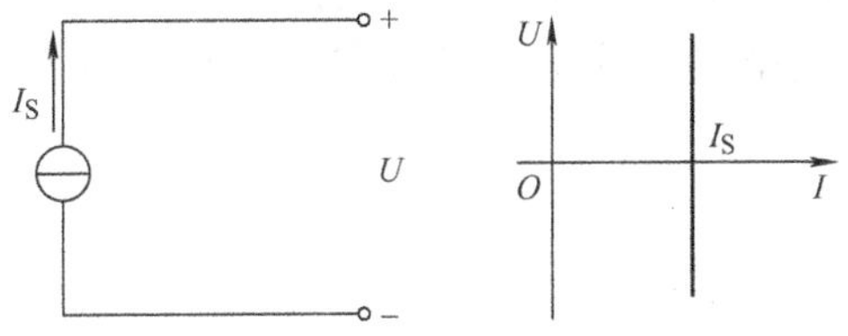

a) b)

图1-25 理想直流电流源模型及外特性

2. 实际电流源

实际上理想电流源也是不存在的，实际电流源的电流总有一部分在电源内部流动而不会全部输出。可以用理想电流源与内阻并联组合作为实际电流源的电路模型，如图1-26a所示。I_S与R_S的并联是实际电流源模型，其端电压为U，I为输出到外电路的电流，R_L为负载电阻。

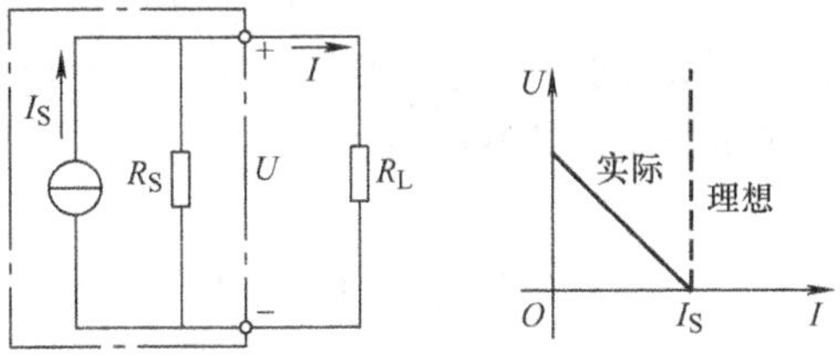

a) b)

图1-26 实际电流源模型及外特性

由图1-26a可知，电流源输出电流I为

$$I=I_S-U/R_S \tag{1-24}$$

当电流源开路时，$I=0$，$U=I_SR_S$；当电流源短路时，$U=0$，$I=I_S$。

由式(1-24)可画出电流源的外特性如图1-26b所示。曲线表明内阻R_S越大，直线越陡，越接近理想电流源。如果一个电源的内阻远大于负载电阻，即$R_S \gg R_L$时，就有$I=I_S$，可以认为该电源是理想电流源。通常恒流电源、光电池等都近似看作理想电流源。

1.5.3 两种电源模型之间的等效变换

电压源与电流源都是从实际电源中抽象出来的模型，即一个实际电源既可以用理想电压源与内阻串联的电压源模型表示，也可以用理想电流源并联内阻的电流源模型来表示。对外电路来说，这两种模型输出的电压和电流是相等的，是互相等效的。当然，它们的等效必须满足一定的条件。

电压源模型中表达式 $U = U_S - R_S I$ 也可以转换为表达式 $I = U_S/R_S - U/R_S$，与电流源模型的输出电流 $I = I_S - U/R_S$ 相比较可知，电压源与电流源之间的等效变换条件是内阻 R_S 相等，且

$$I_S = U_S/R_S \tag{1-25}$$

在对两种电源模型等效变换时应注意以下几点：

1）变换时，两种电源模型中 U_S 和 I_S 的参考方向如图 1-27 所示，即 I_S 的参考方向是由 U_S 的负极指向正的极性端。

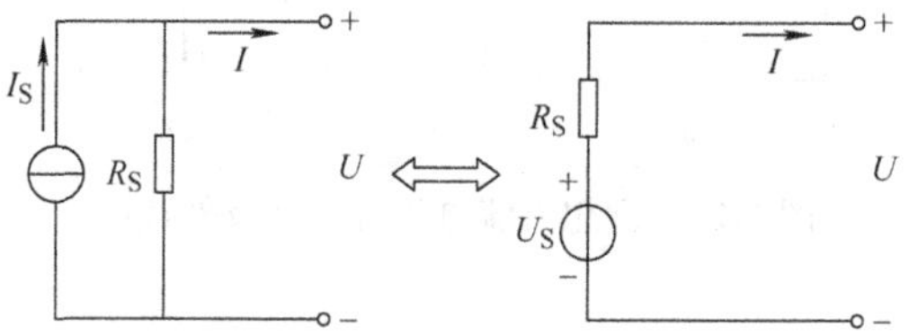

图 1-27 两种电源模型的等效变换

2）两种电源模型间的互相变换是它们对外部等效，在电源内部是不等效的。对外电路而言，两种电源模型可以给负载提供相同的输出端电压 U 和输出电流 I，而两个电源内部的功率一般是不同的。例如，当两电源模型均开路时（$I=0$），电压源的内部电流为零，电源内阻不消耗功率；而电流源的内部仍有电流 I_S，内阻上有功率消耗。

3）理想电压源和理想电流源之间不能进行等效变换。理想电压源要求在任何电流下端电压保持恒定，实际中找不到能满足该特性的电流源，因此无法等效。同样，理想电流源也没有等效的电压源模型。

4）两种电源模型的等效变换，不仅仅局限于内阻 R_S，可推广至任意电阻。即一个理想电压源与一个电阻串联的电路组合，都可以变换为一个理想电流源与该电阻并联的电路组合，反之亦然。该电阻不一定就是电源内阻。互相变换的条件是电阻不变，且

$$I_S = U_S/R \quad 或 \quad U_S = I_S R$$

例 1-8 有一电源，其 $U_S = 9V$，内阻 $R_S = 1\Omega$，负载 $R_L = 8\Omega$。（1）分别用两种电路模型计算电源输出的电压 U 和输出电流 I；（2）分别计算两电路中内阻上的压降和电源内部的损耗。

解：画出电源的电流源模型和电压源模型，如图 1-28 所示。

（1）计算电压 U 和电流 I。

在图 1-28a 所示电流源模型中：

$$I_S = U_S/R_S = 9V/(1\Omega) = 9A$$

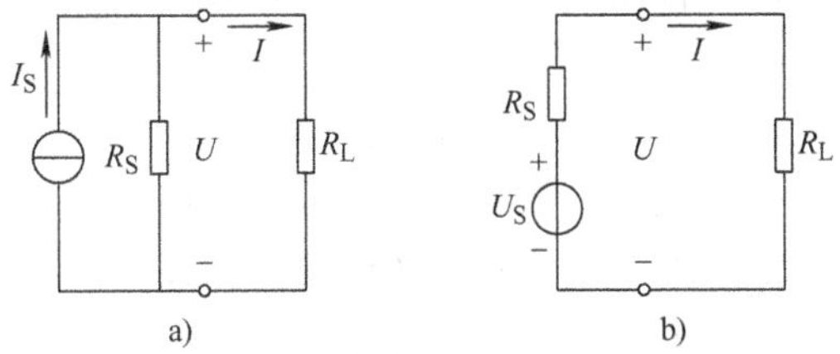

图1-28　例1-8图

$$I=\frac{R_S}{R_S+R_L}I_S=\frac{1}{1+8}\times9A=1A$$

$$U=IR_L=1A\times8\Omega=8V$$

在图1-28b所示电压源模型中：

$$U=U_S\frac{R_L}{R_L+R_S}=9V\times\frac{8}{9}=8V$$

$$I=U/R_L=1A$$

（2）计算内阻上压降和电源内部的损耗。

在图1-28a所示电流源模型中：内阻压降就等于电流源输出电压8V。

$$P=U^2/R_S=64W$$

在图1-28b所示电压源模型中：

$$IR_S=1A\times1\Omega=1V$$

$$P=I^2R_S=1W$$

由第（1）步计算可见，两种电路模型输出的电压和电流是相等的，因此对外电路来说，两种模型互相之间是可以等效的；比较第（2）步的计算值，显然两种电源模型内部是不等效的。

例1-9　在图1-29a中，已知 $U_{S1}=U_{S2}=6V$，$I_{S1}=6A$，$R_1=R_2=2\Omega$，$R_3=1\Omega$，$R_4=13\Omega$，求电流 I。

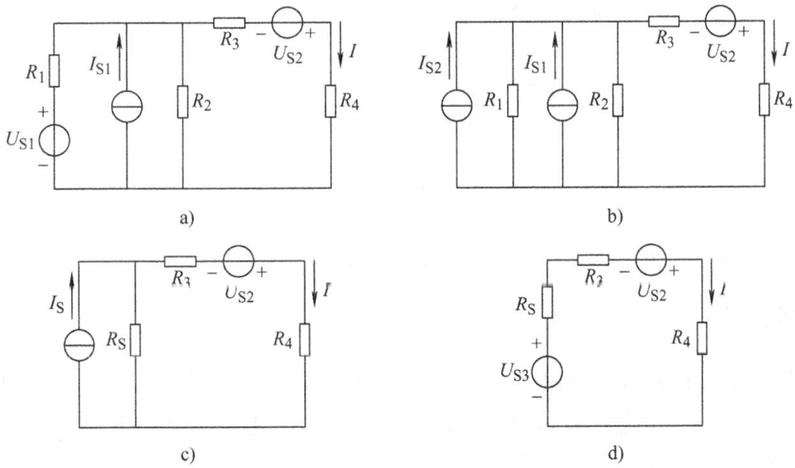

图1-29　例1-9图

解：利用电源的等效变换，将图 1-29a 中的电压源 U_{S1} 变换为电流源，如图 1-29b 所示。图 1-29b 中：

$$I_{S2}=U_{S1}/R_1=3A$$

将两个电流源合并成一个电流源，如图 1-29c 所示，则有

$$I_S=I_{S1}+I_{S2}=3A+6A=9A$$

$$R_S=R_1/\!/R_2=1\Omega$$

再将电流源 I_S 等效变换为电压源，如图 1-29d 所示。图 1-29d 中：

$$U_{S3}=I_S R_S=9A\times1\Omega=9V$$

$$I=(U_{S2}+U_{S3})/(R_S+R_3+R_4)=(9V+6V)/(1\Omega+1\Omega+13\Omega)=1A$$

1.6 电路的三种状态

根据负载的不同情况，电路可分为空载、短路和负载三种状态。现以图 1-30 所示最简单的直流电路为例进行讨论。图中 U_S、U 和 R_S 分别为电源的源电压、端电压和内阻，R 为负载，U_0 为负载的端电压。

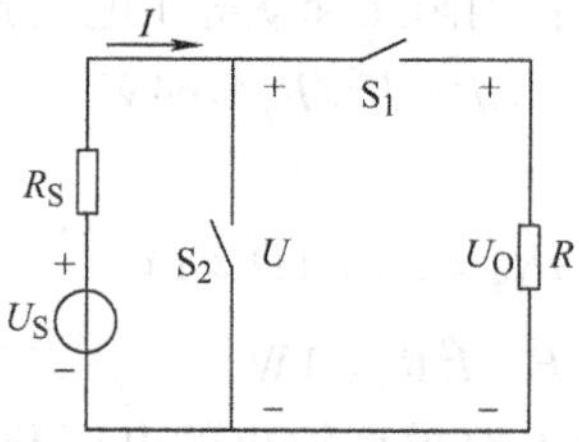

图 1-30 最简单的直流电路

1.6.1 空载状态

空载状态又称为开路状态。如图 1-30 所示，当开关 S_1、S_2 均断开时，电路就处于该状态。这时，电源和负载不能构成通路，负载上电流为零。对电源来说，外电路（除电源以外的电路）的电阻等于无穷大。此时的电源端电压称为开路电压，用 U_{OC} 表示。

电路处于开路状态时，有如下特点：

1）电路中电流为零，即 $I=0$。

2）$I=0$，内阻 R_S 上的电压降为零，因而开路电压等于电源的源电压，有关系式 $U_{OC}=U_S$。

3）开路时，负载与电源断开，负载两端电压为零，$U_0=0$。

1.6.2 短路状态

由于某种原因，电源两端直接连在一起的情况称为短路状态。如图 1-30 中开关 S_1、S_2 均闭合即为短路状态，也就是图 1-31 所示电路。此时外电路的电阻近似为零，这时电流不再流过负载，而是经过短路线回到电源负极。

很显然，电路中电源和负载都被短路，端电压都为零，即 $U=U_0=0$。

短路时的电流称为短路电流 I_S，由图1-31可知 $I = I_S = U_S/R_S$。

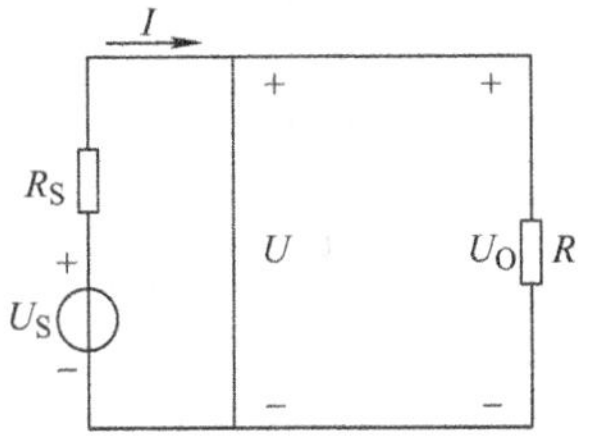

图1-31 电路的短路状态

短路时外电路电阻为零，电源内阻一般又很小，因此短路电流很大。该电流流过电源，会造成发热使电源损坏，甚至发热严重引起火灾。因而在实际工作中，短路是一种严重事故。工作人员应该经常检查电气设备和线路的工作情况，尽力防止由于短路而引起的事故发生。此外，通常还在电路中接入熔断器等短路保护电器，以便在短路发生时能迅速切断故障电路，达到安全的目的。

例1-10 图1-30中，进行开路实验时，测得 $U = 9V$，进行短路实验时，测得 $I_S = 10A$。求 U_S 及 R_S 的值。

解：电源开路时，有

$$U_S = U = 9V$$

短路状态时 $I_S = U_S/R_S$，故电源内阻为

$$R_S = U_S/I_S = 0.9\Omega$$

本例是求电源电压和内阻的一种实验方法。

1.6.3 负载工作状态与最大功率传输

1. 负载工作状态

将图1-30中开关 S_2 打开，S_1 闭合，就是电路的负载工作状态，如图1-32所示。此时电路中的电流为 $I = U_S/(R_S + R)$。

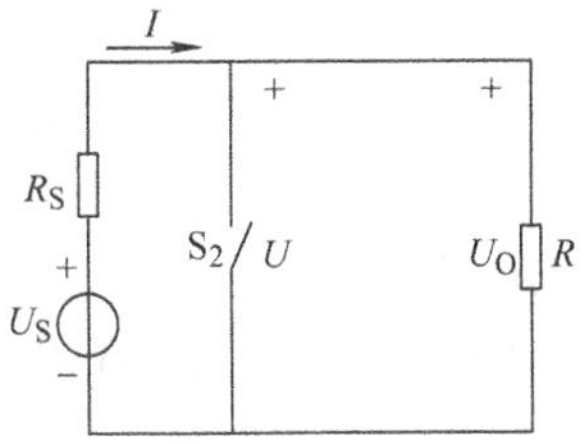

图1-32 电路的负载状态

一般，电源的电压 U_S 和内阻 R_S 是固定的，电流 I 的大小由负载 R 决定。电源和负载两端的电压都为 $U = U_O = U_S - IR_S$。

电路在三种状态下的电流、电压及功率如表1-2所示。

表 1-2 电路三种状态下的物理量

电路状态	电流	电压	电源消耗功率	负载功率
空载	$I=0$	$U=U_S$	$P_E=0$	$P_R=0$
短路	$I=I_S=U_S/R_S$	$U=0$	$P_E=I_S{}^2R_S$	$P_R=0$
负载	$I=U_S/(R_S+R)$	$U=U_S-IR_S$	$P_E=UI$	$P_R=UI$

2. 最大功率传输

如图 1-32 所示，当电源处于负载工作状态时，若外接负载电阻 R 的大小发生变化，则电流 I 大小也变化，那么输出给负载的功率就跟随而变。当负载上获得最大功率时，就是电源的最大功率传输。

电阻的功率为

$$P=I^2R=\left(\frac{U_S}{R_S+R}\right)^2R$$

要使负载上获得最大功率，应满足$\frac{dP}{dR}=0$，即负载上获得最大功率的条件为

$$R=R_S \tag{1-26}$$

获得的最大功率为

$$P=\frac{U_S^2}{4R_S}$$

此时称负载与电源匹配。电路在 $R=R_S$条件下工作，称为最佳匹配工作状态。

电源产生的功率与负载消耗的功率之比称为功率的传输效率，即

$$\eta=\frac{RI^2}{R_SI^2+RI^2}\times100\%=\frac{R}{R_S+R}\times100\%$$

可见 R 值越大，功率的传输效率越高。匹配电路的传输效率只有 50%，是相当低的，这在电力系统中是不允许的，电力系统要求电路工作在 $R>R_S$的状态下。但在电子电路中，由于传输的功率数值相当小，而传输效率一般不予考虑，所以在电子电路中，通常要求尽可能使电路工作在匹配或接近于匹配状态。

3. 额定值

在实际工作中，生产厂家给每一个产品都规定了电压、电流和功率等参数的最大使用限额，以保证产品安全可靠的长时间运行，这个使用限额称为额定值，通常标在产品的铭牌或说明书上。常用的三个额定值有额定电压 U_N、额定电流 I_N和额定功率 P_N。如灯泡上标有额定值 220V/60W，告知使用者灯泡在 220V 电压下可以正常工作，其消耗的功率是 60W。

产品的额定值是使用者使用该产品的重要依据。实际工作时，设备或元器件的实际电压、电流等值不一定等于额定值。这就要求使用者根据额定值合理地使用电气设备或元器件，这样才能安全、可靠的使用，并使设备最大限度地发挥出作用。否则，如果设备在高于额定值的状态下工作，会由于发热，使设备损伤，影响寿命，甚至烧毁；而在低于额定值的状态下运行时，会使设备不能正常工作或不能充分发挥作用，甚至损坏设备。例如，线圈额

定电压 380V 的电磁铁，若接上 220V 的电压，则电磁铁将不能正常吸引衔铁或工件。又如，白炽灯的电压过高或电流过大时，灯丝将被烧毁。因此，应尽可能使设备或元器件工作在额定状态下。

例 1-11 某直流电源的额定参数为 $P_N = 100W$，$U_N = 25V$，内阻 $R_S = 0.25\Omega$。试求：(1) 额定电流 I_N 及额定工作时的负载电阻 R_N；(2) 短路电流 I_S。

解：(1) 根据 P_N、U_N 可求出其他额定值。

额定电流： $I_N = P_N/U_N = 100W/25V = 4A$

额定负载： $R_N = U_N/I_N = 25V/4A = 6.25\Omega$

(2) 先求出该电源的源电压：

$$U_S = I_N(R_S + R_N) = 4A \times (0.25 + 6.25)\Omega = 26V$$

则短路电流： $I_S = U_S/R_S = 26V/(0.25\Omega) = 104A$

短路电流是额定电流的 26 倍，因此发生短路后，电源很容易被烧毁，因此应尽量避免短路发生。

1.7 电位的概念及计算

前面我们曾经介绍过电压的概念：两点间的电压就是两点的电位差。电压只说明两点之间的电位相差多少，而电路中某点的电位具体是多少，就需要用电位这个概念来描述。

由物理学可以知道，电位即电场中某点的电动势，它的大小等于电场力把单位正电荷从该点移到参考点所做的功。因而要确定电路中各点的电位，必须先在电路中选取一个参考点。参考点选定后电路中其他点的电位都有了确定值，其大小等于该点与参考点之间的电位差（电压）。

参考点的选取原则上是任意的。工程上通常选取大地或与大地相连的部件（如设备的机壳）作为参考点，规定其电位为零。在没有与大地相连的电路中，通常选取许多支路交汇的公共点作为参考点，用接地符号⊥表示。如图 1-33a 所示，选 C 点为参考点（$U_C = 0$），A、B 两点的电位分别为

$$U_A = U_A - U_C = U_{AC} = 3V$$
$$U_B = U_B - U_C = U_{BC} = U_{BA} + U_{AC} = -6V + 3V = -3V$$

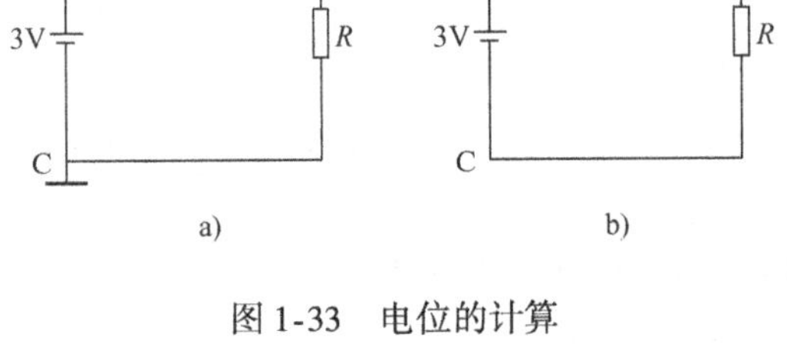

图 1-33 电位的计算

参考点选取的不同，电路中各点的电位也不同，但是任意两点之间的电位差（电压）是不变的。即各点电位的高低是相对的，而两点之间的电压是绝对的。如图 1-33b 所示，选

取 A 点为参考点，则有

$$U_A = 0$$
$$U_B = U_B - U_A = U_{BA} = -6V$$
$$U_C = U_C - U_A = U_{CA} = -3V$$

参考点不同，使得 A、B、C 三点的电位不同。但是 A、B 之间的电压不变，图 1-33a、b 中，都有

$$U_{AB} = U_A - U_B = 6V$$

因而必须注意，在分析同一个电路时，只能选取一个电位参考点。

在电子线路中，通常将电路中的恒压源符号省去，各端点标以电位值。图 1-34a 可以简化为图 1-34b。

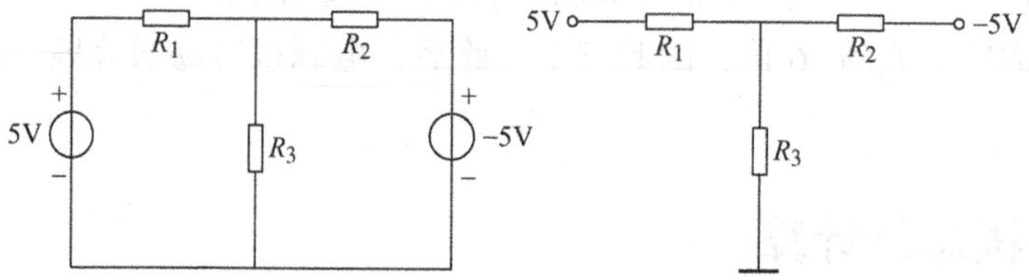

a) 原电路　　b) 简化电路

图 1-34　电路的化简

例 1-12　计算图 1-35 中开关 S 断开或闭合时 B 点的电位。

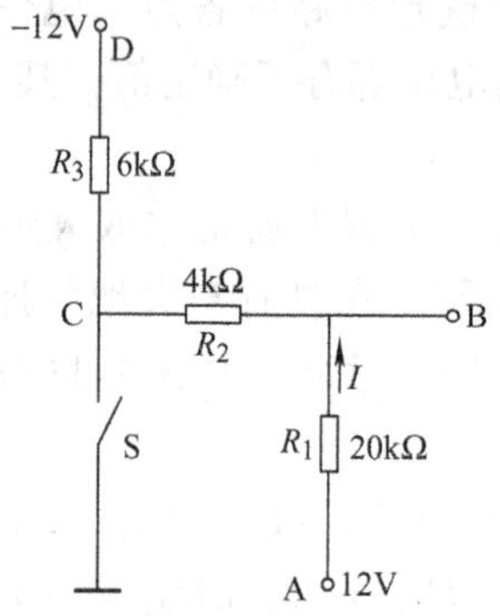

图 1-35　例 1-12 图

解：S 断开时，有

$$I = (U_A - U_D)/(R_1 + R_2 + R_3) = 24V/(30k\Omega) = 0.8mA$$
$$U_{AB} = U_A - U_B$$
$$U_B = U_A - U_{AB} = 12V - 0.8\ mA \times 20k\Omega = -4V$$

S 闭合时，C 点电位为零。

$$I = (U_A - U_C)/(R_1 + R_2) = 12V/(24k\Omega) = 0.5mA$$
$$U_{BC} = U_B - U_C$$
$$U_B = U_{BC} + U_C = 0.5\ mA \times 4k\Omega = 2V$$

计算电位时注意以下几点：

1）电位参考点的选取原则上是任意的。但一经选定，在计算电路中各点电位时就不可更改了。

2）参考点的电位为零，但不一定是电路中最低电位。电路中高于参考点的电位为正电位，其值为正；低于参考点的电位为负电位，其值为负。

3）同一电路中，参考点选择不同时，同一点的电位值对于不同参考点是不同的，这是电位的相对性。

4）各点电位值与计算时所选择的路径无关，这是电位的单值性。

5）电路中任何两点间的电位差（电压）与参考点的选择无关，这是电压的绝对性。

本章小结

1. 由理想电路元件组成的理想电路，是从实际元件组成的实际电路中抽象出来的理想化模型，简称电路。任何一个完整的电路都是由电源、负载及中间环节三部分组成。电路根据功能分为电力电路和信号电路两大类。

2. 电流、电压、电动势是分析电路的基本物理量，其参考方向是人为任意规定的。在假定的参考方向下，电流、电压、电动势都是代数值。参考方向与实际方向相同时为正值，反之为负值。

3. 根据功率 P 的数值可以确定电路中元件的作用。当元件的 U、I 参考方向一致时，用 $P=UI$ 计算；相反的，U、I 参考方向不一致则用 $P=-UI$ 计算。若计算出 $P>0$，说明元件消耗电功率，为负载；若 $P<0$ 则说明元件提供功率，为电源。

4. 确定电路中各点的电位时，必须先选取且仅选取一个参考点，参考点的电位为零。某点的电位就是该点到参考点的电压。各点的电位值与参考点的选取位置有关，而两点间的电压值与参考点的选取无关。

5. 电路有空载、短路和负载三种状态。短路状态是应当避免的。为使设备安全、经济运行，应使其工作在额定状态下。

6. 独立电源有电压源和电流源两种模型。电压源模型是理想电压源 U_S 与内阻 R_S 的串联，电流源模型是理想电流源 I_S 与内阻 R_S 的并联。它们之间可以等效变换，变换时电阻不变，且有关系式 $U_S=I_SR_S$。电流源的电流方向是由电压源的低电位端指向高电位端。

7. 基尔霍夫定律是电路的基本定律，其 KCL 定律 $\sum i=0$ 可应用于电路中任一广义节点，KVL 定律 $\sum u=0$ 可适用于任一闭合或不闭合回路中各元件上电压的计算。

思考与习题

1.1 图 1-36 中，已知电流 $I=-5\text{A}$，$R=10\Omega$。试求电压 U，并标出电压的实际方向。

1.2 在图 1-37 所示电路中，3 个元件代表电源或负载。电压和电流的参考方向如图所示，通过实验测量得知：$I_1=-4\text{A}$，$I_2=4\text{A}$，$I_3=4\text{A}$，$U_1=140\text{V}$，$U_2=-90\text{V}$，$U_3=50\text{V}$。试求：

（1）各电流的实际方向和各电压的实际极性。

（2）计算各元件的功率，判断哪些元件是电源？哪些元件是负载？

（3）校验整个电路的功率是否平衡。

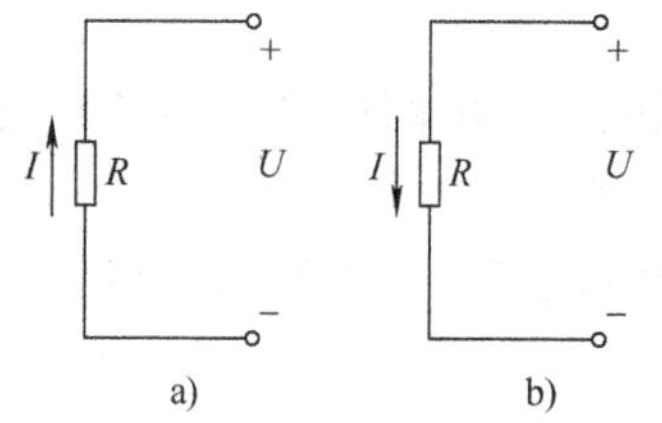

图1-36 题1.1图

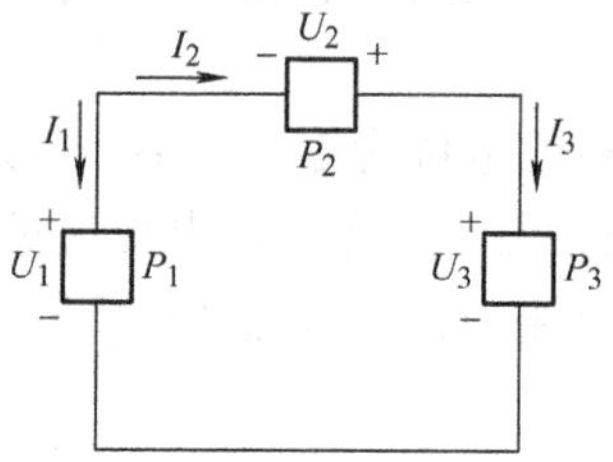

图1-37 题1.2图

1.3 图1-38中，方框代表电源或负载。已知 $U=220V$，$I=-1A$，试问哪些方框是电源？哪些是负载？

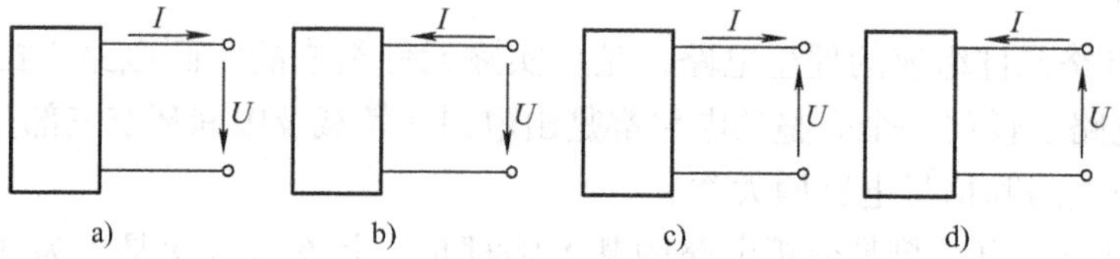

图1-38 题1.3图

1.4 图1-39所示电路中，已知A、B段产生功率1500W，其余三段消耗功率分别为1000W、350W、150W，若已知电流 $I=20A$，方向如图所示。

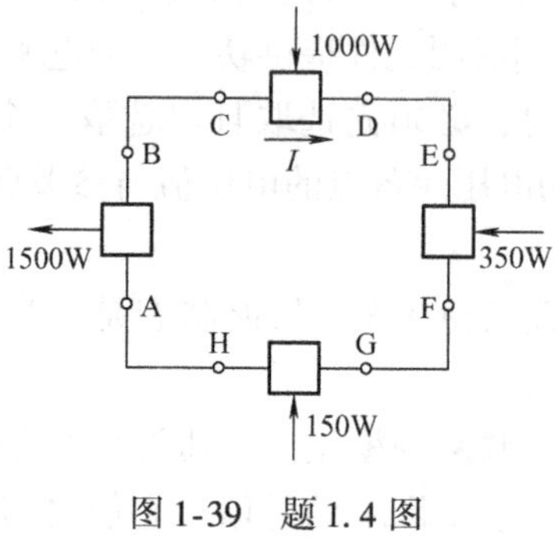

图1-39 题1.4图

（1）标出各段电路两端电压的极性。

（2）求出电压 U_{AB}、U_{CD}、U_{EF}、U_{GH}的值。

（3）从（2）的计算结果中，你能看出整个电路中电压有什么规律性吗？

1.5 有一220V、60W的电灯，接在220V的电源上，试求通过电灯的电流和电灯在220V电压下工作时的电阻。如果每晚用3h，问一个月消耗电能多少？

1.6 把额定电压110V、额定功率分别为100W和60W的两只灯泡，串联在端电压为220V的电源上使用，这种接法会有什么后果？它们实际消耗的功率各是多少？如果是两个110V、60W的灯泡，是否可以这样使用？为什么？

1.7 有一直流电源，其额定功率为150W，额定电压50V，内阻1Ω，负载电阻可以调节。试求：（1）额定状态下的电流及额定负载。（2）开路状态下的电源端电压。（3）电源短路状态下的短路电流。

1.8　图1-40所示电路可以用来测试电源的电动势和内阻。已知 $R_1=2\Omega$，$R_2=4.5\Omega$。当只有开关 S_1 闭合时，安培表读数为2A；当只有 S_2 闭合时，安培表读数为1A。试求电源的 E 和 R_S。

1.9　图1-41所示电路中，已知 $E=100V$，$R_1=2k\Omega$，$R_2=8k\Omega$。试在（1）$R_3=8k\Omega$；（2）$R_3=\infty$（即 R_3 处断开）；（3）$R_3=0$（即 R_3 处短接）三种情况下，分别求电压 U_2 和电流 I_2、I_3。

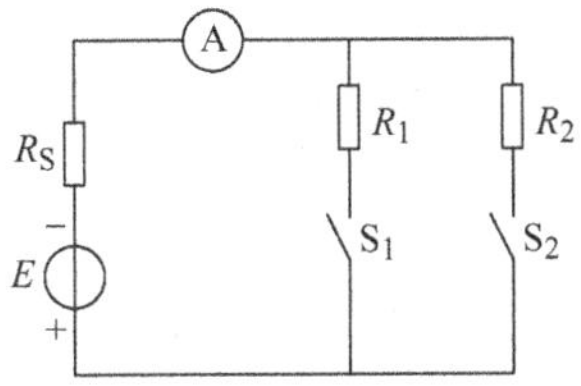

图1-40　题1.8图

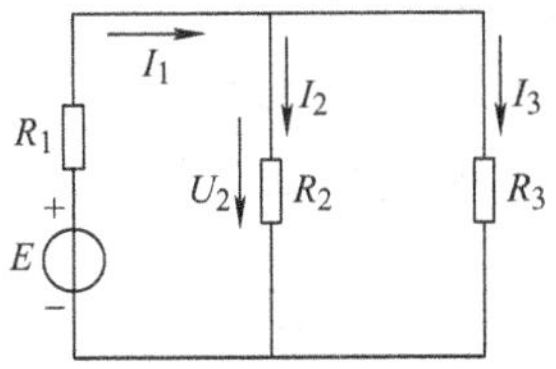

图1-41　题1.9图

1.10　试等效简化图1-42所示网络。

1.11　求图1-43中的电流 I。

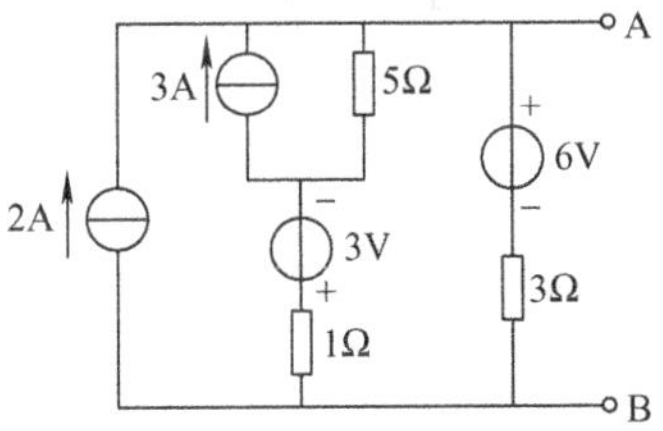

图1-42　题1.10图

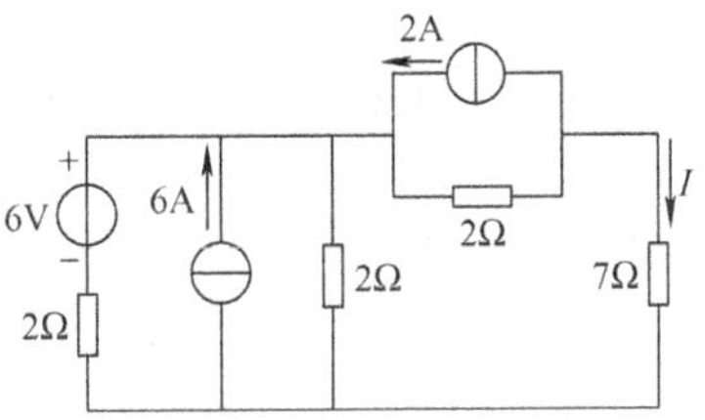

图1-43　题1.11图

1.12　图1-44所示电路中，试求：

（1）开关S断开时A点的电位。

（2）开关S闭合时A点的电位。

（3）开关S闭合时A、B两点电压 U_{AB}。

1.13　指出图1-45所示电路中A、B、C点的电位。

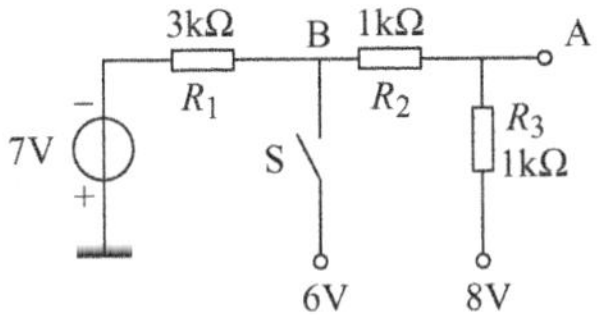

图1-44　题1.12图

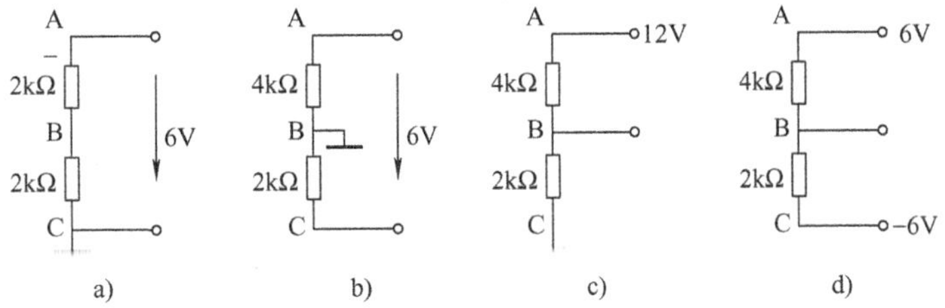

图1-45　题1.13图

1.14　图1-46所示电路中，已知 $U_S=16V$，$I_S=2A$，$R_1=12\Omega$，$R_2=1\Omega$。求开关S断开时开关两端的电压 U 和开关S闭合时通过开关的电流 I。

1.15　在图1-47中，已知 $I_1=0.1A$，$I_2=3A$，$I_5=9.6A$，试求电流 I_3、I_4 和 I_6。

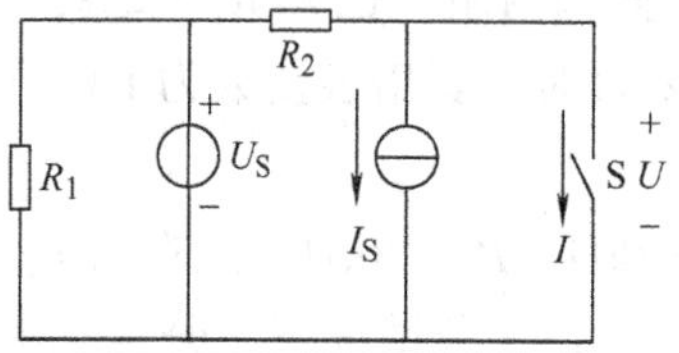

图 1-46　题 1. 14 图

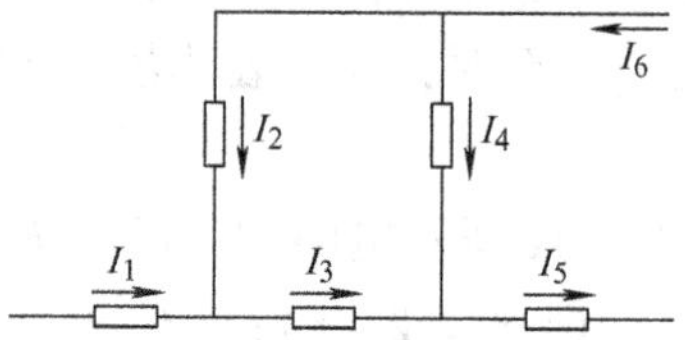

图 1-47　题 1. 15 图

1. 16　求图 1-48 中的电流 I。

1. 17　在图 1-49 中，已知 $U_1=3\text{V}$，$R_1=10\Omega$，$R_2=5\Omega$，$R_3=4\Omega$，其他各电流如图所示。试求电路中电流 I_X 和电压 U。

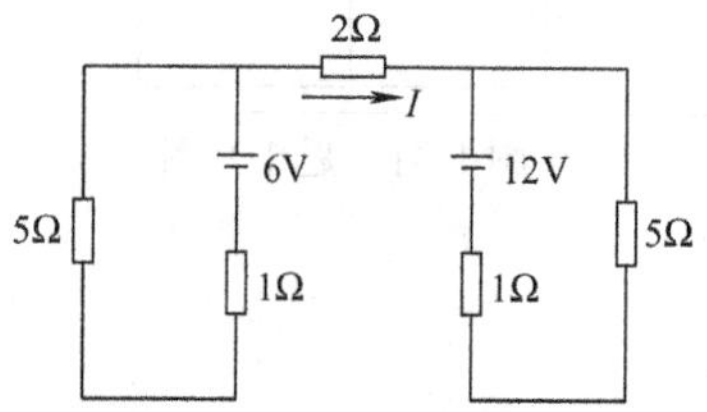

图 1-48　题 1. 16 图

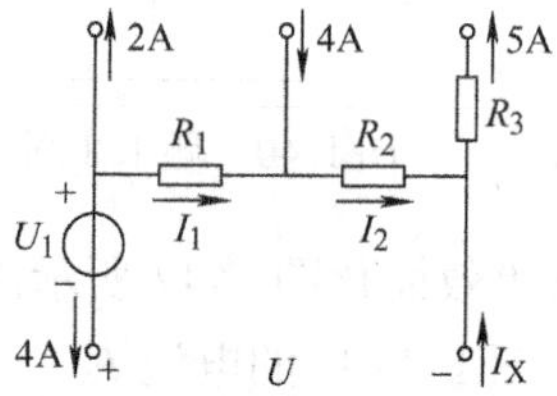

图 1-49　题 1. 17 图

1. 18　求图 1-50 中各电流源上的电压。

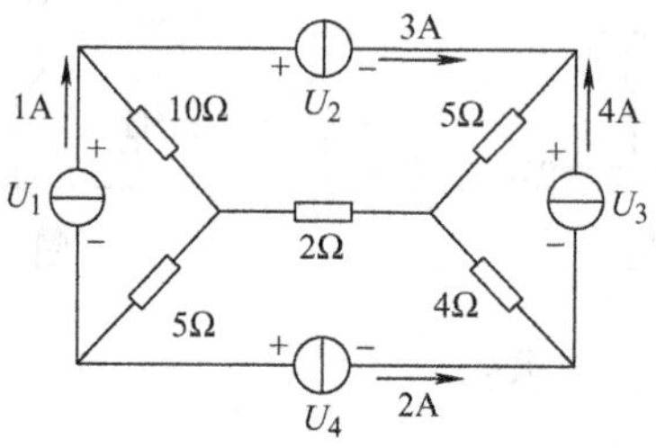

图 1-50　题 1. 18 图

第 2 章　电路的分析方法

内容提要：本章将介绍分析电阻电路的一些基本方法和定理，主要有欧姆定律、电路的等效变换、支路电流法、叠加定理和戴维南定理。

2.1　无源电阻网络的化简

2.1.1　电阻的串联、并联

1. 电阻的串联及分压作用

在电阻电路中，电阻的连接形式是多种多样的。如果电路中有两个或两个以上电阻一个接一个地顺序相连，并且通过各电阻的电流相同，这种接法称为电阻的串联。

图 2-1a 所示为最简单的两个电阻串联的电路。U 是串联电阻电路的端口电压，I 为电阻电路电流。根据 KVL 有

$$U=U_1+U_2=(R_1+R_2)I \tag{2-1}$$

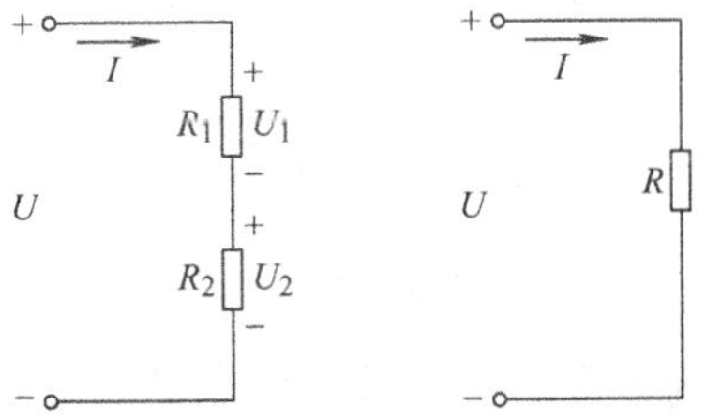

a) 电阻的串联　　b) 等效电阻

图 2-1　串联电阻的等效

对外电路来说，在电阻电路的端口电压 U 和电流 I 保持不变的条件下，如果电阻的串联可以用一个电阻来等效代替，则该电阻称为等效电阻 R。图 2-1a 的等效电阻如图 2-1b 所示。根据欧姆定律，图 2-1b 中有关系式

$$U=RI \tag{2-2}$$

式(2-1) 和式(2-2) 中的 U、I 相同，因而等效电阻 $R=R_1+R_2$。串联电阻的等效电阻等于各电阻之和。这个结论可以推广至 n 个电阻的串联，即

$$R=\sum_{k=1}^{n}R_k=R_1+R_2+\cdots+R_n \tag{2-3}$$

式(2-3) 是串联等效电阻的计算公式。串联等效电阻 R 大于任一串联电阻。

电阻串联时，各电阻上的电压为

$$U_k=R_kI=\frac{R_k}{R}U \tag{2-4}$$

各个串联电阻的电压与电阻值成正比，因此总电压按各个串联电阻的电阻值进行分配。式(2-4) 称为电压分配公式，简称分压公式。图 2-1a 中两个电阻分得的电压为

$$U_1 = R_1 I = \frac{R_1}{R_1 + R_2} U$$

$$U_2 = R_2 I = \frac{R_2}{R_1 + R_2} U$$

例 2-1　如图 2-2 所示，用一个满刻度偏转电流为 50μA，电阻 R_g 为 2kΩ 的表头，制成 20V 量程的直流电压表，应串联多大的电阻 R？

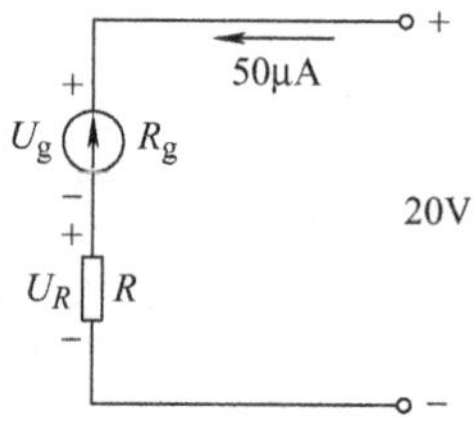

图 2-2　例 2-1 图

解：满刻度时，表头电压为

$$U_g = IR_g = 50\mu A \times 2k\Omega = 0.1V$$

则

$$U_R = 20V - 0.1V = 19.9V$$

代入分压公式，得

$$19.9V = \frac{R}{R+2} k\Omega \times 20V$$

解得

$$R = 398k\Omega$$

串联电阻起分压作用。本例题中，在负载的额定电压 U_g 低于电源电压时，需要与负载串联一个电阻，来分担一部分电压，这是电阻串联的常见应用。另外，与负载串联一个电阻，来限制负载中通过过大的电流，这种限流应用也是十分常见的。

例 2-2　电路如图 2-3 所示。已知某发光二极管的正向导通电压为 2V，其工作电流约为 10mA，现将该发光管接在 5V 的电源上，试计算正常工作时，需串联多大的限流电阻 R？

解：列出电路的 KVL 得

$$2V + 10mA \times R = 5V$$

$$R = 300\Omega$$

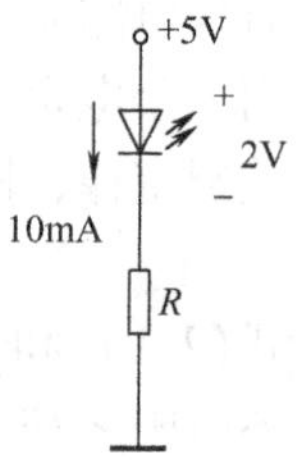

图 2-3　例 2-2 图

2. 电阻的并联及分流作用

在电路中，将两个或多个电阻连接在两个公共的节点之间，使各个电阻两端具有相同的电压，这种连接方式称为电阻的并联。

图 2-4 是 n 个电阻的并联。同样，在 U、I 保持不变的情况下，多个电阻的并联也可以

用一个等效电阻来代替，如图 2-4b 所示。等效电阻的倒数等于各个并联电阻的倒数之和，即

$$\frac{1}{R}=\frac{1}{R_1}+\frac{1}{R_2}+\cdots+\frac{1}{R_n}=\sum_{k=1}^{n}\frac{1}{R_k} \tag{2-5}$$

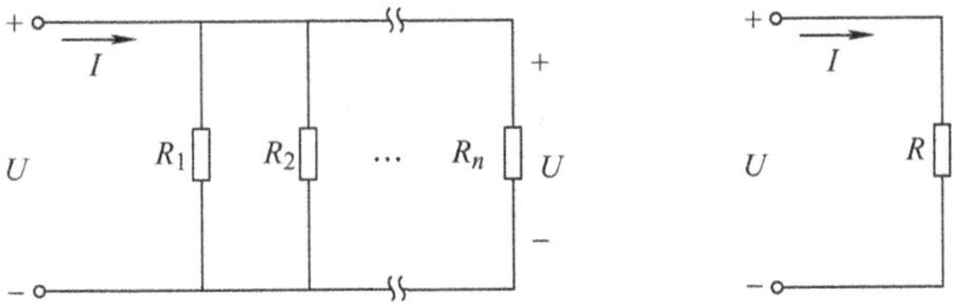

a) 电阻的并联　　b) 等效电阻

图 2-4　并联电阻的等效

由式(2-5) 可见，并联等效电阻小于任一并联电阻。式(2-5) 也可以表示为

$$G=G_1+G_2+\cdots+G_n=\sum_{k=1}^{n}G_k \tag{2-6}$$

式(2-6) 中 G 称为电导，是电阻的倒数。在国际单位制中，电导的单位是西门子（S）。并联电阻的电压相等，因此通过各电阻的电流为

$$I_k=G_kU=\frac{G_k}{G}I \tag{2-7}$$

即每个电阻的电流与它们各自的电导成正比，与各自的电阻成反比。也就是电阻越大，分配的电流越小，反之分得的电流越大。将总电流按各个并联电导值进行分配的关系式(2-7) 称为电流分配公式，简称分流公式。由分流公式可知，电阻并联起分流作用。

在电路分析时，常遇到两个电阻并联的特例，如图 2-5 所示，此时等效电阻为

$$R=\frac{1}{\dfrac{1}{R_1}+\dfrac{1}{R_2}}=\frac{R_1R_2}{R_1+R_2}$$

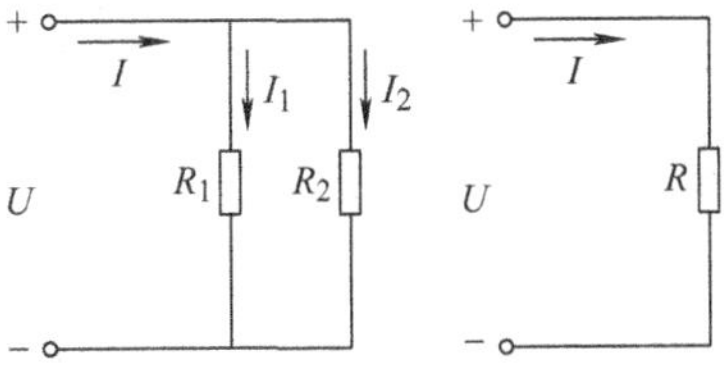

a) 电阻的并联　　b) 等效电阻

图 2-5　两个电阻的并联等效

各个电阻上电流为

$$I_1=\frac{R_2}{R_1+R_2}I \qquad I_2=\frac{R_1}{R_1+R_2}I$$

例 2-3　如图 2-6 所示，将一个满刻度偏转电流为 50μA，电阻 R_g 为 2kΩ 的表头，制成量程为 20mA 的直流电流表，应并联的分流电阻 R_2 为多大？

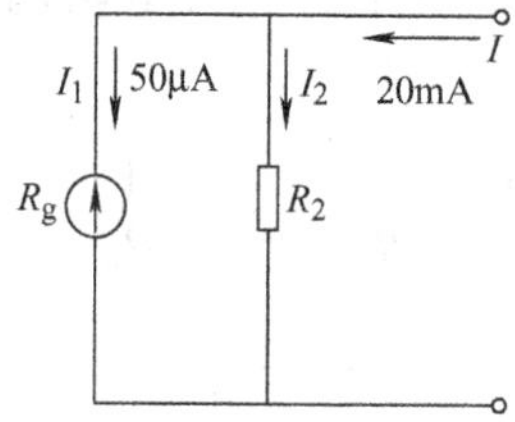

图 2-6 例 2-3 图

解：由分流公式得

$$I_1 = \frac{R_2}{R_g + R_2} I$$

解得

$$R_2 = 5.013\Omega$$

2.1.2 电阻的混联

电路中电阻的串联和并联同时存在，这种连接方式称为电阻的串、并联或混联。电阻混联电路的形式繁多，在计算时求解步骤一般是：

1）识别各电阻的串、并联关系，将电路逐步化简，用一个等效电阻来代替。

2）用欧姆定律算出总电压（或总电流）。

3）用分流公式和分压公式分别解出各个所求电阻上的电流和电压。

例 2-4 求图 2-7a 所示电路中 A、B 两点间的等效电阻 R_{AB}。已知 $R_1=5\Omega$，$R_2=6\Omega$，$R_3=3\Omega$，$R_4=20\Omega$，$R_5=10\Omega$，$R_6=8\Omega$。

解：首先根据电阻串联与并联的特征，看清哪些电阻是串联的，哪些是并联的。在图 2-7a 中 R_1 与 R_4 是并联的，R_2 与 R_3 是并联的。因而化简为图 2-7b 所示的电路。等效电阻为

$$R_{AB} = R_5 + R_1 /\!/ R_4 + R_2 /\!/ R_3 + R_6$$
$$= R_5 + \frac{R_1 R_4}{R_1 + R_4} + \frac{R_2 R_3}{R_2 + R_3} + R_6 = 24\Omega$$

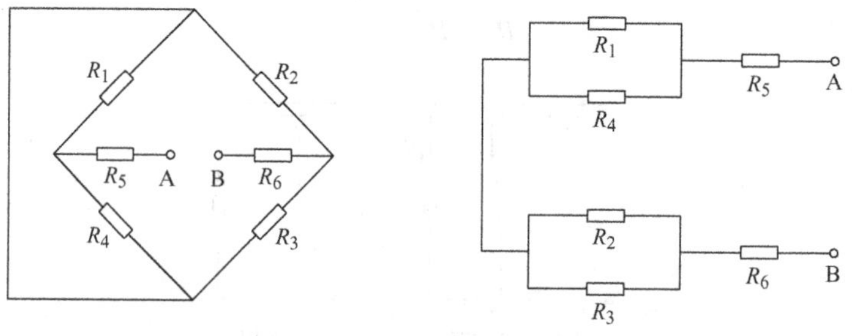

a) b)

图 2-7 例 2-4 图

例 2-5 已知电路如图 2-8a 所示，$R_1=R_3=R_5=R_7=R_8=1\Omega$，$R_2=R_4=R_6=2\Omega$。（1）求等效电阻 R_{AO}；（2）若外加电压 U_{AO} 为 100V，求 U_{BO}、U_{CO}、U_{DO} 和 U_{EO}。

解：（1）求等效电阻 R_{AO}：

根据电阻串联与并联的特征，简化图 2-8a，得到图 2-8b、c、d。

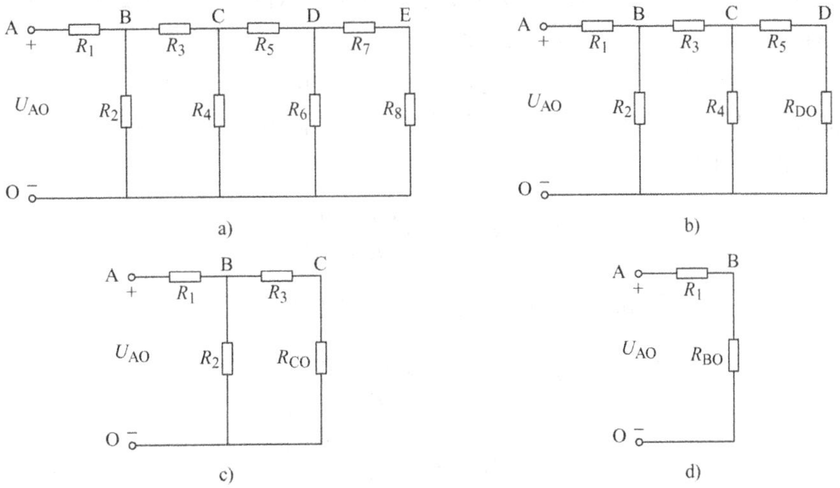

图 2-8　例 2-5 图

图 2-8b 中，R_7串联 R_8后再并联 R_6的等效电阻 $R_{DO}=R_6(R_7+R_8)/(R_6+R_7+R_8)=1\Omega$

图 2-8c 中，R_5串联 R_{DO}后再并联 R_4的等效电阻 $R_{CO}=R_4(R_5+R_{DO})/(R_4+R_5+R_{DO})=1\Omega$

图 2-8d 中，R_3串联 R_{CO}后再并联 R_2的等效电阻 $R_{BO}=R_2(R_3+R_{CO})/(R_2+R_3+R_{CO})=1\Omega$

则等效电阻 R_{AO}为 R_1与 R_{BO}的串联 $R_{AO}=R_1+R_{BO}=2\Omega$

(2) 在图 2-8d 中，利用分压公式，有

$$U_{BO}=\frac{R_{BO}}{R_1+R_{BO}}U_{AO}=50\text{V}$$

由图 2-8c 可见，R_3与 R_{CO}串联分电压 U_{BO}，因此 $U_{CO}=\dfrac{R_{CO}}{R_3+R_{CO}}U_{BO}=25\text{V}$

在图 2-8b 中，R_5与 R_{DO}串联分电压 U_{CO}，因此 $U_{DO}=\dfrac{R_{DO}}{R_5+R_{DO}}U_{CO}=12.5\text{V}$

在图 2-8a 中，R_7与 R_8串联分电压 U_{DO}，因此 $U_{EO}=\dfrac{R_8}{R_7+R_8}U_{DO}=6.25\text{V}$

2.1.3 电阻星形与三角形联结的等效变换

图 2-9 所示为电阻的星形与三角形联结。

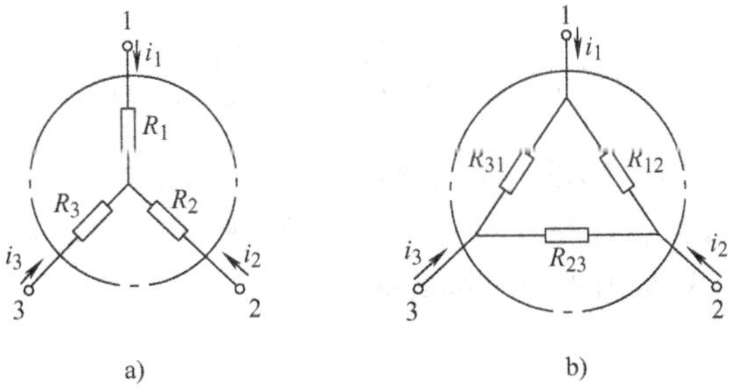

图 2-9　电阻的星形与三角形联结

电阻星形与三角形联结的等效变换条件是：对应端流入的电流（图 2-9a、b 中 i_1、i_2、i_3）对应相等，对应电压（图 2-9a、b 中 1、2 端电压 u_{12}，2、3 端电压 u_{23}，3、1 端电压 u_{31}）也对应相等。这样变换后，就不会影响电路其他部分的电压和电流。

可选择电路的某种特殊工作状态来化简推导过程。假设 3 端开路时，图 2-9a、b 中 1、2 间的等效电阻相等，即

$$R_1+R_2=\frac{R_{12}(R_{23}+R_{31})}{R_{12}+R_{23}+R_{31}}$$

同理可得到 1、2 端开路时，其余两端间的等效电阻关系为

$$R_2+R_3=\frac{R_{23}(R_{12}+R_{31})}{R_{12}+R_{23}+R_{31}}$$

$$R_1+R_3=\frac{R_{31}(R_{23}+R_{12})}{R_{12}+R_{23}+R_{31}}$$

将上述等式进行整理，可得

$$R_1=\frac{R_{12}R_{31}}{R_{12}+R_{23}+R_{31}}$$

$$R_2=\frac{R_{12}R_{23}}{R_{12}+R_{23}+R_{31}}$$

$$R_3=\frac{R_{31}R_{23}}{R_{12}+R_{23}+R_{31}}$$

一般公式为

$$\text{星形电阻}_i=\frac{\text{三角形接于 } i \text{ 两端电阻的乘积}}{\text{三角形三电阻之和}}$$

将上述等式进行整理，也可得

$$R_{12}=\frac{R_1R_2+R_2R_3+R_1R_3}{R_3}$$

$$R_{23}=\frac{R_1R_2+R_2R_3+R_1R_3}{R_1}$$

$$R_{31}=\frac{R_1R_2+R_2R_3+R_1R_3}{R_2}$$

一般公式为

$$\text{三角形电阻 } R_{mn}=\frac{\text{星形电阻两两乘积之和}}{\text{星形联结中不与 } m\text{、}n \text{ 端相连的电阻}}$$

电阻进行星形与三角形联结的等效变换后，电路的结构发生了变化，有可能形成串并联的简单结构，使计算变得简单。图 2-10a 所示电阻的电桥电路，经三角形、星形变换后为图 2-10b，可以很容易写出端口处的等效电阻。

图中

$$R_{15}=\frac{R_1R_5}{R_1+R_3+R_5}$$

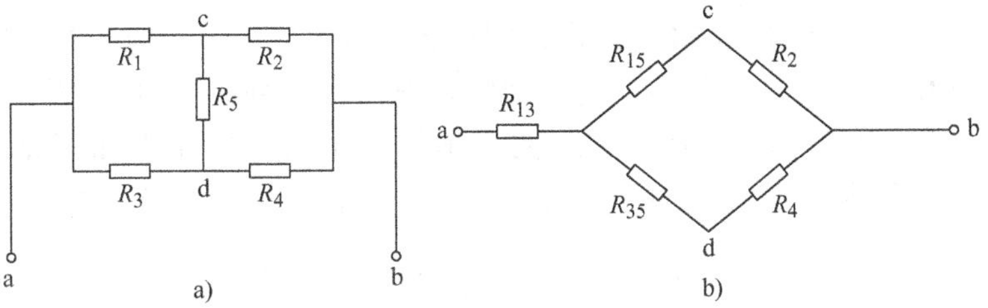

图2-10　电阻的电桥电路

$$R_{35}=\frac{R_3R_5}{R_1+R_3+R_5}$$

$$R_{13}=\frac{R_1R_3}{R_1+R_3+R_5}$$

2.2　支路电流法

上一节介绍了电阻电路的等效变换法，此法只适用于简单的串联、并联、混联电阻电路，对复杂电路往往不易用该法化简求解。

本节介绍的支路电流法是分析复杂电路的最基本方法，原则上讲可以适用于任何电路。它的求解思路是：将每个支路的电流均作为待求的未知量。利用基尔霍夫电流、电压定律列出与未知量数目相同的方程，从中解出各未知支路电流。下面以图2-11所示电路来介绍支路电流法的求解过程。

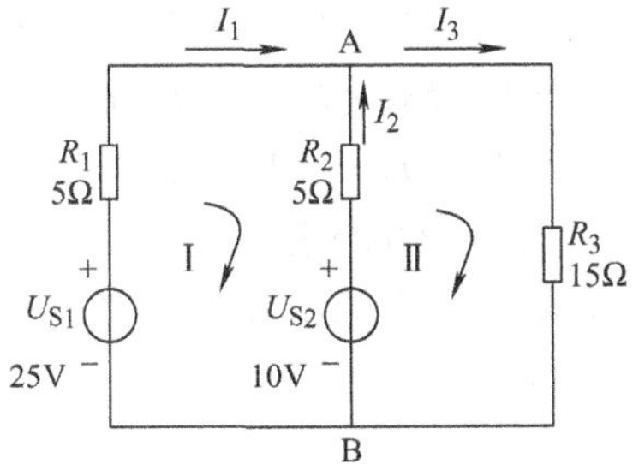

图2-11　支路电流法举例

在图2-11中，支路数 $b=3$，节点数 $n=2$，以3条支路电流 I_1、I_2、I_3 为未知量（各支路电流的参考方向标示见图），因此需列出3个独立方程，来联立求解。

首先，根据基尔霍夫电流定律，列出节点的电流方程式。对A点列KCL方程：

$$I_1+I_2-I_3=0$$

对B点列KCL方程：

$$-I_1-I_2+I_3=0$$

可以看出，以上两个方程是相同的，只有一个是独立的。这个结果可以推广至一般电路：对具有 n 个节点的电路，只能列出 $n-1$ 个独立的KCL方程。由此，本例题中得到了 $n-1=1$ 个独立方程式。

再根据基尔霍夫电压定律，列回路的电压方程式。待求的未知量是 $b=3$ 个支路电流，上述已经列出了 $n-1$ 个独立的 KCL 方程，因此还需补足 $b-(n-1)=2$ 个独立的 KVL 方程。为使列出的 KVL 方程是相互独立的，通常选取网孔来列出 KVL 方程。网孔是平面电路中的回路，在该回路内部不存在其他支路。本例题中只有回路Ⅰ和回路Ⅱ满足网孔定义，可以对这两个网孔列 KVL 方程。对两个网孔指定顺时针为绕行方向，则网孔Ⅰ有 KVL 方程：

$$U_{S1}+I_2R_2=I_1R_1+U_{S2}$$

网孔Ⅱ有方程：

$$U_{S2}=I_2R_2+I_3R_3$$

网孔的数目恰好等于 $b-(n-1)=2$，且网孔间是相互独立的，因而得到了 $b-(n-1)$ 个独立的 KVL 方程。

应用 KCL 和 KVL 一共可以列出$(n-1)+[b-(n-1)]=b$ 个独立方程，它们都以支路电流为变量，所以可以解出 b 个支路电流。

通过如上分析，可以总结出支路电流法解题的一般步骤如下：

1）假定 b 条支路电流的参考方向，确定网孔及网孔绕行方向。

2）对 n 个节点，列出 $n-1$ 个独立节点的 KCL 方程。

3）对各网孔列出 $b-(n-1)$ 个独立 KVL 方程。

4）对上述 b 个独立方程联立求解，得出各支路电流。

例 2-6 求图 2-11 电路中各支路电流。

解： 根据 KCL、KVL 列出 b 个方程，并代入数据得

$$I_1+I_2-I_3=0$$

$$25\text{V}+5\Omega\times I_2=5\Omega\times I_1+10\text{V}$$

$$10\text{V}=5\Omega\times I_2+15\Omega\times I_3$$

解得 $I_1=2\text{A}\quad I_2=-1\text{A}\quad I_3=1\text{A}$

例 2-7 图 2-12 所示电路中，用支路电流法求电压 U。

解： 本例中有 6 条支路，4 个节点。支路电流的参考方向及网孔绕行方向如图 2-12 所示。I_6等于电流源的电流，所以

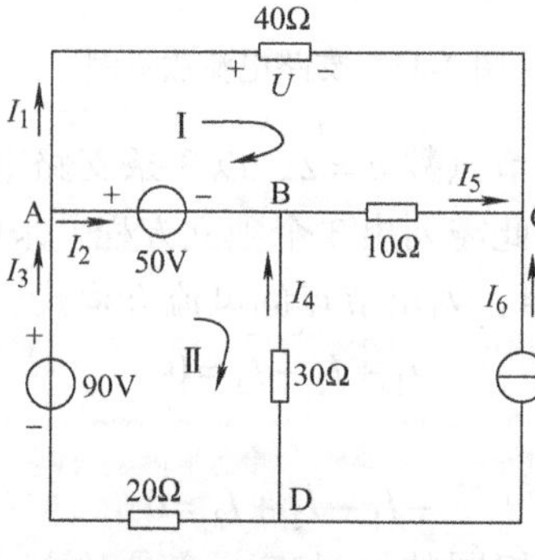

图 2-12 例 2-7 图

$$I_6 = 2\text{A}$$

列 KCL 独立方程：

对 A 点　　$I_3 = I_1 + I_2$

对 B 点　　$I_5 = I_2 + I_4$

对 C 点　　$I_1 + I_5 + I_6 = 0$

列 KVL 独立方程：

对网孔Ⅰ　　$40\Omega \times I_1 = 10\Omega \times I_5 + 50\text{V}$

对网孔Ⅱ　　$50\text{V} + 20\Omega \times I_3 = 90\text{V} + 30\Omega \times I_4$

解得　　$I_1 = 3/5\text{A}$　　$I_2 = -1\text{A}$　　$I_3 = -2/5\text{A}$　　$I_4 = -8/5\text{A}$　　$I_5 = -13/5\text{A}$

则

$$U = I_1 R_1 = 24\text{V}$$

2.3　节点电压法

电路中，任意选择某节点为参考节点，其他节点与参考节点间的电压便是节点电压。节点电压法是指以节点电压为电路的独立变量，列出与节点电压数相等的独立方程，从而解出节点电压和支路电流。

图 2-13 所示电路，其节点数为 3，设节点 3 为参考节点，节点 1、2 对节点 3 的电压就是它们的节点电压 U_1、U_2。列节点 1、2 的 KCL 方程：

节点 1　　$I_1 + I_2 - I_3 = 0$

节点 2　　$I_5 - I_2 - I_4 = 0$

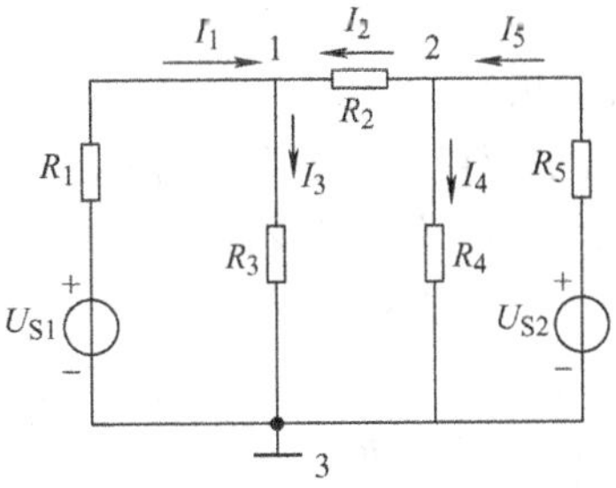

图 2-13　节点电压法电路图

应用欧姆定理及 KVL 求各支路电流，上两式可用节点电压表示为

节点 1　　$\dfrac{U_{S1} - U_1}{R_1} + \dfrac{U_2 - U_1}{R_2} - \dfrac{U_1}{R_3} = 0$

节点 2　　$\dfrac{U_{S2} - U_2}{R_5} - \dfrac{U_2 - U_1}{R_2} - \dfrac{U_2}{R_4} = 0$

移项、整理后得

$$\left(\frac{1}{R_1} + \frac{1}{R_2} + \frac{1}{R_3}\right)U_1 - \frac{1}{R_2}U_2 = \frac{U_{S1}}{R_1}$$

$$-\frac{1}{R_2}U_1 + \left(\frac{1}{R_2} + \frac{1}{R_4} + \frac{1}{R_5}\right)U_2 = \frac{U_{S2}}{R_5}$$

用各支路电导来表示，得

$$(G_1+G_2+G_3)U_1-G_2U_2=G_1U_{S1}$$

$$-G_2U_1+(G_2+G_4+G_5)U_2=G_5U_{S2}$$

为归纳出更一般的节点电压方程，令 $G_{11}=G_1+G_2+G_3$，$G_{22}=G_2+G_4+G_5$分别为节点1、2的自电导，简称自导。自导总是正的，它等于与该节点都关联的所有支路电导之和。令 $G_{12}=G_{21}=-G_2$为节点1、2的互导。互导总是负的，它等于连接两节点间支路电导的负值。方程右端写成 I_{S1}、I_{S2}，分别表示流入节点的电流源（或电压源的等效电流源）的代数和，其中流入节点的电流取正，流出节点的电流取负。由此可写出两个独立节点的电压方程

$$G_{11}U_1+G_{12}U_2=I_{S1} \tag{2-8}$$

$$G_{21}U_1+G_{22}U_2=I_{S2} \tag{2-9}$$

由式(2-8)、式(2-9) 推导到具有 $n-1$ 个独立节点的电路，有如下一般表达式：

$$\begin{aligned}G_{11}U_1+G_{12}U_2+G_{13}U_3+\cdots+G_{1(n-1)}U_{(n-1)}&=I_{S1}\\G_{21}U_1+G_{22}U_2+G_{23}U_3+\cdots+G_{2(n-1)}U_{(n-1)}&=I_{S2}\\&\cdots\\G_{(n-1)1}U_1+G_{(n-1)2}U_2+G_{(n-1)3}U_3+\cdots+G_{(n-1)(n-1)}U_{(n-1)}&=I_{S(n-1)}\end{aligned}$$

求出各节点电压后，可以求出各支路电流。

综上所述，利用节点电压法进行分析时，可按以下步骤求解：

1）先标定各支路电压和支路电流的参考方向，指定参考节点。

2）列节点电压方程。确定自导、互导（自导为正，互导为负）和各节点电流（流入节点的电流取正，流出节点的电流取负）。

3）求解各节点电压，并由各节点电压计算各支路电流。

例 2-8 用节点电压法求图 2-11 电路中各支路电流。

解：设 B 为参考节点，列节点电压方程

$$\left(\frac{1}{R_1}+\frac{1}{R_2}+\frac{1}{R_3}\right)U_A=\frac{U_{S1}}{R_1}+\frac{U_{S2}}{R_2}$$

即

$$U_A=\frac{\dfrac{U_{S1}}{R_1}+\dfrac{U_{S2}}{R_2}}{\dfrac{1}{R_1}+\dfrac{1}{R_2}+\dfrac{1}{R_3}}=\frac{\sum I_S}{\sum G} \tag{2-10}$$

式(2-10) 所列的关系称为弥尔曼定理。弥尔曼定理可表述为：在仅有两个节点的电路中，两节点间的电压等于流入节点电流的代数和与并在两节点间所有电导之和的比值。它是节点电压法的一种特例。

将数据代入（2-10)，得 $U_A=15\text{V}$

各支路电流为

$$I_1=-(U_A-U_{S1})/R_1=2\text{A}$$

$$I_2=-(U_A-U_{S2})/R_2=-1\text{A}$$

$$I_3=U_A/R_3=1\text{A}$$

与例 2-6 用支路电流法求解的结果一致。

例 2-9　用节点电压法求图 2-14 电路中各支路电流。

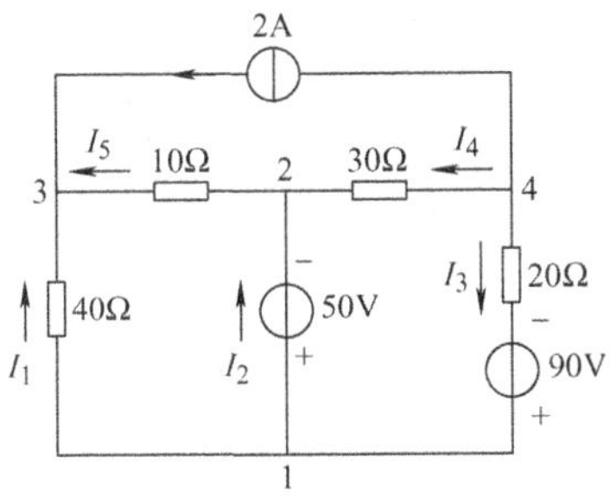

图 2-14　例 2-9 图

解：电路中节点 1、2 间为理想电压源，选节点 1 为参考节点，则节点 2 的电压 $U_2=-50\text{V}$，因此只需列出节点 3、4 的电压方程。

节点 3　$$-\frac{1}{10\Omega}U_2+\left(\frac{1}{40\Omega}+\frac{1}{10\Omega}\right)U_3=2\text{A}$$

节点 4　$$-\frac{1}{30\Omega}U_2+\left(\frac{1}{30\Omega}+\frac{1}{20\Omega}\right)U_4=-2\text{A}-\frac{90\text{V}}{20\Omega}$$

解得　$$U_3=-24\text{V},\ U_4=-98\text{V}$$

$$I_1=U_3/(40\Omega)=3/5\text{A}$$

$$I_4=(U_4-U_2)/(30\Omega)=-8/5\text{A}$$

$$I_5=(U_2-U_3)/(10\Omega)=-13/5\text{A}$$

$$I_2=I_5-I_4=-1\text{A}$$

$$I_3=I_1+I_2=-2/5\text{A}$$

2.4　叠加定理

叠加定理是线性电路的一个基本定理。其内容描述为：在线性电路中，有多个独立电源共同作用时，任一支路的电压或电流，等于电路中每个独立电源单独作用时产生的电压或电流的代数和。

一个独立电源单独作用，意味着其他电源不作用，应该除去。对电压源来说，不作用就是输出电压为零，可以用短路代替；对电流源来说，不作用就是输出电流为零，可以用开路代替。要注意，如果电源有内阻，则内阻应保留在原处不能除去。

现仍以图 2-11 所示两电源共同供电的电路为例来具体说明叠加定理。电路图重画如图 2-15a 所示。图 2-15b 是 U_{S1} 单独作用的电路，其中 U_{S2} 不作用，用短路代替。此时产生的各支路电流为 I_1'、I_2'、I_3'。图 2-15c 是 U_{S2} 单独作用的电路，此时 U_{S1} 不作用，将其短路。U_{S2} 产生的各支路电流用 I_1''、I_2''、I_3'' 表示。根据叠加定理，电路中 U_{S1} 和 U_{S2} 共同作用时，各支路电流 I_1、I_2、I_3 应等于 U_{S1} 单独作用时，产生的各支路电流 I_1'、I_2'、I_3' 与 U_{S2} 单独作用时产生的各支路电流 I_1''、I_2''、I_3'' 的代数和。

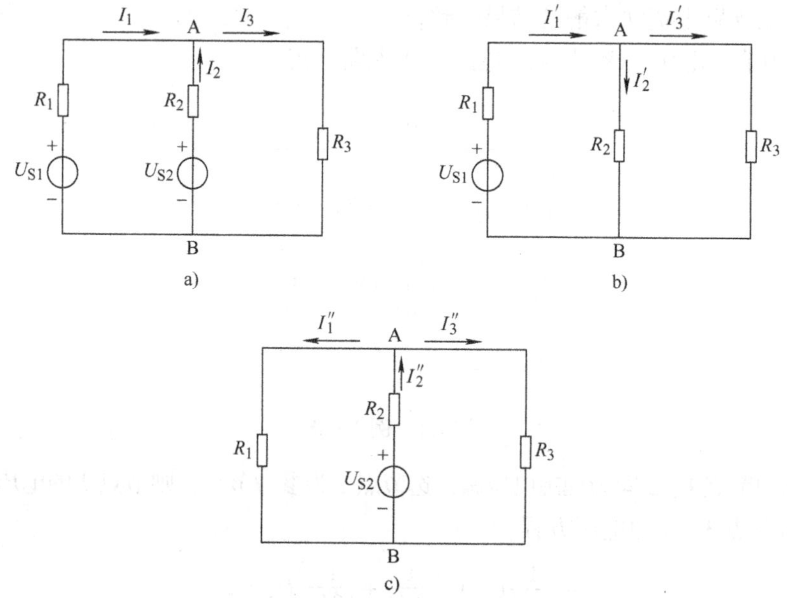

图 2-15　叠加定理举例

由图 2-15b 得

$$I_1' = \frac{U_{S1}}{R_1 + \dfrac{R_2 R_3}{R_2 + R_3}} = \frac{25\text{V}}{5\Omega + \dfrac{5 \times 15}{5 + 15}\Omega} = \frac{20}{7}\text{A}$$

$$I_2' = \frac{R_3}{R_2 + R_3} I_1' = \frac{15\Omega}{15\Omega + 5\Omega} \times \frac{20}{7}\text{A} = \frac{15}{7}\text{A}$$

$$I_3' = \frac{R_2}{R_2 + R_3} I_1' = \frac{5\Omega}{15\Omega + 5\Omega} \times \frac{20}{7}\text{A} = \frac{5}{7}\text{A}$$

由图 2-15c 得

$$I_2'' = \frac{U_{S2}}{R_2 + \dfrac{R_1 R_3}{R_1 + R_3}} = \frac{10\text{V}}{5\Omega + \dfrac{5 \times 15}{5 + 15}\Omega} = \frac{8}{7}\text{A}$$

$$I_1'' = \frac{R_3}{R_1 + R_3} I_2'' = \frac{15\Omega}{15\Omega + 5\Omega} \times \frac{8}{7}\text{A} = \frac{6}{7}\text{A}$$

$$I_3'' = \frac{R_1}{R_1 + R_3} I_2'' = \frac{5\Omega}{15\Omega + 5\Omega} \times \frac{8}{7}\text{A} = \frac{2}{7}\text{A}$$

叠加各分量，得到各支路电流为

$$I_1 = I_1' - I_1'' = 2\text{A}$$

$$I_2 = I_2'' - I_2' = -1\text{A}$$

$$I_3 = I_3' + I_3'' = 1\text{A}$$

与例 2-6 用支路电流法求解的结果一致。

应用叠加定理时，应注意以下几点：

1）叠加定理只适用于线性电路，不适用于非线性电路。

2）各个电源分别单独作用时，对不作用的电源应去掉，即电压源用短路代替，电流源用开路代替，而其他元件（包括电源内阻）都不应变动。

3）将原电路分解成各电源单独作用时，各支路电流、电压的参考方向可以任意假定。但要注意在叠加时是各分量的代数和，即各分量与原电路中总量的参考方向一致取正号，不一致取负号。

4）叠加定理不能用来计算线性电路中的功率。

例 2-10 用叠加定理求图 2-16a 中的 I。

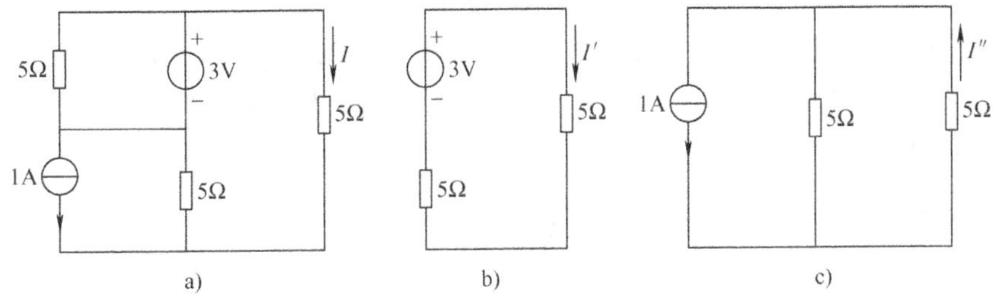

图 2-16 例 2-10 图

解：当电压源单独作用时，电流源用开路代替得到图 2-16b，有 $I'=\dfrac{3\text{V}}{5\Omega+5\Omega}=0.3\text{A}$

当电流源单独作用时，电压源用短路代替得到图 2-16c，有 $I''=\dfrac{5\Omega}{5\Omega+5\Omega}\times 1\text{A}=0.5\text{A}$

叠加各分量，得到 $I=I'-I''=-0.2\text{A}$

2.5 戴维南定理与诺顿定理

戴维南定理是分析线性二端口网络的一个重要定理。所谓二端口网络，就是指任何具有两个与外电路相连的端口的电路（网络）。网络内部若含有独立电源，称为有源二端网络，如图 2-17a 所示。网络内无独立电源，称为无源二端网络，如图 2-17b 所示。

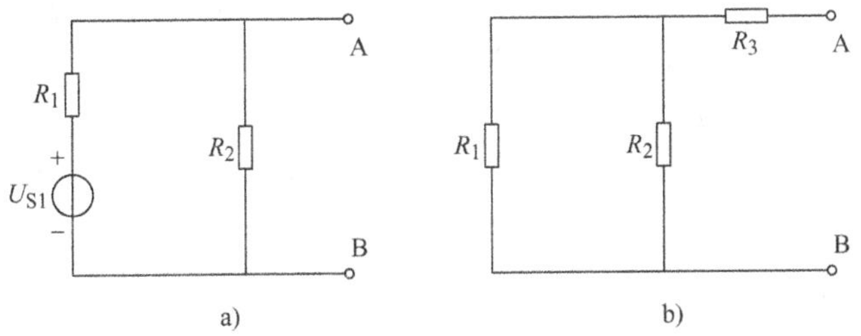

图 2-17 二端网络

2.5.1 戴维南定理

戴维南定理指出：任何一个有源二端网络，对其外电路来说，都可以用一个理想电压源和内阻串联的电压源模型来等效代替。该理想电压源的电压等于有源二端网络的开路电压 U_O；内阻 R_S 等于该有源二端网络无源化后的网络等效电阻。

有源二端网络无源化是指将原网络中的所有理想电源除去。除去理想电压源是对其进行短路处理，使 $U_S=0$；除去理想电流源是将其开路，使 $I_S=0$。

网络等效电阻的求解方法有如下三种：

1）应用电阻串、并联的等效变换法，对无源二端网络加以化简得到网络的等效电阻。

2）将有源二端网络无源化后，在网络端口外加电压 U，计算或测出端口处电流 I，则网络等效电阻 $R=U/I$。

3）测量或计算该有源二端网络的开路电压 U_O 和短路电流 I，则网络等效电阻 $R=U_O/I$。

现仍以图 2-11 为例介绍戴维南定理的求解过程。电路图重画如图 2-18a 所示，所求未知量为含有电阻 R_3 的支路电流 I_3。断开该支路，剩余的电路为一个有源二端网络。应用戴维南定理可以将其等效为图 2-18b 所示。理想电压源电压为有源二端网络的开路电压 U_O，由图 2-18c 可求出：

$$U_O = U_{S2} + \frac{U_{S1} - U_{S2}}{R_1 + R_2}R_2 = 17.5\text{V}$$

内阻 R_S 等于图 2-18b 所示的有源二端网络无源化后的网络等效电阻，如图 2-18d 所示，则

$$R_S = \frac{R_1 R_2}{R_1 + R_2} = 2.5\Omega$$

将 U_O、R_S 代入图 2-18b 中，得

$$I_3 = U_O/(R_S + R_3) = 17.5\text{V}/(15 + 2.5)\Omega = 1\text{A}$$

与应用支路电流法和叠加定理所解结果均一致。

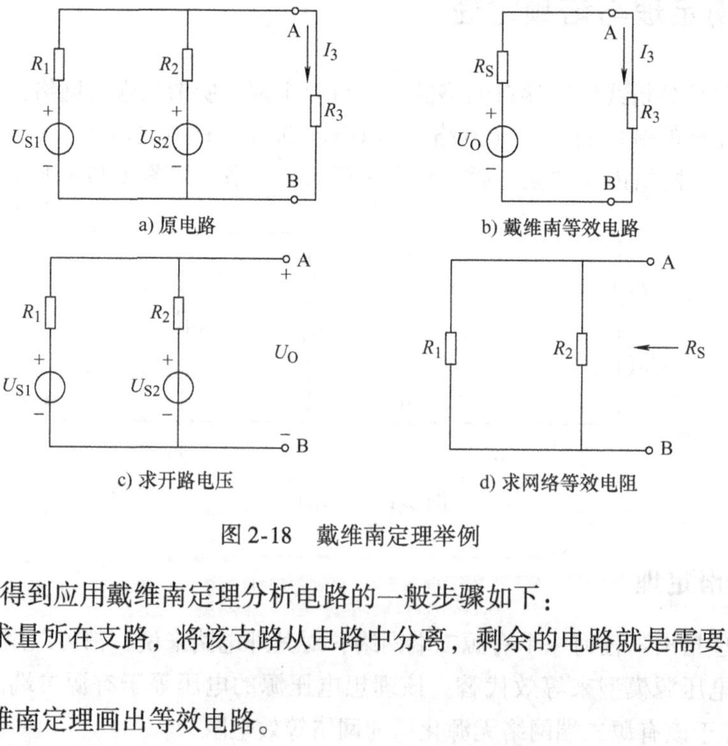

图 2-18 戴维南定理举例

由上述，可得到应用戴维南定理分析电路的一般步骤如下：

1）找到待求量所在支路，将该支路从电路中分离，剩余的电路就是需要等效的有源二端网络。

2）根据戴维南定理画出等效电路。

3）求解有源二端网络的开路电压 U_O。

4）将有源二端网络中电源去除（无源化），解出网络等效电阻，即内阻 R_S。

5）把 U_O、R_S代入戴维南定理等效电路，得到待求量。

应用戴维南定理分析电路时，除待求量之外不会引出其他的不必要的支路电流，这是戴维南定理的特点，也是它的优势所在。因此，在分析复杂电路中的某一支路电流时，使用戴维南定理求解往往会更加简单、方便。

例2-11 用戴维南定理求图2-19a中流经电阻 R_3的电流 I_3。已知 $I_S=6A$，$U_{S1}=6V$，$U_{S2}=24V$，$R_1=3\Omega$，$R_2=2\Omega$，$R_3=2\Omega$，$R_4=2\Omega$。

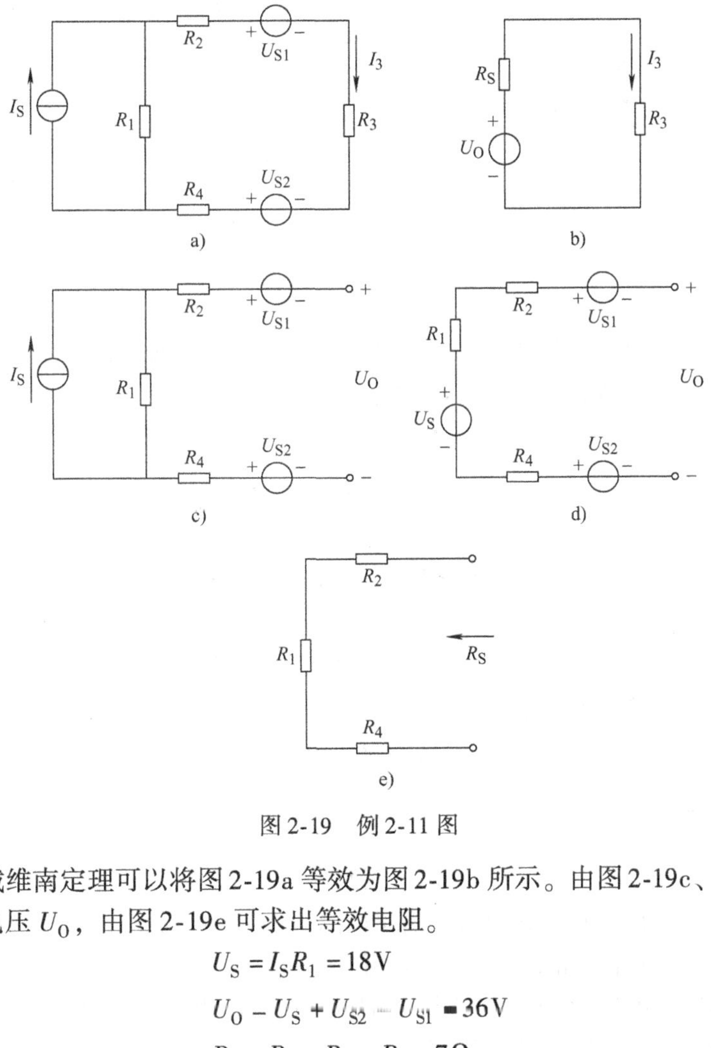

图2-19 例2-11图

解： 应用戴维南定理可以将图2-19a等效为图2-19b所示。由图2-19c、d可求出有源二端网络的开路电压 U_O，由图2-19e可求出等效电阻。

$$U_S=I_SR_1=18V$$

$$U_O=U_S+U_{S2}-U_{S1}=36V$$

$$R_S=R_1+R_2+R_4=7\Omega$$

将 U_O、R_S代入图2-19b，得

$$I_3=U_O/(R_S+R_3)=4A$$

例2-12 用戴维南定理计算图2-20a电路中的电流 I_L。已知 $U=32V$，$R_1=16\Omega$，$R_2=6\Omega$，$R_3=8\Omega$，$R_4=40\Omega$，$R_L=6\Omega$，$I_S=1A$。

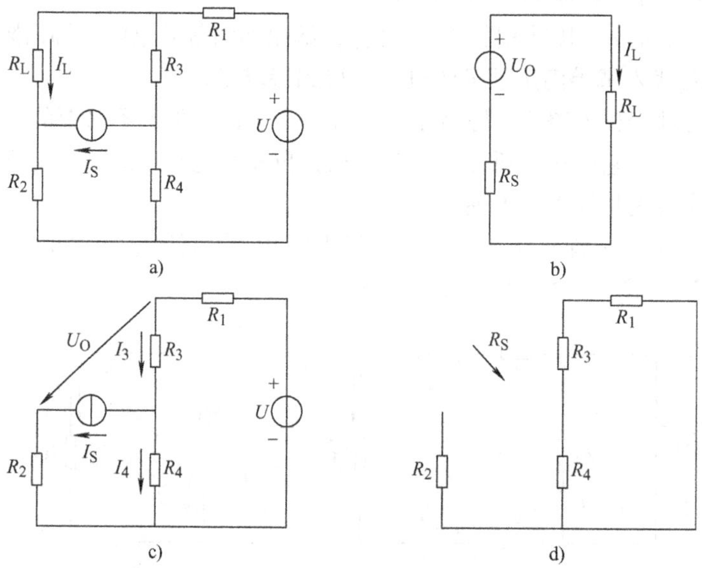

图 2-20　例 2-12 图

解：应用戴维南定理可以将图 2-20a 等效为图 2-20b。由图 2-20c 可求出有源二端网络的开路电压 U_O，由图 2-20d 可求出等效电阻。

$$I_3 = I_4 + I_S$$

$$U = I_3(R_1 + R_3) + I_4R_4$$

解得 $$I_3 = 1.125\text{A} \quad I_4 = 0.125\text{A}$$

因而 $$U_O = I_3R_3 + I_4R_4 - I_SR_2 = 8\text{V}$$

在图 2-20d 中：

$$R_S = R_2 + R_1 /\!/ (R_3 + R_4) = 18\Omega$$

将 U_O、R_S代入图 2-20b，得

$$I_L = U_O/(R_S + R_L) = 0.33\text{A}$$

2.5.2　诺顿定理

戴维南定理中，是将有源二端网络用电压源模型来等效代替的。而我们知道电压源模型和电流源模型可以相互等效，因此有源二端网络也可以用电流源模型来等效代替。即任何一个有源二端网络，对其外电路来说，都可以用一个理想电流源和内阻并联的电流源模型来等效代替。该理想电流源的电流 I_S等于有源二端网络的短路电流；内阻 R_S等于该有源二端网络无源化后的网络电阻，这就是诺顿定理。

例 2-13　用诺顿定理求解图 2-18a 中的支路电流 I_3。

解：根据诺顿定理可将图 2-18a 化为图 2-21a 所示的诺顿等效电路。理想电流源的电流 I_S等于有源二端网络的短路电流，如图 2-21b 所示。

$$I_S = U_{S1}/R_1 + U_{S2}/R_2 = 25\text{V}/(5\Omega) + 10\text{V}/(5\Omega) = 7\text{A}$$

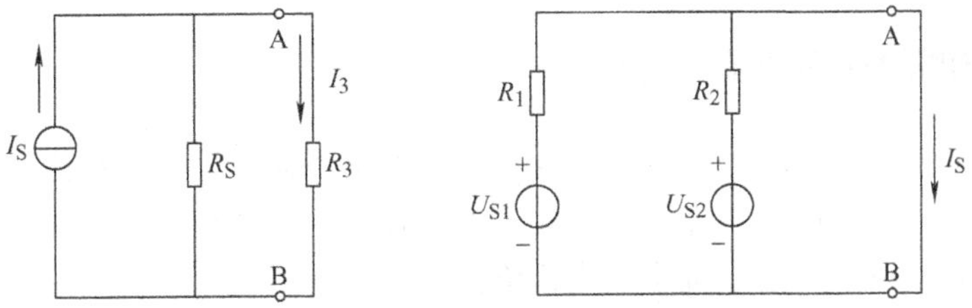

a) 诺顿等效电路　　b) 求短路电流

图 2-21　诺顿定理举例

网络等效电阻的计算与戴维南定理中相同，$R_S = 2.5\Omega$。

将 I_S、R_S代入诺顿等效电路，有

$$I_3 = \frac{R_S}{R_S + R_3} I_S = \frac{2.5\Omega}{15\Omega + 2.5\Omega} \times 7\text{A} = 1\text{A}$$

与戴维南定理所解一致。

2.6 非独立电源——受控源

2.6.1 受控源介绍

前面介绍的电压源和电流源的存在不受外电路影响而独立存在，是独立电源。在实际电路中还有另一类电源叫受控源，特点是电源不能独立存在，其电压或电流受电路中另一处的电压或电流控制，并随之而变。当控制的电压或电流消失或等于零时，受控源的电压或电流也将为零。

根据控制量和受控量不同，受控源有四种类型：电压控制电压源（简称 VCVS）、电压控制电流源（简称 VCCS）、电流控制电压源（简称 CCVS）、电流控制电流源（简称 CCCS）。受控源用菱形方框表示。图 2-22 分别给出了它们的符号，控制系数 μ、γ、g、β 都是常数。其中 γ 以电阻为量纲，g 以电导为量纲，μ、β 无量纲。

必须指出受控源不代表激励，不能为电路提供能量。

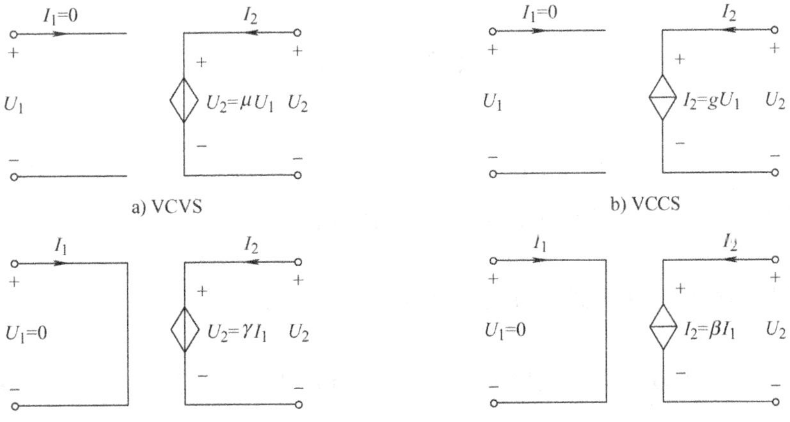

a) VCVS　　b) VCCS

c) CCVS　　d) CCCS

图 2-22　受控源

2.6.2 含受控源的简单电路分析

在处理含受控源的电路时，可将受控源和独立电源一样作为电源对待，电路的基本定理和各种分析方法均可以使用。另外由于受控源不是独立的，其存在与否决定于控制量，所以不能随意将受控源去掉、开路、短路或让其单独作用。

例 2-14 图 2-23 中 $I_3=\frac{1}{6}U_2$，$R_1=2\Omega$，$R_2=3\Omega$，$R_3=4\Omega$。求 U_2。

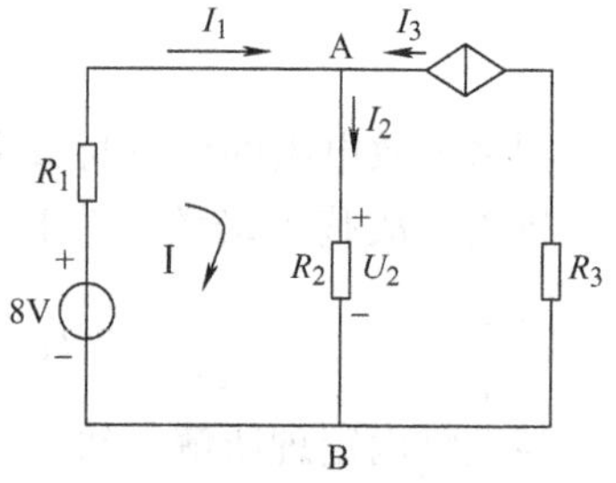

图 2-23 例 2-14 图

解：对 A 点列 KCL 方程：

$$I_1-I_2+I_3=0$$

$$或\ I_1-\frac{U_2}{R_2}+\frac{1}{6}U_2=0$$

对Ⅰ列 KVL 方程：$R_1I_1+U_2=8\text{V}$

联立求解得 $I_1=1\text{A}$，$U_2=6\text{V}$

例 2-15 图 2-24 为一个晶体管放大器的等效电路。已知 $\beta=50$，$U_i=30\text{mV}$，$r_{be}=1\text{k}\Omega$，$R_c=3\text{k}\Omega$，$R_L=3\text{k}\Omega$，求输出电压 U_o。

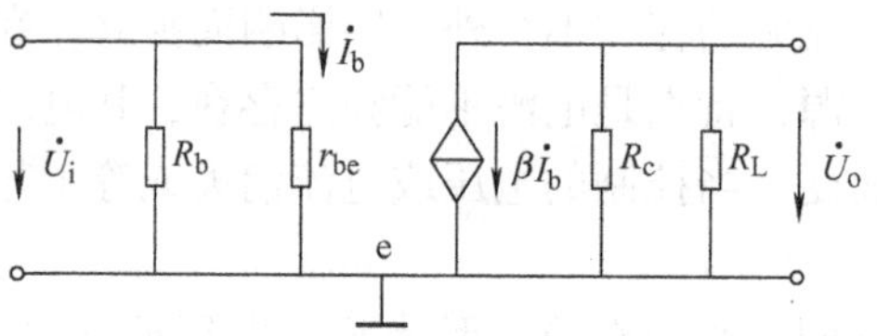

图 2-24 例 2-15 图

解：先求出控制电流 $I_b=\frac{U_i}{r_{be}}=30\mu\text{A}$

输出电压 $U_o=-\beta I_b(R_c//R_L)=2.25\text{V}$

本章小结

1. 电阻的等效变换如下：

电阻的串联——串联的等效电阻等于各电阻之和，即 $R=\sum_{k=1}^{n}R_k$。电阻串联分压，即总电压按各个串联电阻的电阻值进行分配，有分压公式：$U_k=\frac{R_k}{R}U$。

电阻的并联——并联的等效电导等于各电导之和，即 $G=\sum_{k=1}^{n}G_k$。电阻并联分流，即总电流按各个并联电阻的电导值进行分配，有分流公式：$I_k=\frac{G_k}{G}I$。

特例为两个电阻并联，此时有 $R=\dfrac{R_1R_2}{R_1+R_2}$，$I_1=\dfrac{R_2}{R_1+R_2}I$，$I_2=\dfrac{R_1}{R_1+R_2}I$。

2. 支路电流法是分析电路的最基本方法，它以 b 个支路电流为待求量。利用 KCL，列出 n 个节点中 $n-1$ 个节点的独立 KCL 方程，与 $b-(n-1)$ 个网孔的独立 KVL 方程联立，解出 b 个支路电流。

3. 节点电压法是指以节点电压为电路的独立变量，列出与节点电压数相等的独立方程，从而解出节点电压和支路电流。

4. 叠加定理只适用于线性电路中线性参数的计算。它的内容是：多个电源共同产生的某支路的电压或电流等于各电源单独作用时，产生的电压或电流分量的代数和（不作用的理想电压源用短路代替，不作用的理想电流源用开路代替）。

5. 只求复杂电路中的某一支路电流时，一般多用戴维南定理。其内容是：任何一个有源二端网络，对其外电路来说，都可以用一个理想电压源和内阻串联的电压源模型来等效代替。该理想电压源的电压等于有源二端网络的开路电压 U_0；内阻 R_S 等于该有源二端网络无源化后的网络等效电阻。

思考与习题

2.1 求图 2-25 所示电路 A、B 两端的等效电阻。

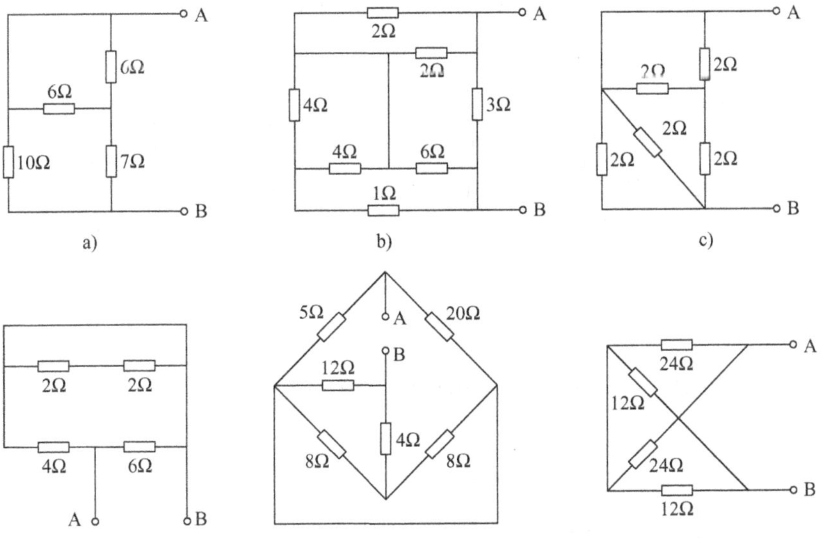

图 2-25 题 2.1 图

2.2 试求图 2-26 所示电路 5Ω 电阻上的电压 U。

2.3 在图 2-27 中，$R_1=R_2=R_3=R_4=30\Omega$，$R_5=60\Omega$，试求开关 S 断开和闭合时 A 和 B 之间的等效电阻。

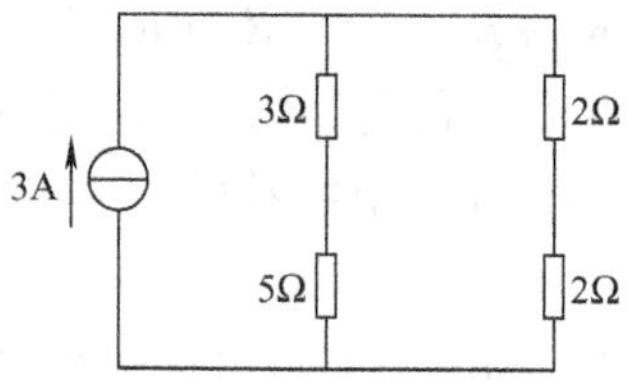

图 2-26　题 2-2 图

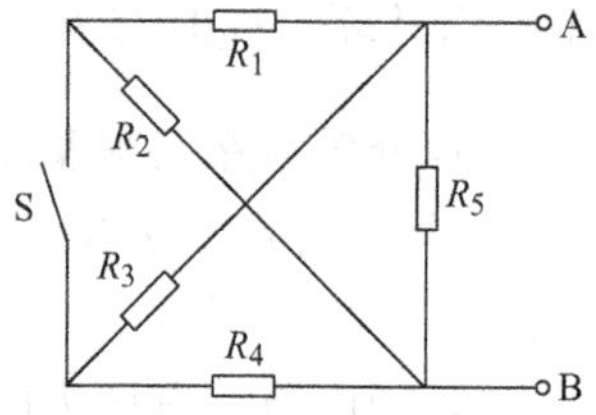

图 2-27　题 2-3 图

2.4　电路如图 2-28 所示，已知外加电压 U 为 200V，电路总消耗功率为 400W，求 R 及各支路电流。

2.5　图 2-29 为万用表的直流毫安档电路。表头内阻 $R_g=280\Omega$，满刻度电流 $I_g=0.6\text{mA}$。要使其量程扩大为 1mA、10mA、100mA，试求分流电阻 R_1、R_2 及 R_3。

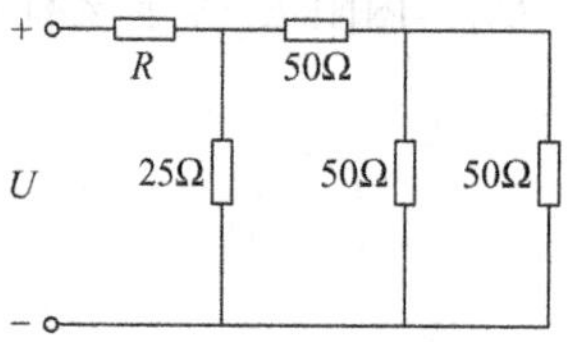

图 2-28　题 2.4 图

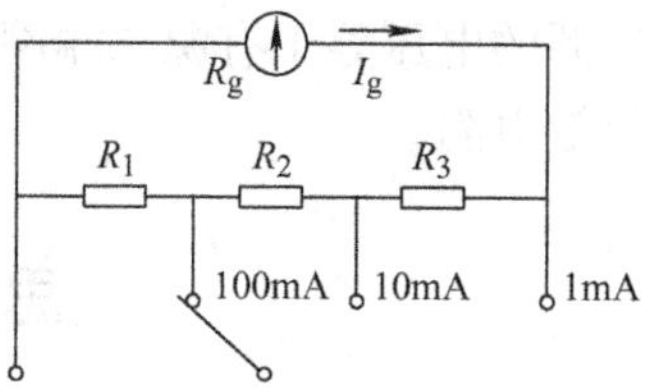

图 2-29　题 2.5 图

2.6　用支路电流法求图 2-30 所示电路中各支路电流。

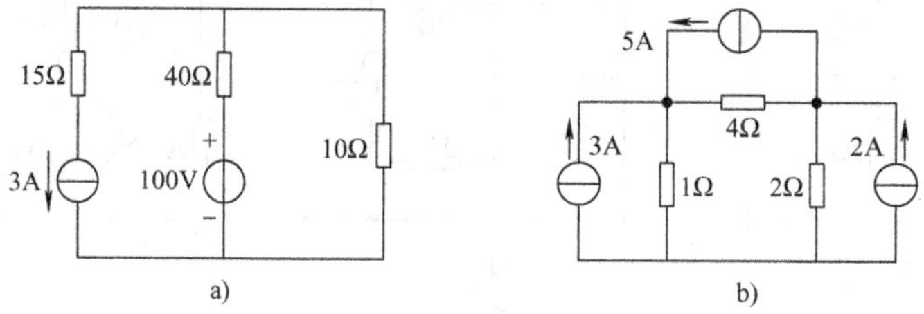

图 2-30　题 2.6 图

2.7　列写出图 2-31 中各电路用支路电流法求解时所需要的独立方程。

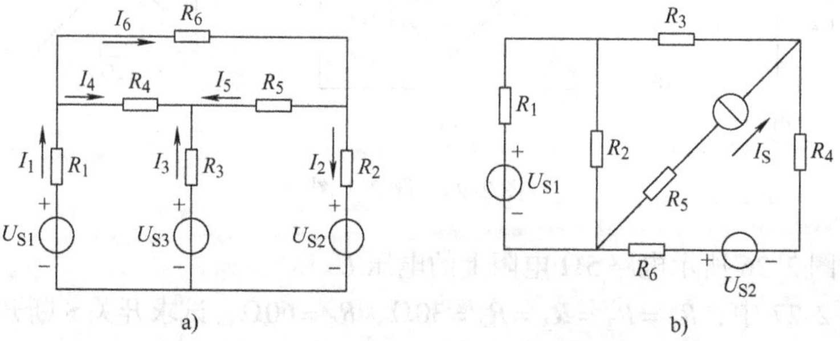

图 2-31　题 2.7 图

2.8　用叠加定理求图2-32所示电路的电压 U。

2.9　用叠加定理求图2-33所示电路的电流 I_3。已知 $U_{S1}=9V$，$U_{S2}=-9V$，$I_S=9A$，$R_1=R_2=R_3=1\Omega$。

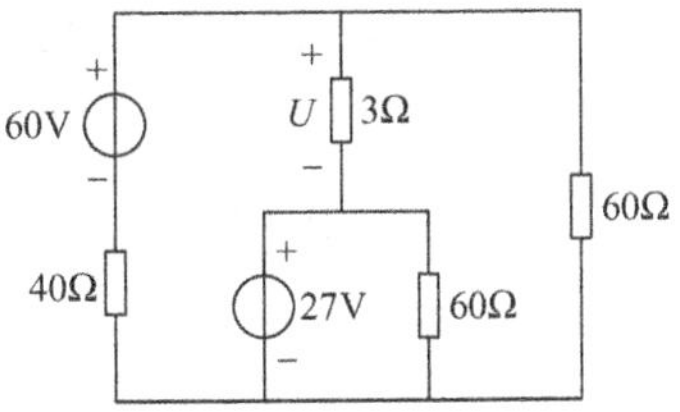

图2-32　题2.8图

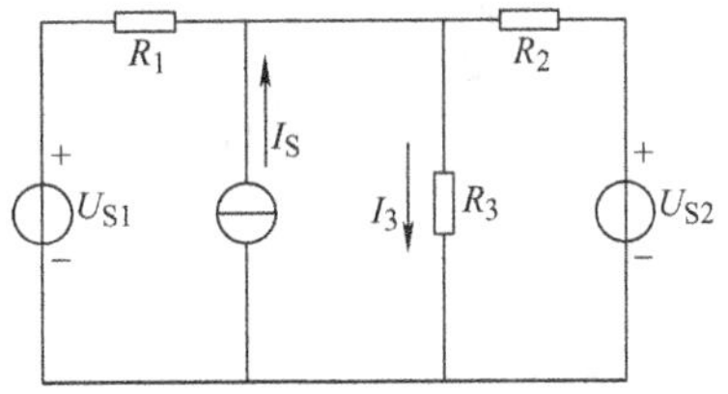

图2-33　题2.9图

2.10　用叠加定理求图2-34所示电路中电流 I。已知 $U_S=9V$，$I_S=2A$，$R_1=3\Omega$，$R_2=3\Omega$，$R_3=1.5\Omega$，$R_4=6\Omega$，$R_5=5\Omega$。

2.11　用叠加定理和戴维南定理求图2-35中流经电阻 R_3 的电流 I_3。已知 $U=10V$，$I_S=1A$，$R_1=10\Omega$，$R_2=5\Omega$，$R_3=8\Omega$，$R_4=12\Omega$，$R_5=1\Omega$。

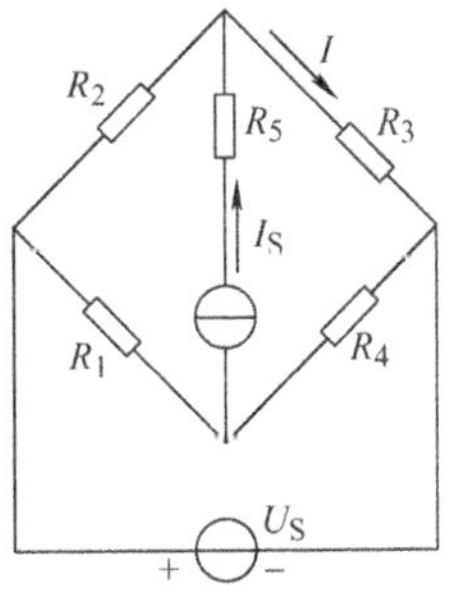

图2-34　题2.10图

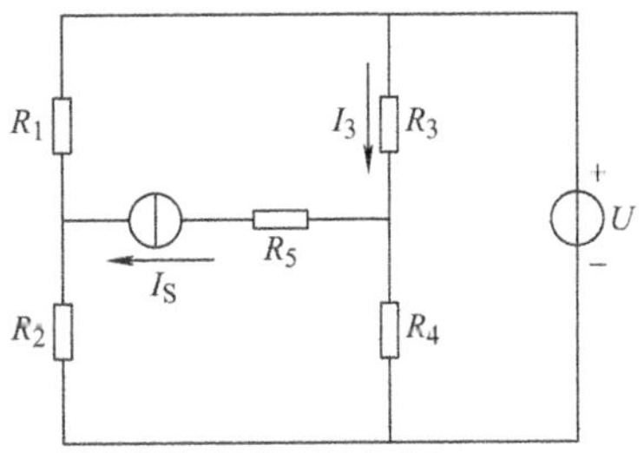

图2-35　题2.11图

2.12　求图2-36所示各电路的戴维南等效电路。

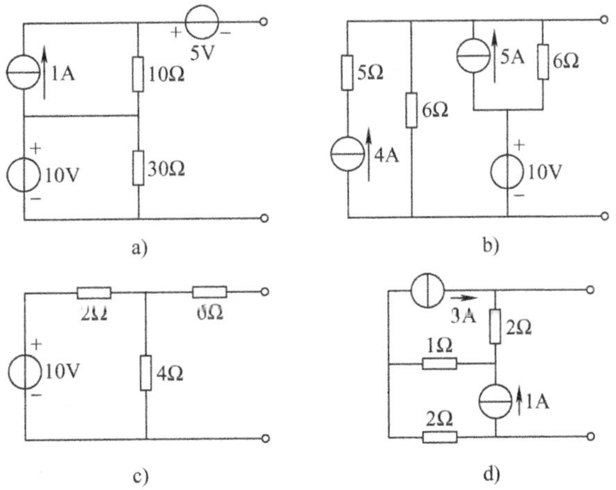

图2-36　题2.12图

2.13 用戴维南定理、节点电压法求图 2-37 中电阻 10Ω 上的电流 I。

2.14 用戴维南定理求图 2-38 中电阻 20Ω 上的电流 I。

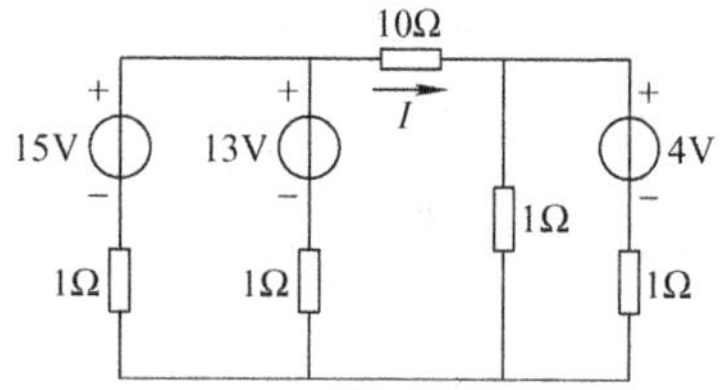

图 2-37 题 2.13 图

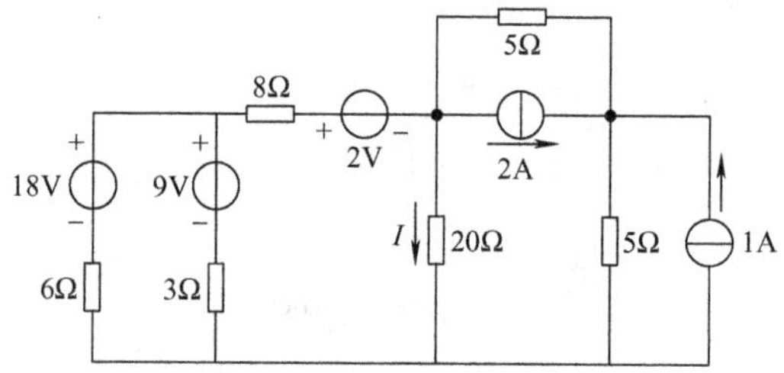

图 2-38 题 2.14 图

第 3 章　正弦交流电路

内容提要：本章介绍正弦交流电的基本概念，正弦量的相量表示方法，基尔霍夫定律及元件伏安关系的相量形式，阻抗串、并联电路的分析，正弦交流电路的功率和功率因数，电路中的谐振。

3.1　正弦量

3.1.1　正弦交流电概述

大小和方向随时间周期性变化并且在一个周期内的平均值为零的电流、电压和电动势统称为交流电。大小和方向随时间按正弦规律变化的交流电称为正弦交流电。正弦交流电流的波形如图 3-1 所示。由于交流电的大小和方向都是随时间不断变化的，所以在分析和计算交流电路时，必须先设定参考方向。当交流电的实际方向与参考方向一致时，其值为正，反之为负。

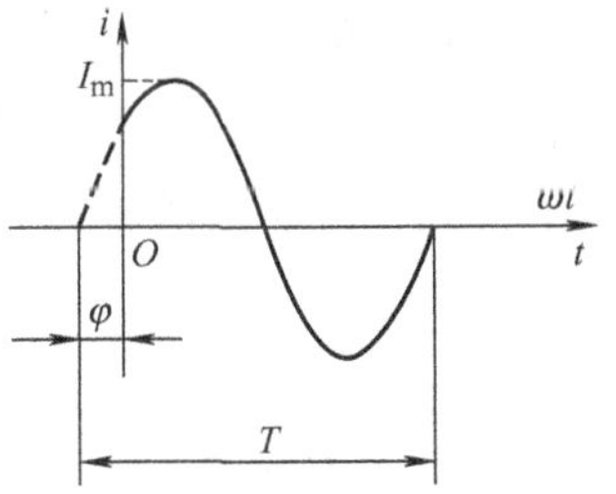

图 3-1　正弦交流电的波形

如图 3-1 所示，一个正弦交流量的特征表现在变化的快慢、大小及初值 3 个方面，它们分别由频率、幅值和初相位来确定。确定了正弦量的频率、幅值和初相位就确定了一个正弦量，所以将频率、幅值和初相位称为正弦量的三要素。

正弦交流电的数学表达式为

$$
\begin{aligned}
u &= U_m \sin(\omega t + \varphi_u) \\
i &= I_m \sin(\omega t + \varphi_i)
\end{aligned}
\tag{3-1}
$$

式中，U_m、I_m 称为幅值；ω 称为角频率；φ_u、φ_i 称为初相位。

3.1.2　频率、周期、角频率

正弦交流电变化一次所需的时间称为周期，用 T 表示，单位是秒（s）。正弦交流电每秒内变化的次数称为频率，用 f 表示，单位是赫兹（Hz）。

显然，频率 f 和周期 T 互为倒数，即

$$f=\frac{1}{T} \tag{3-2}$$

它们能够反映出正弦交流电变化的快慢。

角频率也是一个能反映正弦交流电变化快慢的物理量。正弦交流电一个周期变化 360°，即 2π弧度，通常把它在单位时间内变化的弧度数称为角频率，单位是弧度每秒（rad/s）。角频率与频率、周期之间的关系为

$$\omega=\frac{2\pi}{T}=2\pi f \tag{3-3}$$

上式表示了 T、f、ω 三者之间的关系，只要知道其中之一，则其余均可求出。

我国和大多数国家都采用 50Hz 作为电力标准频率（工频），有的国家（如日本、美国、加拿大等）采用 60Hz。在不同的场合也使用着不同频率的交流量，例如：音频是 20Hz ~ 20kHz，无线电广播的中频段频率是 525 ~ 1605kHz 等。

3.1.3 幅值和有效值

正弦量在任一瞬间的值称为瞬时值，用小写字母来表示，如 i、u 及 e 分别表示电流、电压及电动势的瞬时值。瞬时值中最大的值称为幅值或最大值，用 U_m、I_m 来表示。

由于瞬时值是随时间变化的，而最大值是一特定瞬间的数值，都不能用来计量交流电，因此引入有效值用来计量交流电大小。有效值是从电流热效应的角度来规定的。某一个正弦电流 i 通过电阻 R 在一个周期内所消耗的电能和另一个直流 I 通过同样大小的电阻在相等的时间内所消耗的电能相等，那么这个直流电流的量值就称为该正弦电流的有效值，用大写字母 I 表示。

根据上述，可用公式表示为

$$I^2RT=\int_0^T i^2(t)R\mathrm{d}t$$

周期电流的有效值为

$$I=\sqrt{\frac{1}{T}\int_0^T i^2(t)\mathrm{d}t} \tag{3-4}$$

式(3-4) 适用于周期性变化的量，但不能用于非周期量。

当周期电流为正弦量时，有

$$I=\sqrt{\frac{1}{T}\int_0^T I_m^2\sin^2\omega t\mathrm{d}t}=\frac{I_m}{\sqrt{2}}=0.707I_m \tag{3-5}$$

同理，交流正弦电压和电动势的有效值分别为

$$U=\frac{U_m}{\sqrt{2}}=0.707U_m$$

$$E=\frac{E_m}{\sqrt{2}}=0.707E_m \tag{3-6}$$

一般所讲的正弦电压或电流的大小，都是指它的有效值。例如交流电压220V或380V即为有效值，其最大值可达311V或537V。各种交流电气设备铭牌标出的额定电压、额定电流是有效值。交流电流表和电压表的刻度也都是有效值。

例3-1 已知交流电压 $u=U_m\sin\omega t$，其频率 $f=50\text{Hz}$，有效值 $U=220\text{V}$，试求其最大值 U_m 和在 $t=0.1\text{s}$ 时的瞬时值。

解： $U_m=\sqrt{2}U=\sqrt{2}\times220\text{V}=311\text{V}$

当 $t=0.1\text{s}$ 时，$u=U_m\sin\omega t=311\sin2\pi ft=311\sin10\pi=0$

例3-2 有一电容器，其额定耐压值为300V，现将它接到220V的正弦交流电源上运行，它能否正常工作？

解： 因为 $U_m=\sqrt{2}U=\sqrt{2}\times220\text{V}=311\text{V}$

而 $U_N=300\text{V}$，电容器不能正常工作。

3.1.4 相位、初相位和相位差

正弦量是随时间而变化的，所取的计时起点不同，正弦量的初始值（$t=0$ 时的值）就不同，到达幅值或某一特定值所需的时间就不同。正弦电压一般表示为 $u=U_m\sin(\omega t+\varphi)$，其中的 $\omega t+\varphi$ 称为相位角或相位，它反映出正弦量变化的进程。当相位角随时间连续变化时，正弦量的瞬时值随之连续变化。$t=0$ 时，相位 φ 称为正弦量的初相位，初相位确定了正弦量计时的起始位置。

两个同频率正弦量的相位之差称为相位差。在一个正弦电路中，电压 $u=U_m\sin(\omega t+\varphi_1)$ 和电流 $i=I_m\sin(\omega t+\varphi_2)$ 波形如图3-2所示，则相位差为

$$\varphi=(\omega t+\varphi_1)-(\omega t+\varphi_2)=\varphi_1-\varphi_2$$

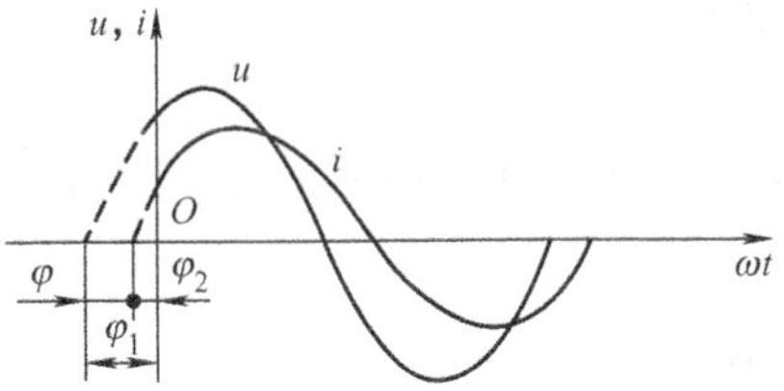

图3-2 电压和电流波形

两个同频率正弦量的计时起点（$t=0$）改变时，它们的相位和初相位即跟着改变，但是两者之间的相位差仍保持不变。相位差的大小只取决于两个同频率正弦量的初相位。规定：相位差的绝对值不得超过180°，即 $|\varphi|\leqslant\pi$。相位差反映了两个同频率正弦量随时间变化“步调”上的先后，其相位关系有以下几种：

当 $\varphi=0$ 时，称电压与电流同相，如图3-3a所示。

当 $\varphi=\pm180°$ 时，称电压与电流反相，如图3-3b所示。

当 $\varphi>0$ 时，称电压 u 比电流 i 在相位上超前 φ 角，或称电流滞后电压 φ 角，如图3-3c所示。

当 $\varphi=\pm90°$ 时，称电压与电流正交，如图3-3d所示。

例3-3 已知，$u=311\sin(314t+60°)\text{V}$，$i=141\cos(100\pi t-60°)\text{A}$。

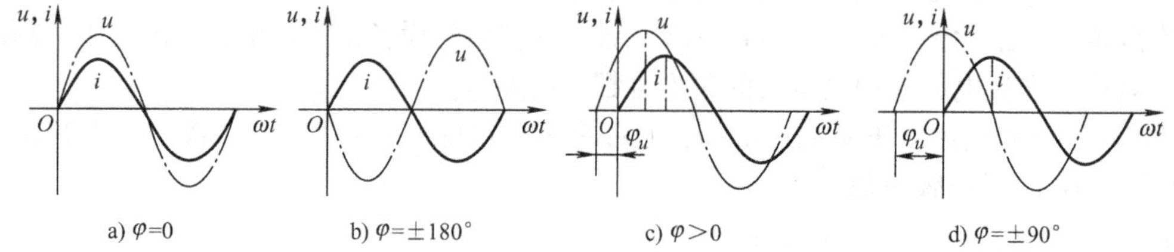

图 3-3　同频率正弦量的相位关系

（1）在同一坐标下画出波形图。

（2）求最大值、有效值、频率、初相位。

（3）比较 u 和 i 的相位关系。

解：（1）其波形如图 3-4 所示。

（2）$U_m = 311\text{V}$

$$U = \frac{U_m}{\sqrt{2}} = \frac{311}{\sqrt{2}}\text{V} = 220\text{V}$$

$$f_u = \frac{\omega}{2\pi} = \frac{314}{2\times 3.14\text{Hz}} = 50\text{Hz}$$

$$\varphi_u = 60°$$

$$I_m = 141\text{A}$$

$$I = \frac{I_m}{\sqrt{2}} = \frac{141}{\sqrt{2}}\text{A} = 100\text{A}$$

$$f_i = \frac{\omega}{2\pi} = \frac{100\pi}{2\pi}\text{Hz} = 50\text{Hz}$$

$$\varphi_i = 30°$$

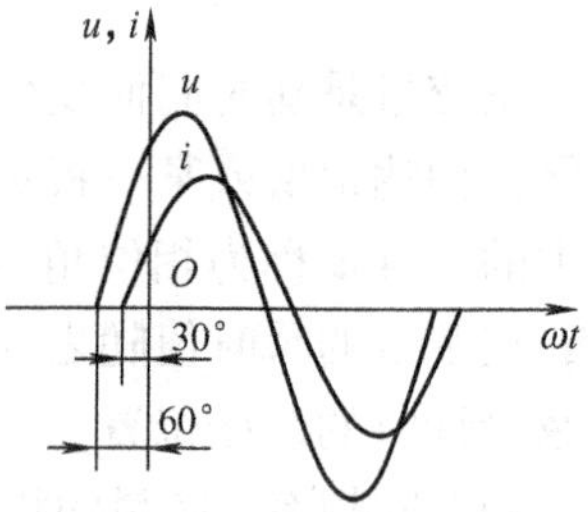

图 3-4　例 3-3 波形图

（3）因为相位差 $\phi = \varphi_u - \varphi_i = 60° - 30° = 30°$，所以 u 和 i 的相位关系是 u 比 i 超前 30°。

3.2　正弦量的相量表示

前面已经介绍了正弦电量的两种表示方法：三角函数式法和波形图法。显然，这两种表达形式对于正弦量进行加、减、乘、除等运算来说是很不方便的。因此，本节介绍一种使正弦电量的运算变得简单、方便的表示方法，即相量表示法。相量表示法指将正弦量的最大值或有效值和初相位用一复数的形式表示出来，也就是说用复数来表示正弦量。

3.2.1　复数及四则运算

以直角坐标系的横轴为实轴，纵轴为虚轴，该坐标系所在的平面称为复平面。复平面上的点与复数一一对应，如图 3-5 所示。复数的表达形式有四种。

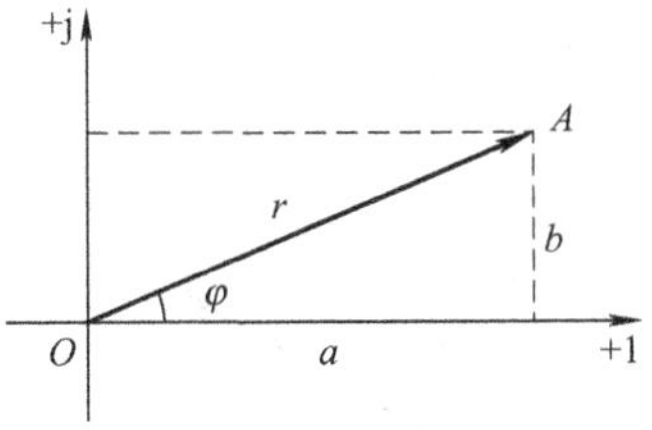

图 3-5　相量的复数表示

1. 代数形式

$$A = a + \mathrm{j}b \tag{3-7}$$

式中，实数 a 称为实部；实数 b 称为虚部；$\mathrm{j}=\sqrt{-1}$ 称为虚数单位。

复数 A 可用图 3-5 中的 OA 矢量表示。矢量的长度 r 称为复数的模，矢量和实轴的夹角 φ 称为复数的幅角，可以得到

$$r=\sqrt{a^2+b^2} \qquad \tan\varphi=\frac{b}{a}$$

$$a=r\cos\varphi \qquad b=r\sin\varphi$$

2. 三角函数形式

$$A = r(\cos\varphi + \mathrm{j}\sin\varphi) \tag{3-8}$$

3. 指数形式

根据欧拉公式 $\mathrm{e}^{\mathrm{j}\varphi}=\cos\varphi+\mathrm{j}\sin\varphi$，可得

$$A = r\mathrm{e}^{\mathrm{j}\varphi} \tag{3-9}$$

4. 极坐标形式

$$A = r\angle\varphi \tag{3-10}$$

复数的四种表达形式可以互相转换。一般情况下，加法和减法采用代数形式比较方便。

设有复数
$$A = a_1 + \mathrm{j}a_2$$
$$B = b_1 + \mathrm{j}b_2$$
$$A \pm B = (a_1 \pm b_1) + \mathrm{j}(a_2 \pm b_2)$$

乘法和除法采用指数或极坐标形式较为简捷。

设有复数　$A = a\mathrm{e}^{\mathrm{j}\varphi_a}$　　令 $|A| = a$

$B = b\mathrm{e}^{\mathrm{j}\varphi_b}$　　令 $|B| = b$

$$AB = a\mathrm{e}^{\mathrm{j}\varphi_a} b\mathrm{e}^{\mathrm{j}\varphi_b} = ab\mathrm{e}^{\mathrm{j}(\varphi_a+\varphi_b)}$$

$$AB = a\angle\varphi_a \cdot b\angle\varphi_b = ab\angle\varphi_a+\varphi_b$$

$$\frac{A}{B}=\frac{a\mathrm{e}^{\mathrm{j}\varphi_a}}{b\mathrm{e}^{\mathrm{j}\varphi_b}}=\frac{a}{b}\mathrm{e}^{\mathrm{j}(\varphi_a-\varphi_b)}$$

$$\frac{A}{B}=\frac{a\angle\varphi_a}{b\angle\varphi_b}=\frac{a}{b}\angle\varphi_a-\varphi_b$$

复数的运算也可以用作图的方法来实现。加法运算可以在图 3-6 所示复平面上用平行四边形法则完成，乘除的运算如图 3-7 所示。

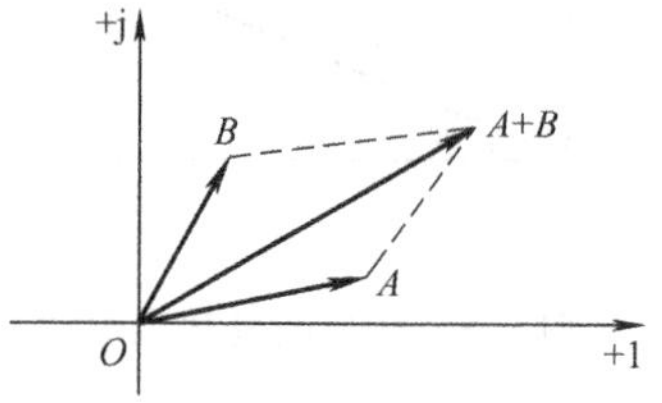

图 3-6 相量的加法运算

把模等于 1 的复数如 $e^{j\varphi}$、$e^{j\frac{\pi}{2}}$、$e^{j\pi}$等称为旋转因子，例如把任意复数 A 乘以 j 就等于把复数 A 在复平面上逆时针旋转$\frac{\pi}{2}$（见图 3-8），表示为 jA，故把 j 称为旋转因子。

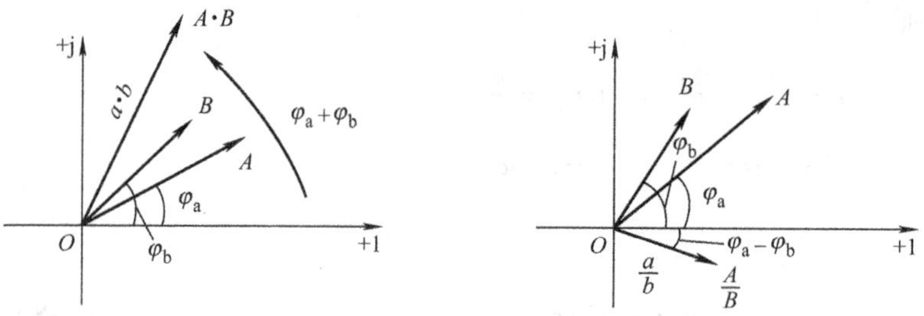

图 3-7 相量的乘除运算

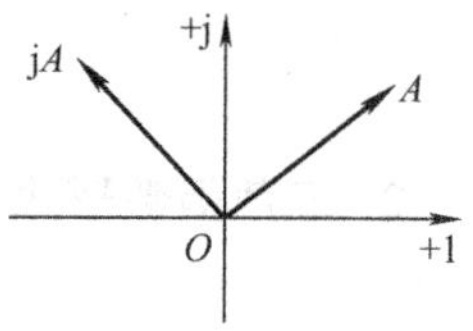

图 3-8 复数 A 乘以 j

3.2.2 相量

要表示正弦量 $i=I_m\sin(\omega t+\theta)$，可在复平面上作一矢量 OA，其长度等于该正弦量的幅值 I_m，矢量与正实轴的夹角等于初相位 θ，矢量以 ω 为角速度绕坐标原点逆时针方向旋转，如图 3-9 所示。这个旋转矢量于各个时刻在纵轴上的投影就是该时刻正弦量的瞬时值，即旋转矢量完整地表示了正弦量。任一正弦量都可以找到与之对应的旋转矢量，旋转矢量可以用复数表示，因此正弦量也可以用复数表示，我们把表示正弦量的复数称为相量，用大写字母加点“·”表示，如最大值相量表示为 $\dot{I}_m=I_m\angle\theta$，有效值相量表示为 $\dot{I}=I\angle\theta$。

按照各个同频率正弦量的大小和相位关系，在同一坐标中画出它们对应的旋转矢量，这样的图形称为相量图。在相量图上能够直观地看出各个正弦量的大小和相互间的相位关系。例如，在图 3-2 中正弦波形表示的电压 u 和电流 i 如用相量图表示则如图 3-10 所示。电压相量比电流相量超前角 φ，也就是正弦电压比正弦电流 i 超前角 φ。

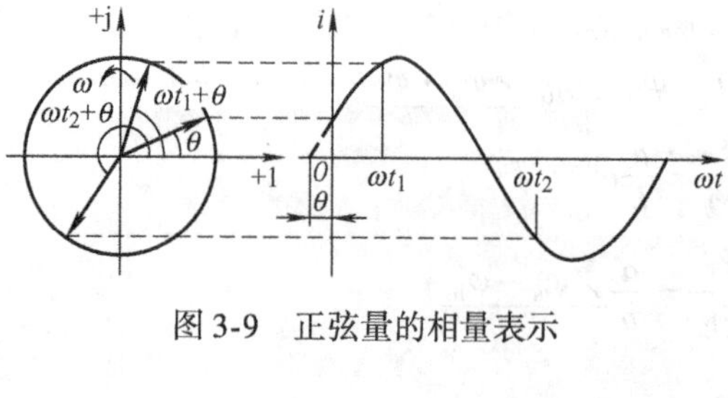

图 3-9 正弦量的相量表示

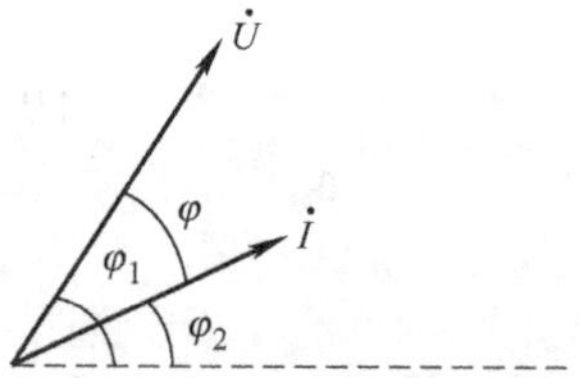

图 3-10 电压、电流相量图

使用相量表示正弦量，需要说明以下两点：

1）相量只是表示正弦量，而不是等于正弦量，只有正弦周期量才能用相量表示。

2）只有同频率的正弦量才能用相量式或相量图分析、计算。

例 3-4　试用相量表示 $u_1=8\sqrt{2}\sin(314t+60°)\text{V}$、$u_2=6\sqrt{2}\sin(314t-30°)\text{V}$，绘出相量图，并计算 $u=u_1+u_2$。

解：u_1、u_2 的有效值相量为

$$\dot{U}_1=8\angle 60°\ \text{V}=(4+\text{j}6.9)\text{V}$$

$$\dot{U}_2=6\angle -30°\ \text{V}=(5.2-\text{j}3)\text{V}$$

$$\dot{U}_{12}=\dot{U}_1+\dot{U}_2=(4+\text{j}6.9+5.2-\text{j}3)\text{V}=(9.2+\text{j}3.9)\text{V}=10\angle 23°\ \text{V}$$

相量图如图 3-11 所示。

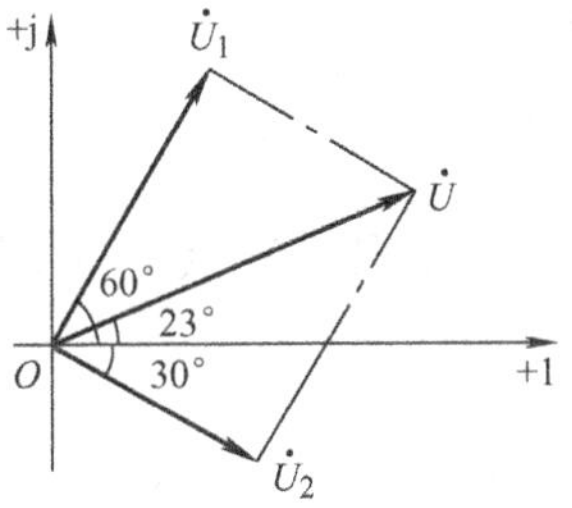

图 3-11　例 3-4 图

3.2.3　基尔霍夫定律的相量形式

基尔霍夫电流定律对电路中的任一节点任一瞬时都是成立的。若电流是同频率的正弦量，可表达为：对于任一正弦交流电路中的任一节点，流出该节点的电流的相量之和等于流进该节点的电流相量之和，即流过该节点的电流相量的代数和恒等于零。

在图 3-12 所示的电路中，对节点 a 可以写出基尔霍夫电流定律的相量形式：

$$\dot{I}_1+\dot{I}_2-\dot{I}_3=0 \tag{3-11}$$

即

$$\sum\dot{I}=0 \tag{3-12}$$

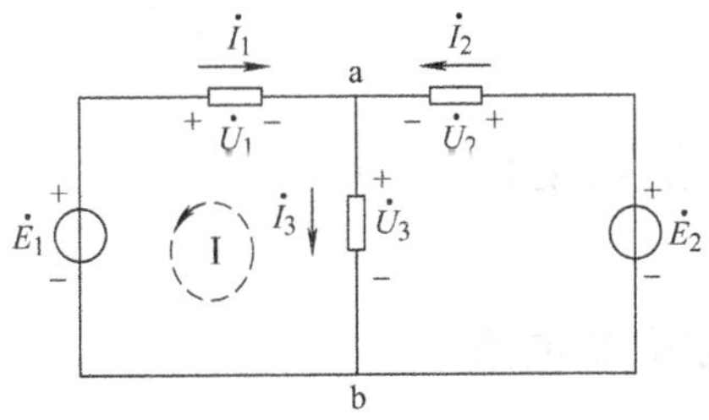

图 3-12　KCL、KVL 的相量形式电路

基尔霍夫电压定律对电路中的任一回路任一瞬时都是成立的。若电压是同频率的正弦量，可表达为：对于任一正弦交流电路中的任一回路，沿着该回路的任一循行方向，所有支路的电压升的相量之和等于电压降的相量之和。或者说，对任一回路而言，沿某一循行方向，同频率正弦电压对应相量的代数和为零。

在图3-12所示的电路中，回路Ⅰ沿逆时针方向循行，按电压降（即电压降取正号，电压升取负号）写出基尔霍夫电压定律的相量形式为

$$\dot{E}_1 - \dot{U}_1 - \dot{U}_3 = 0 \tag{3-13}$$

即

$$\Sigma\dot{U} = 0 \tag{3-14}$$

例3-5 在图3-13a所示的电路中，$i_1 = 5\sqrt{2}\sin(\omega t + 30°)\,\mathrm{A}$，$i_2 = 6\sqrt{2}\sin(\omega t - 60°)\,\mathrm{A}$。求总电流$i$，并画出电流相量图。

解：将电流i_1和i_2用相量表示：

$$\dot{I}_1 = 5\underline{/30°}\,\mathrm{A} = (4.33 + \mathrm{j}2.5)\,\mathrm{A}$$

$$\dot{I}_2 = 6\underline{/-60°}\,\mathrm{A} = (3 - \mathrm{j}5.2)\,\mathrm{A}$$

根据KCL相量形式得

$$\begin{aligned}\dot{I} = \dot{I}_1 + \dot{I}_2 &= (4.33 + \mathrm{j}2.5)\,\mathrm{A} + (3 - \mathrm{j}5.2)\,\mathrm{A} \\ &= (7.33 - \mathrm{j}2.7)\,\mathrm{A} = \sqrt{7.33^2 + 2.7^2}\underline{/\arctan\frac{-2.7}{7.33}}\,\mathrm{A} \\ &= 7.81\underline{/-20.22°}\,\mathrm{A}\end{aligned}$$

$$i = 7.81\sqrt{2}\sin(\omega t - 20.22°)\,\mathrm{A}$$

电流的相量图如图3-13b所示。

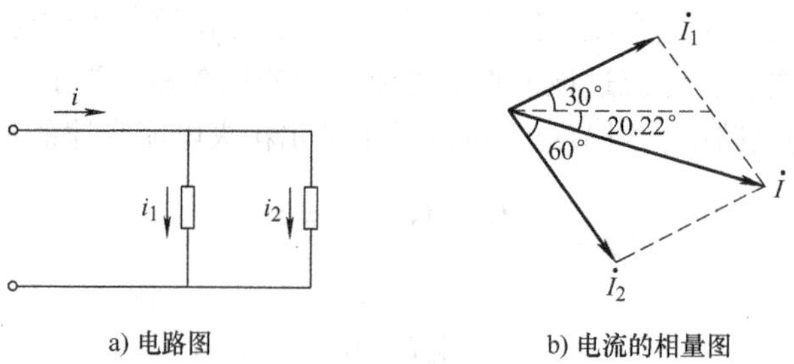

a) 电路图　　b) 电流的相量图

图3-13　例3-5的图

3.3 单一参数元件的正弦交流电路

3.3.1 纯电阻元件的正弦交流电路

图3-14a所示是一个纯电阻电路。选择参考方向如图所示，由欧姆定律可得

$$u = iR$$

设通过电阻元件的电流为

$$i = I_m \sin\omega t$$

则

$$u = iR = I_m R\sin\omega t = U_m \sin\omega t$$

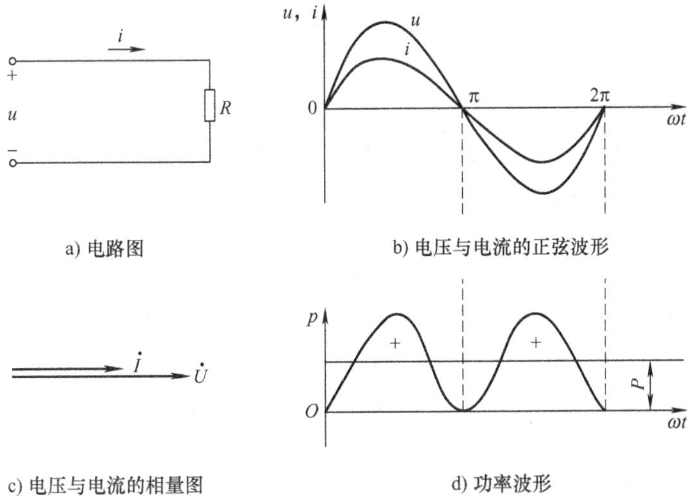

a) 电路图　b) 电压与电流的正弦波形

c) 电压与电流的相量图　d) 功率波形

图 3-14　电阻元件的交流电路

由此可以得到如下结论：

1）电流与电压是同频率的、同相的正弦交流量，其波形如图 3-14b 所示。

2）电流与电压的幅值或有效值之间为线性关系，其比值是电阻 R，即

$$R = \frac{U_m}{I_m} = \frac{U}{I}$$

3）电流与电压的相量关系式表示为

$$\dot{U} = \dot{I}R \quad 或 \quad \dot{U}_m = \dot{I}_m R$$

相量图如图 3-14c 所示。

知道了电流与电压的变化规律和相互关系后，便可计算电路的功率了。在任一瞬间，电压与电流瞬时值的乘积称为瞬时功率，即

$$p = ui = U_m I_m \sin^2\omega t = \frac{U_m I_m}{2}(1 - \cos2\omega t) = UI(1 - \cos2\omega t) \tag{3-15}$$

由上式可知，瞬时功率是正弦交流量，瞬时功率的波形如图 3-14d 所示。

由于在纯电阻的正弦交流电路中电流与电压同相，即它们同时为正或同时为负，所以纯电阻电路的瞬时功率始终为正，说明电阻是耗能元件，它总是从电源取用电能而转换为热能。

一个周期内电路消耗电能的平均值，即瞬时功率的平均值，称为平均功率，又称有功功率，用大写字母 P 表示。在纯电阻元件的正弦交流电路中，平均功率为

$$P = \frac{1}{T}\int_0^T p\mathrm{d}t = \frac{1}{T}\int_0^T UI(1 - \cos2\omega t)\mathrm{d}t = UI = \frac{U^2}{R} = I^2R \tag{3-16}$$

3.3.2 纯电感元件的正弦交流电路

图 3-15a 所示是纯电感电路。设电压与电流为关联参考方向，电流为参考正弦量，即 $i = I_m \sin\omega t$，则电感两端的电压为

$$u = L\frac{di}{dt} = L\frac{d(I_m \sin\omega t)}{dt} = I_m \omega L\cos\omega t = U_m \sin\left(\omega t + \frac{\pi}{2}\right) \tag{3-17}$$

由式(3-17) 可以得到如下结论：

1）在纯电感元件的正弦交流电路中，电流与电压是同一频率的正弦交流量。

2）在纯电感元件的正弦交流电路中，电压比电流超前 90°，其波形如图 3-15b 所示。

3）电流与电压的幅值或有效值之比为

$$\frac{U_m}{I_m} = \frac{U}{I} = \omega L \tag{3-18}$$

式中，ωL 的单位为 Ω，当电压 U 一定时，ωL 越大，电流 I 越小。可见它具有对交流电流起阻碍作用的物理性质，所以称为感抗 X_L。

感抗 X_L 与电感 L、频率 f 成正比。频率越高，电感对电流的阻碍作用越大，对直流（$f=0$）所呈现的感抗 $X_L=0$，因此常说电感具有“通直隔交”的特性。

4）电压与电流的相量式表示为

$$\dot{U} = jX_L \dot{I} \quad 或 \quad \dot{U}_m = jX_L \dot{I}_m \tag{3-19}$$

相量图如图 3-15c 所示。

纯电感电路的瞬时功率为

$$\begin{aligned} p = ui &= U_m I_m \sin\omega t \sin(\omega t + 90°) = U_m I_m \sin\omega t\cos\omega t \\ &= \frac{U_m I_m}{2}\sin 2\omega t = UI\sin 2\omega t \end{aligned} \tag{3-20}$$

由式(3-20) 可知，瞬时功率是由一个角频率为 2ω、幅值为 UI 的正弦交流量。瞬时功率的波形图如图 3-15d 所示。

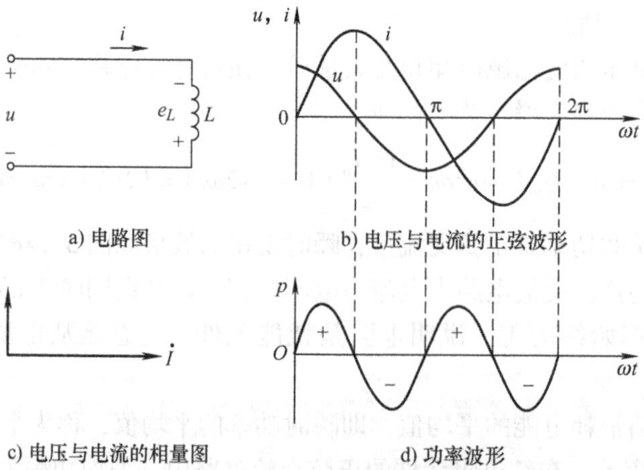

a) 电路图　b) 电压与电流的正弦波形　c) 电压与电流的相量图　d) 功率波形

图 3-15 电感元件的交流电路

由图 3-15d 可以看出，在第 1、第 3 个 1/4 周期内，电流与电压的瞬时值同时为正或同时为负，这时瞬时功率为正，说明电感从电源取得电能，储存在电感的磁场中；在第 2、第 4 个 1/4 周期内，电流与电压的瞬时值一个为正，另一个为负，此时瞬时功率为负，表示电感把储存在电感磁场中的电能返还给电源。在纯电感元件的正弦交流电路中，平均功率为

$$P = \frac{1}{T}\int_0^T p\mathrm{d}t = \frac{1}{T}\int_0^T UI\sin 2\omega t\mathrm{d}t = 0 \tag{3-21}$$

可见，理想电感在正弦交流激励下，不断地与电源进行能量的互换，但不消耗电能，是一储能元件。

电感与电源之间能量互换的规模，用无功功率 Q 来衡量，它等于瞬时功率的幅值，即

$$Q = UI = X_L I^2 \tag{3-22}$$

它等于单位时间内互换能量的多少。无功功率的国际单位是乏（Var），在工程上还用千乏（kVar）作为单位。

储能元件虽本身不消耗电能，但需占用电源容量并与之进行能量交换，因此对电源来讲是一种负担。

例 3-6 把一个 0.1H 的电感元件接到频率为 50Hz、电压有效值为 10V 的正弦电源上，问电流是多少？如保持电压值不变，而电源频率改变为 5000Hz，这时电流将为多少？

解：当 $f = 50\text{Hz}$ 时

$$X_L = 2\pi fL = 2\times 3.14\times 50\times 0.1\Omega = 31.4\Omega$$

$$I = \frac{U}{X_L} = \frac{10}{31.4}\text{A} = 0.318\text{A} = 318\text{mA}$$

当 $f = 5000\text{Hz}$ 时

$$X_L = 2\pi fL = 2\times 3.14\times 5000\times 0.1\Omega = 3140\Omega$$

$$I = \frac{U}{X_L} = \frac{10}{3140}\text{A} = 0.00318\text{A} = 3.18\text{mA}$$

可见，在电压有效值一定时，频率越高，则通过电感元件的电流有效值越小。

3.3.3 纯电容元件的正弦交流电路

图 3-16a 所示是纯电容电路。设电压与电流为关联参考方向，电压为参考正弦量，则流过电容的电流为

$$i = C\frac{\mathrm{d}u}{\mathrm{d}t} = \omega CU_{\mathrm{m}}\cos\omega t = \omega CU_{\mathrm{m}}\sin\left(\omega t + \frac{\pi}{2}\right) = I_{\mathrm{m}}\sin\left(\omega t + \frac{\pi}{2}\right) \tag{3-23}$$

由式(3-23) 可得出如下结论：

1）在纯电容元件的正弦交流电路中，电流与电压都是同一频率的正弦交流量。

2）在纯电容元件的正弦交流电路中，电流比电压超前 90°，其波形如图 3-16b 所示。

3）电流与电压的幅值或有效值之比为

$$\frac{U_{\mathrm{m}}}{I_{\mathrm{m}}} = \frac{U}{I} = \frac{1}{\omega C} \tag{3-24}$$

式中，$\frac{1}{\omega C}$的单位为 Ω，它具有对直流电流起阻碍作用的物理性质，所以称为容抗 X_C。

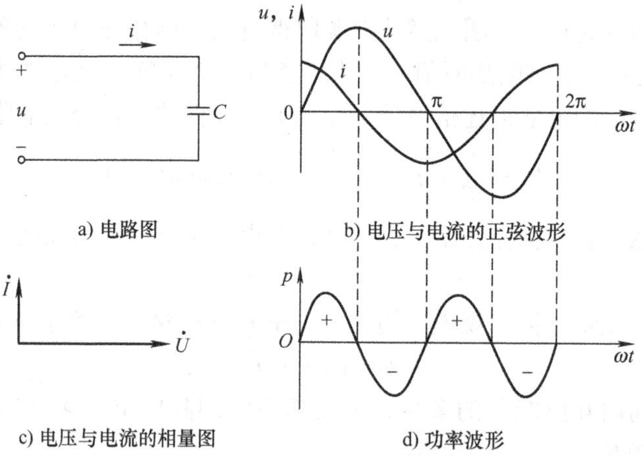

图 3-16 电容元件的交流电路

容抗 X_C 与电容 C、频率 f 成反比。频率越高，电容对电流的阻碍作用越小，对直流（$f=0$）所呈现的容抗 X_C 趋向于∞，故电容具有“隔直通交”的特性。

4）电压与电流的相量式表示为

$$\dot{U} = -\mathrm{j}X_C\dot{I} \quad 或 \quad \dot{U}_\mathrm{m} = -\mathrm{j}X_C\dot{I}_\mathrm{m} \tag{3-25}$$

相量图如图 3-16c 所示。

纯电容电路的瞬时功率为

$$\begin{aligned} p = ui &= U_\mathrm{m}I_\mathrm{m}\sin\omega t\sin(\omega t + 90^\circ) = U_\mathrm{m}I_\mathrm{m}\sin\omega t\cos\omega t \\ &= \frac{U_\mathrm{m}I_\mathrm{m}}{2}\sin2\omega t = UI\sin2\omega t \end{aligned} \tag{3-26}$$

瞬时功率的波形图如图 3-16d 所示。

由图 3-16d 可以看出，在第 1、第 3 个 1/4 周期内，瞬时功率为正，电容从电源取得电能，处于充电状态；在第 2、第 4 个 1/4 周期内，瞬时功率为负，电容把储存在电容中的电场能返还给电源，处于放电状态。其平均功率为

$$P = \frac{1}{T}\int_0^T p\mathrm{d}t = \frac{1}{T}\int_0^T UI\sin2\omega t\mathrm{d}t = 0 \tag{3-27}$$

电容元件也是不消耗电能的，在电源与电容之间只发生能量的互换，是储能元件。电容元件的无功功率为

$$Q = UI = X_CI^2 \tag{3-28}$$

例 3-7 电容 $C=100\mu\mathrm{F}$ 接于 $u=220\sqrt{2}\sin(1000t-45^\circ)\mathrm{V}$ 的电源上。试求：（1）流过电容的电流 I_C。（2）绘电流和电压的相量图。

解：（1）$X_C = \dfrac{1}{\omega C} = \dfrac{1}{1000\times100\times10^{-6}}\Omega = 10\Omega$

$$\dot{U}_C = 220\angle -45^\circ\ \mathrm{V}$$

$$\dot{I}_C = \frac{\dot{U}_C}{-\mathrm{j}X_C} = \frac{220\angle -45°}{10\angle -90°}\mathrm{A} = 22\angle 45°\ \mathrm{A}$$

所以 $i_C = 22\sqrt{2}\sin(1000t + 45°)\,\mathrm{A}$

(2) 相量图如图 3-17 所示。

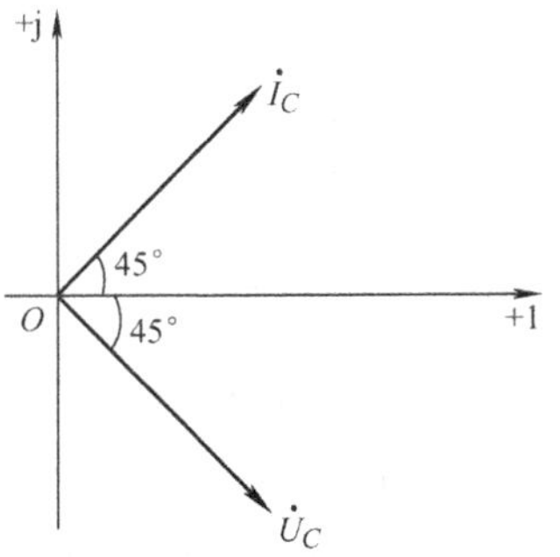

图 3-17　例 3-7 的相量图

3.4　*RLC* 串联的正弦交流电路

电阻、电感与电容元件串联的交流电路如图 3-18a 所示。电路的各元件通过同一电流。电流与各个电压的参考方向如图中所示。

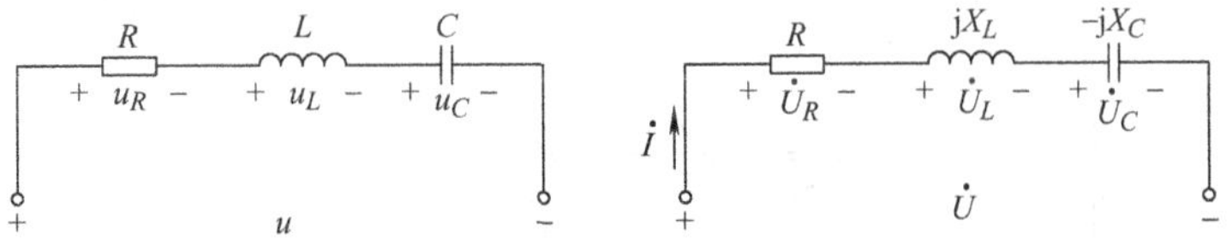

a) *RLC* 串联电路　　b) 相量模型

图 3-18　*RLC* 串联电路

设电路中电流 $i = I_m \sin\omega t$ 为参考正弦量，根据基尔霍夫电压定律有

$$u = u_R + u_L + u_C$$

其相量形式如图 3-18b 所示，即

$$\dot{U} = \dot{U}_R + \dot{U}_L + \dot{U}_C$$

将各元件电压、电流的相量关系代入可得

$$\dot{U} = \dot{I}R + \mathrm{j}\dot{I}X_L - \mathrm{j}\dot{I}X_C = [R + \mathrm{j}(X_L - X_C)]\dot{I} = (R + \mathrm{j}X)\dot{I} = Z\dot{I} \tag{3-29}$$

式(3-29) 称为交流电路的欧姆定律。

式中 Z 称为 *RLC* 串联电路的复阻抗，单位是欧姆（Ω）。复阻抗的实部是电阻 R，虚部是电抗 X，$X = X_L - X_C$。注意：复阻抗虽然是复数，但它不代表正弦量，故不是相量，用不加点的大写字母表示。复阻抗还可以写作

$$Z = |Z|\angle\varphi = |Z|e^{\mathrm{j}\varphi}$$

复阻抗 Z 的模 $|Z|$ 和阻抗角 φ 分别是

$$|Z| = \sqrt{R^2 + X^2} = \sqrt{R^2 + (X_L - X_C)^2}$$

$$\varphi = \arctan\frac{X}{R} = \arctan\frac{X_L - X_C}{R}$$

复阻抗 Z 的模 $|Z|$、实部 R、虚部 X 组成一个阻抗三角形，如图 3-19 所示。

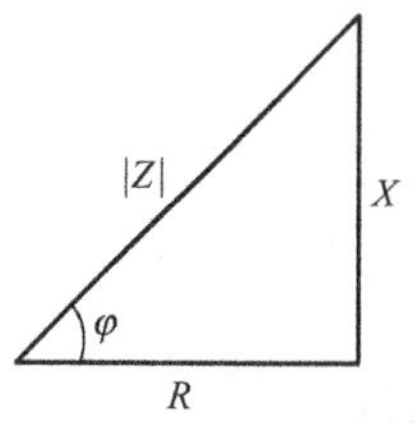

图 3-19 阻抗三角形

根据电抗的不同，电路分为 3 种情况。

1）$X_L > X_C$，此时 $X > 0$，$U_L > U_C$，$\varphi > 0$。总电压比电流超前 φ，表明电感作用大于电容作用，电路呈感性。

2）$X_L < X_C$，此时 $X < 0$，$U_L < U_C$，$\varphi < 0$。电流超前总电压 φ，表明电容作用大于电感作用，电路呈容性。

3）$X_L = X_C$，此时 $X = 0$，$U_L = U_C$，$\varphi = 0$。总电压和电流同相，电容作用和电感作用相当，达到平衡，电路呈阻性。当电路达到这种状态时，又称为谐振状态。

电路三种情况的相量图如图 3-20 所示。可以看出，电路的总电压和各元件端电压之间的关系也是三角形关系，其有效值为 $U = \sqrt{U_R^2 + (U_L - U_C)^2}$，该三角形称为电压三角形。

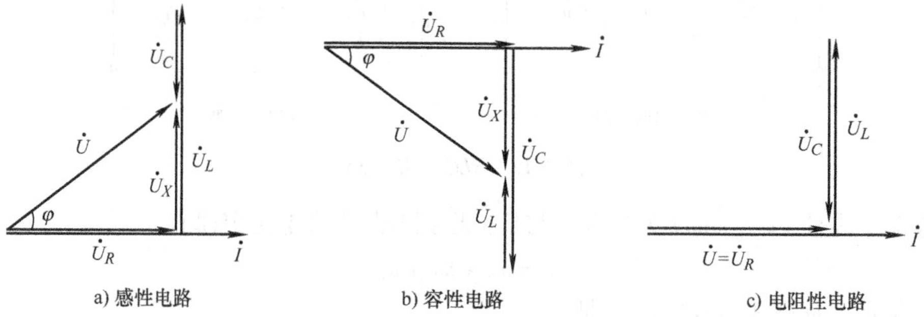

图 3-20 *RLC* 串联电路的电压和电流的相量图

显然电压三角形与阻抗三角形是相似三角形，将阻抗三角形各边乘以电流可得电压三角形各边。

用相量图分析电路的方法如下：

1）画出参考正弦量即电流相量 $\dot{I}$ 的方向。

2）画出与 $\dot{I}$ 同相的 $\dot{U}_R$。

3）在 $\dot{U}_R$ 的末端画出超前电流 90°的 $\dot{U}_L$。

4）在 $\dot{U}_L$ 的末端画出滞后电流 90°的 $\dot{U}_C$。

5）从 $\dot{U}_R$始端到 $\dot{U}_C$末端作相量 $\dot{U}$，即为所求电压相量。

例3-8 有一 *RLC* 串联电路，其中 $R=30\Omega$，$L=382\text{mH}$，$C=39.8\mu\text{F}$，外加电压 $u=220\sqrt{2}\sin(314t+60°)\text{V}$，试求：(1) 求复阻抗 Z，并确定电路的性质。(2) 求 $\dot{I}$、$\dot{U}_R$、$\dot{U}_L$、$\dot{U}_C$。(3) 绘出相量图。

解：(1)

$$Z=R+\text{j}(X_L-X_C)=R+\text{j}\left(\omega L-\frac{1}{\omega C}\right)$$

$$=\left[30+\text{j}\left(314\times0.382-\frac{10^6}{314\times39.8}\right)\right]\Omega$$

$$=[30+\text{j}(120-80)]\Omega=(30+\text{j}40)\Omega=50\angle 53.1°\ \Omega$$

因为 $\varphi=53.1°>0$，所以此电路为电感性电路。

(2) $\dot{I}=\dfrac{\dot{U}}{Z}=\dfrac{220\angle 60°}{50\angle 53.1°}\text{A}=4.4\angle 6.9°\ \text{A}$

$$\dot{U}_R=\dot{I}R=30\times4.4\angle 6.9°\ \text{V}=132\angle 6.9°\ \text{V}$$

$$\dot{U}_L=\text{j}X_L\dot{I}=\text{j}\omega L\dot{I}=\text{j}\times314\times0.382\times4.4\angle 6.9°\ \text{V}=528\angle 96.9°\ \text{V}$$

$$\dot{U}_C=-\text{j}X_C\dot{I}=\frac{\dot{I}}{\text{j}\omega C}=\frac{4.4\angle 6.9°}{\text{j}\times314\times39.8\times10^{-6}}\text{V}=352\angle -83.1°\ \text{V}$$

(3) 相量图如图3-21所示。

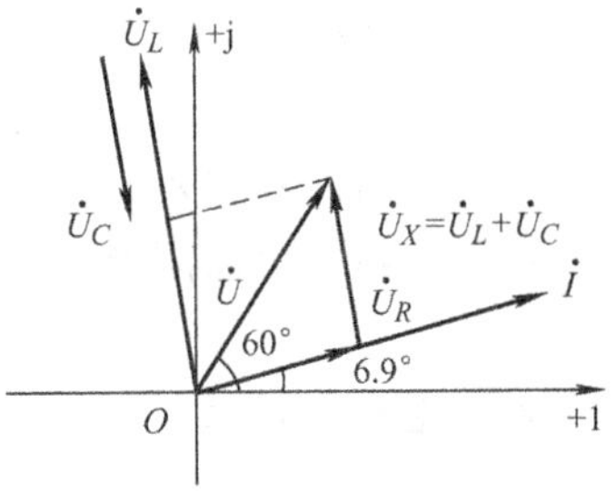

图3-21 例3-8的相量图

例3-9 图3-22所示为 *RL* 串联电路，图中电压表可视为理想电压表。已知电压表 V_1和 V_2的读数分别为3V、4V，试求电压表V的读数。

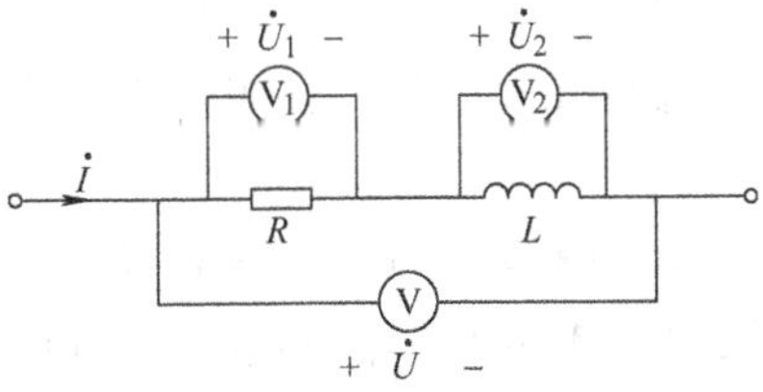

图3-22 例3-9图

解：根据有效值不满足 KVL 而满足电压直角三角形得

$$U=\sqrt{U_1^2+U_2^2}=5\mathrm{V}$$

3.5 复阻抗的串联与并联

在交流电路中，复阻抗的连接形式是多种多样的，其中最简单和最常用的是串联与并联，与直流电路中电阻的串联、并联类似，只不过在运算时直流电路电阻的串联、并联是实数运算，复阻抗的串联与并联是复数运算。

3.5.1 复阻抗的串联

图 3-23a 是两个复阻抗串联的电路。根据基尔霍夫电压定律可写出它的相量表示式：

$$\dot{U}=\dot{U}_1+\dot{U}_2=Z_1\dot{I}+Z_2\dot{I}=(Z_1+Z_2)\dot{I}$$

两个串联复阻抗可用一个等效复阻抗 Z 来代替，等效电路如图 3-23b 所示，可写出

$$\dot{U}=Z\dot{I}$$

则

$$Z=Z_1+Z_2$$

同时还可得到两个阻抗的串联分压公式

$$\dot{U}_1=Z_1\dot{I}=\frac{Z_1}{Z_1+Z_2}\dot{I}\qquad \dot{U}_2=Z_2\dot{I}=\frac{Z_2}{Z_1+Z_2}\dot{I}\tag{3-30}$$

对于正弦电路，一般

$$U\neq U_1+U_2$$

即

$$|Z|I\neq|Z_1|I+|Z_2|I$$

所以

$$|Z|\neq|Z_1|+|Z_2|$$

由此可见，只有等效复阻抗 Z 才等于各个串联阻抗 Z_1、Z_2、…之和。一般情况下，等效复数阻抗可写为

$$Z=\sum Z_k=\sum R_k+\mathrm{j}\sum X_k=|Z|\angle\varphi\tag{3-31}$$

式中

$$|Z|=\sqrt{(\sum R_k)^2+(\sum X_k)^2}$$

$$\varphi=\arctan\frac{\sum X_k}{\sum R_k}$$

例 3-10 已知图 3-23a 所示电路中的两串联阻抗 $Z_1=(6.16+\mathrm{j}9)\Omega$，$Z_2=(2.5-\mathrm{j}4)\Omega$，$u=220\sqrt{2}\sin(\omega t+45°)\mathrm{V}$，试求电路中的电流 i、各阻抗上的电压 u_1 和 u_2，并画出电压、电流相量图。

解：

$$Z=Z_1+Z_2=(6.16+\mathrm{j}9)\Omega+(2.5-\mathrm{j}4)\Omega=(8.66+\mathrm{j}5)\Omega$$

$$=\sqrt{8.66^2+5^2}\angle\arctan\frac{5}{8.66}\ \Omega=10\angle 30°\ \Omega$$

$$\dot{I}=\frac{\dot{U}}{Z}=\frac{220\angle 45°}{10\angle 30°}\mathrm{A}=22\angle 15°\ \mathrm{A}$$

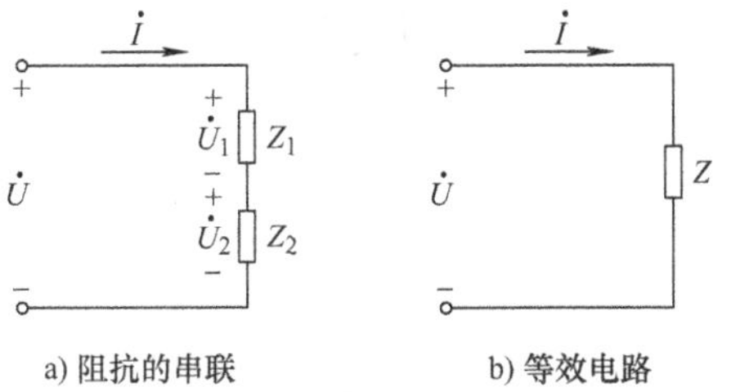

图 3-23　复阻抗的串联

所以
$$i = 22\sqrt{2}\sin(\omega t + 15°)\,\text{A}$$

$$\dot{U}_1 = Z_1\dot{I} = (6.16 + \text{j}9) \times 22\angle 15°\ \text{V} = 10.91\angle 55.6° \times 22\angle 15°\ \text{V} = 240\angle 70.6°\ \text{V}$$

$$u_1 = 240\sqrt{2}\sin(\omega t + 70.6°)\,\text{V}$$

$$u_2 = 103.84\sqrt{2}\sin(\omega t - 43°)\,\text{V}$$

根据计算结果，作出电压、电流相量图如图 3-24 所示。

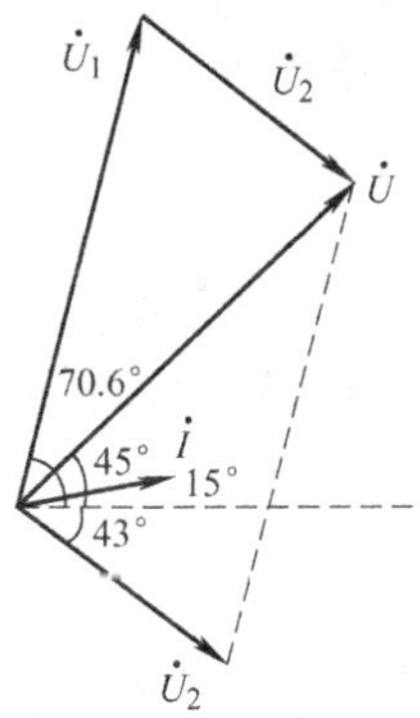

图 3-24　例 3-10 相量图

3.5.2　复阻抗的并联

图 3-25 所示为两个复阻抗并联的电路及其等效电路，根据基尔霍夫定律可列出相量表示式：

$$\dot{I} = \dot{I}_1 + \dot{I}_2 = \frac{\dot{U}}{Z_1} + \frac{\dot{U}}{Z_2} = \dot{U}\left(\frac{1}{Z_1} + \frac{1}{Z_2}\right)$$

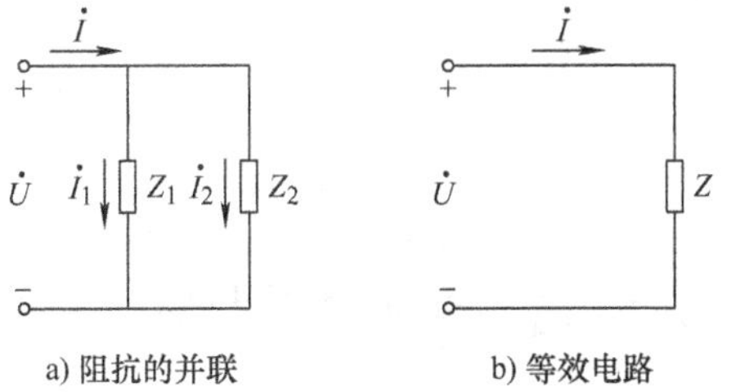

图 3-25　复阻抗的并联

由图 3-25b 得 $\dot{I} = \dfrac{\dot{U}}{Z}$

比较上列两式可得

$$\frac{1}{Z} = \frac{1}{Z_1} + \frac{1}{Z_2}$$

或

$$Z = \frac{Z_1 Z_2}{Z_1 + Z_2} \tag{3-32}$$

对于正弦电路，一般 $I \neq I_1 + I_2$

即

$$\frac{U}{|Z|} \neq \frac{U}{|Z_1|} + \frac{U}{|Z_2|}$$

所以

$$\frac{1}{|Z|} \neq \frac{1}{|Z_1|} + \frac{1}{|Z_2|}$$

由此可见，只有等效复阻抗 Z 的倒数才等于各个并联阻抗 Z_1、Z_2、…的倒数之和。一般情况下，等效复数阻抗可写为

$$\frac{1}{Z} = \Sigma \frac{1}{Z_k} \tag{3-33}$$

通常又称复数阻抗的倒数为导纳，在国际单位制中导纳的单位与电导的单位一样是西门子（S）。

两个复阻抗并联分流：

$$\dot{I}_1 = \frac{Z_2}{Z_1 + Z_2}\dot{I} \qquad \dot{I}_2 = \frac{Z_1}{Z_1 + Z_2}\dot{I} \tag{3-34}$$

例 3-11 已知图 3-25 所示电路中的两并联阻抗 $Z_1 = (4 + \mathrm{j}8)\Omega$，$Z_2 = (10 - \mathrm{j}10)\Omega$，$\dot{U} = 220\angle 0°$ V，试求电路中的电流 $\dot{I}$、$\dot{I}_1$、$\dot{I}_2$，并画出电流相量图。

解：

$$Z_1 = (4 + \mathrm{j}8)\Omega = 8.94\angle 63.4°\ \Omega$$

$$Z_2 = (10 - \mathrm{j}10)\Omega = 14.1\angle -45°\ \Omega$$

$$Z = \frac{Z_1 Z_2}{Z_1 + Z_2} = \frac{8.94\angle 63.4° \times 14.1\angle -45°}{(4 + \mathrm{j}8) + (10 - \mathrm{j}10)}\Omega = \frac{8.94\angle 63.4° \times 14.1\angle -45°}{14.1\angle -8.1°}\Omega$$

$$= \frac{8.94 \times 14.1\angle 63.4° - 45° + 8.1°}{14.1}\Omega$$

$$= 8.94\angle 26.5°\ \Omega$$

已知电压 $\dot{U} = 220\angle 0°$ V

所以

$$\dot{I} = \frac{\dot{U}}{Z} = \frac{220\angle 0°}{8.94\angle 26.5°}\mathrm{A} = 24.6\angle -26.5°\ \mathrm{A}$$

$$\dot{I}_1 = \frac{\dot{U}}{Z_1} = \frac{220\angle 0°}{8.94\angle 63.4°}\mathrm{A} = 24.6\angle -63.4°\ \mathrm{A}$$

$$\dot{I}_2=\frac{\dot{U}}{Z_2}=\frac{220\angle 0°}{14.1\angle -45°}\mathrm{A}=15.6\angle 45°\ \mathrm{A}$$

根据以上计算结果作相量图如图 3-26 所示。

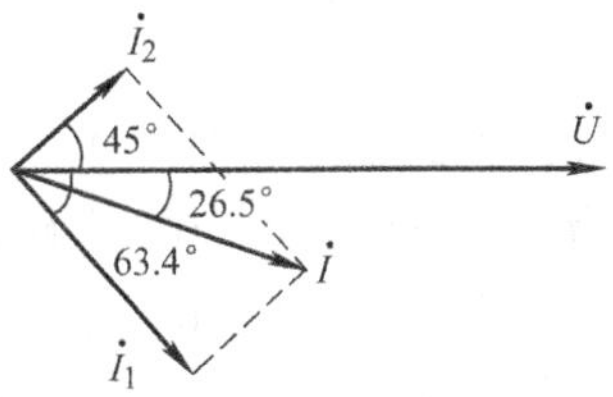

图 3-26　例 3-11 相量图

3.6　正弦交流电路的功率

3.6.1　瞬时功率和有功功率

在交流电中电流、电压都随时间而变化，在图 3-27 所示的二端网络中，设同频正弦交流电压、电流为关联参考方向，其大小为 $i=\sqrt{2}I\sin\omega t$，$u=\sqrt{2}U\sin(\omega t+\varphi)$，则瞬时功率为

$$p=ui=2UI\sin(\omega t+\varphi)\sin\omega t$$

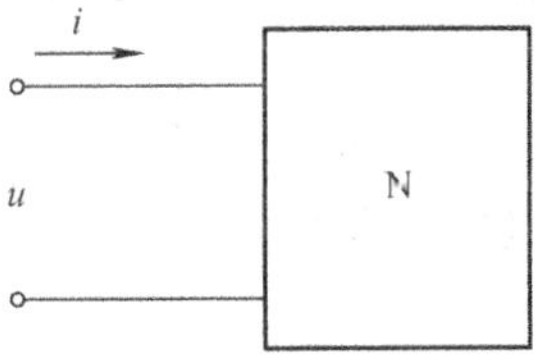

图 3-27　二端网络

由于瞬时功率实际意义不大，并且不便于测量，因此常使用平均功率（也称为有功功率），用字母 P 表示，即

$$P=\frac{1}{T}\int_0^T p\mathrm{d}t=\frac{1}{T}\int_0^T UI[\cos\varphi-\cos(2\omega t+\varphi)]\mathrm{d}t=UI\cos\varphi=UI\lambda \tag{3-35}$$

式中，$\lambda=\cos\varphi$ 称为电路的功率因数，它是交流电路中一个非常重要的指标。可见电路有功功率 P 的大小不仅与电压、电流有效值有关，还与功率因数有关。有功功率的单位为瓦（W）。一般电器所标功率即指有功功率，如灯泡的功率为 60W 等。

对于电阻元件，$\varphi=0$，$P_R=U_RI_R=I_R^2R\geqslant 0$。

对于电感元件，$\varphi=\frac{\pi}{2}$，$P_L=U_LI_L\cos\frac{\pi}{2}=0$。

对于电容元件，$\varphi=-\frac{\pi}{2}$，$P_C=U_CI_C\cos\left(-\frac{\pi}{2}\right)=0$。

有功功率反映了电路实际消耗的功率。在正弦交流电路中，有功功率就是电阻上消耗的功率。

3.6.2 无功功率

正弦交流电路中的无功功率 Q 为

$$Q = UI\sin\varphi = Q_L - Q_C \quad (3\text{-}36)$$

无功功率的单位为乏尔（var）。

当 $\varphi = 0$ 时，电压、电流同相位，为纯阻性电路，$Q = 0$；

当 $\varphi < 0$ 时，电压滞后电流，为容性电路，$Q < 0$，电路向外部“发出”无功功率；

当 $\varphi > 0$ 时，电压超前电流，为感性电路，$Q > 0$，电路从外部“吸收”无功功率。

因此在正弦交流电路中，感性无功功率与容性无功功率之间可以相互补偿，相互交换能量。当 $Q_L \neq Q_C$时，不足部分将由电源提供，与电源进行能量交换。

3.6.3 视在功率

电压有效值和电流有效值的乘积称为视在功率，用字母 S 表示，即

$$S = UI = \sqrt{P^2 + Q^2} \quad (3\text{-}37)$$

视在功率单位为伏安（VA）。视在功率表示电源可能提供的或负载可能获得的最大功率。

各种电器设备都是按一定的额定电压和额定电流设计的，它们的乘积 $S_N = U_N I_N$ 称为额定视在功率，也称为额定容量（简称容量）。

根据有功功率、无功功率、视在功率的分析知道，P、Q、S 可以组成一个直角三角形，如图 3-28 所示，称为功率三角形。

同一电路的电压直角三角形、阻抗直角三角形、功率直角三角形是 3 个相似直角三角形。阻抗三角形的各边乘以 I 得到电压三角形，电压三角形的各边乘以 I 得到功率三角形，如图 3-29 所示。

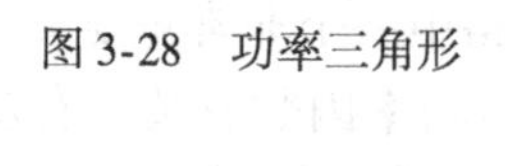

图 3-28 功率三角形

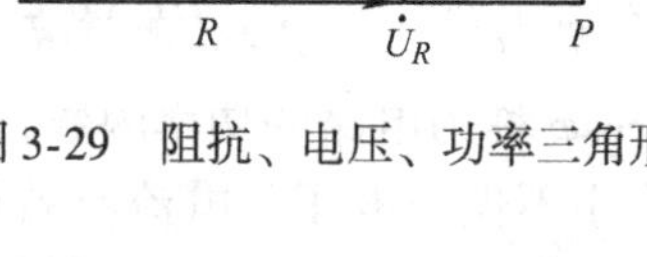

图 3-29 阻抗、电压、功率三角形

例 3-12 已知一阻抗 Z 上的电压、电流分别为 $\dot{U} = 220\angle 30^\circ$ V、$\dot{I} = 5\angle -30^\circ$ A（电压和电流的参考方向一致），求 Z、$\cos\varphi$、P、Q、S。

解：$Z = \dfrac{\dot{U}}{\dot{I}} = \dfrac{220\angle 30^\circ}{5\angle -30^\circ}\Omega = 44\angle 60^\circ\ \Omega$

$$\cos\varphi = \cos 60^\circ = \frac{1}{2}$$

$$P = UI\cos\varphi = 220 \times 5 \times \frac{1}{2}\text{W} = 550\text{W}$$

$$Q = UI\sin\varphi = 220 \times 5 \times \frac{\sqrt{3}}{2}\text{var} = 550\sqrt{3}\,\text{var}$$

$$S = \sqrt{P^2 + Q^2} = 1100\text{V} \cdot \text{A}$$

3.7　功率因数的提高

大家都知道，直流电路的功率等于电流与电压的乘积，但交流电路则不同。一个交流电源输出的功率（有功功率）不仅与电源的端电压及输出电流有效值的乘积有关，而且与电路（负载）的参数有关。电路具有的参数不同，则电压与电流间的相位差就不同，在相同电压 U 和电流 I 条件下，电路的有功功率和无功功率也就不同。功率因数表明了电路从电源中取用有功功率的能力。

1. 提高功率因数的意义

提高功率因数可以提高电气设备的利用率。例如，某电源的额定视在功率 $S=3000\text{V}\cdot\text{A}$，若负载功率因数 $\cos\varphi=1$，则该电源能输出的功率为3000W；若负载功率因数 $\cos\varphi=0.5$，则电源最多只能输出1500W的功率，也就是说，该电源的供电容量未能充分利用。因此，应当尽量提高负载的功率因数。

提高功率因数可以减少功率损耗。电源的电压和输出的功率一定时，$I=\dfrac{P}{U\cos\varphi}$，负载的功率因数越低，$I$ 越大，线路和电源上的功率损耗越大。同时线路和电源内阻上的电压降也较大，这样当供电电压一定时，负载的端电压将减小，有可能导致负载不能正常工作。

综上所述，提高功率因数对国民经济具有极其重要的意义。按照供电规则，高压供电的工业企业的平均功率因数不得低于0.95，其他单位不得低于0.9。但是在生产中广泛使用的交流异步电动机的功率因数为0.3～0.85，荧光灯的功率因数为0.4～0.6，这些都不符合要求，所以要采取措施来提高功率因数。

2. 提高功率因数的方法

功率因数不高，根本原因就是由于电感性负载的存在，电感性负载的功率因数之所以小于1，是由于电感性负载本身需要一定的无功功率。从技术经济观点出发，如何解决这个矛盾，也就是如何才能减少电源与负载之间能量的互换，而又使电感性负载能取得所需的无功功率。

（1）正确选择用电设备的额定功率　采取措施降低用电设备所需的无功功率，改善用电设备本身的功率因数。例如，异步电动机在轻载运行时，功率因数仅为0.2～0.3，而在额定负载运行时，功率因数可达0.8～0.9。所以选用电动机的额定功率或变压器的容量不要过大，并避免在轻载下长期工作。

（2）在电感性负载上并联电容以提高整个电路的功率因数　工业负载多为电感性负载，如异步电动机、工频炉、荧光灯等。在电感性负载两端并联电容的电路图和相量图如图3-30所示，该方法是用容性无功功率去补偿感性无功功率。

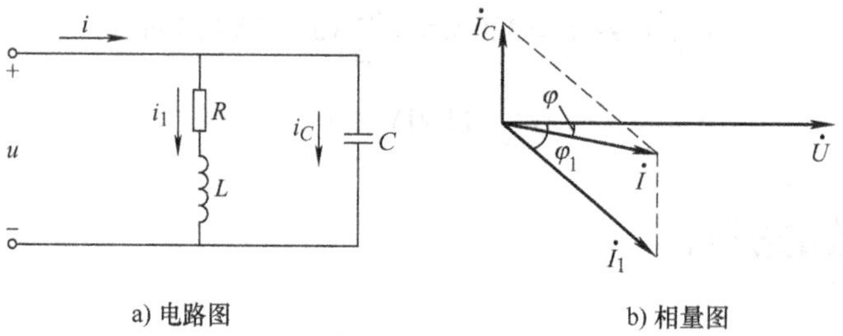

图 3-30　电容与电感性负载并联

并联电容后，电压和负载参数没有改变，因此并未改变电感性负载的功率因数。但减小了电路总电压和总电流之间的相位差角，即整个电路的功率因数提高了。可以推导出，从功率因数 $\cos\varphi_1$ 提高到 $\cos\varphi$ 时所需并联的电容为 $C=\dfrac{P}{U^2\omega}(\tan\varphi_1-\tan\varphi)$。

例 3-13　把一台功率 $P=1.1\text{kW}$ 的感应电动机接在 220V、$f=50\text{Hz}$ 的电路中，电动机的电流为 10A。试求：（1）电动机的功率因数。（2）如图 3-31 所示，在电动机两端并联一只 $C=79.5\mu\text{F}$ 的电容，电路的功率因数为多少？

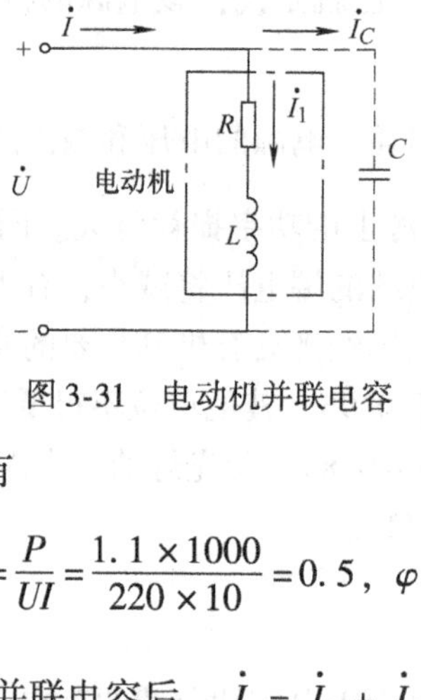

图 3-31　电动机并联电容

解：（1）根据 $P=UI\cos\varphi$，有

$$\cos\varphi=\frac{P}{UI}=\frac{1.1\times1000}{220\times10}=0.5,\ \varphi=60°$$

（2）并联电容前，$\dot{I}=\dot{I}_1$。并联电容后，$\dot{I}=\dot{I}_1+\dot{I}_C$。以电压为参考相量，画出相量图如图 3-32 所示。

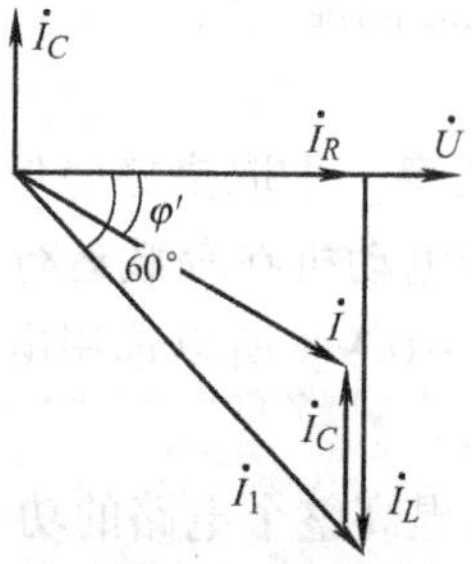

图 3-32　相量图

电容上电流为

$$I_C = \frac{U}{X_C} = \omega CU = 314 \times 220 \times 79.5 \times 10^{-6}\text{A} = 5.5\text{A}$$

$$I_L = 10\sin 60°\text{A} = 8.66\text{A}$$

$$I_R = 10\cos 60°\text{A} = 5\text{A}$$

$$\tan\varphi' = \frac{I_L - I_C}{I_R} = \frac{3.16}{5},\ \varphi' = 32.3°$$

$$\cos\varphi' = \cos 32.3° = 0.844$$

可见电动机在并联电容后，整个电路的功率因数提高了。

3.8 电路中的谐振

在具有电感和电容元件的电路中，电路两端的电压与其中的电流一般是不同相的，如调节电路的参数或电源的频率而使它们同相，这时电路中就发生谐振现象。当电路发生谐振时，会发生某些特殊的现象，这在无线电工程、测量技术中得到广泛的应用。但另一方面，谐振时又可能影响电力系统的正常工作，所以对于谐振的研究具有实际的意义。按照发生谐振的电路不同，可分为串联谐振和并联谐振。

3.8.1 串联谐振

在图 3-18 的 *RLC* 串联电路中，电路的复阻抗为

$$Z = R + \text{j}(X_L - X_C) = R + \text{j}\left(\omega L - \frac{1}{\omega C}\right)$$

当 $X_L = X_C$，即 $\omega L = \dfrac{1}{\omega C}$时，电路呈阻性，电压与电流同相，电路发生了谐振，这就是 *RLC* 串联电路的谐振条件。

谐振角频率和谐振频率分别为

$$\omega_0 = \frac{1}{\sqrt{LC}},\qquad f_0 = \frac{1}{2\pi\sqrt{LC}} \tag{3-38}$$

串联谐振时，电路具有以下特征：

1）电路呈纯阻性，且阻抗模值最小，即

$$|Z| = \sqrt{R^2 + (X_L - X_C)^2} = R$$

2）电路中电流达到最大值，即

$$I_0 = \frac{U}{R}$$

3）电阻上的电压等于电源电压，电感与电容上的电压是电源电压的 Q 倍。

串联谐振相量图如图 3-33 所示。R、L、C 上电压为

$$U_R = RI_0$$

$$U_L = X_L I_0$$

$$U_C = X_C I_0$$

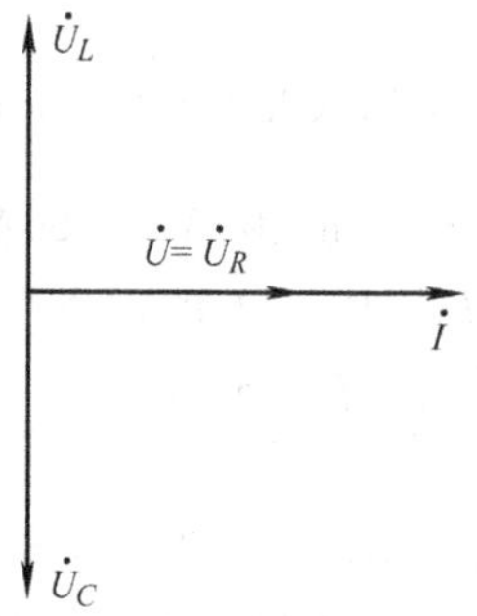

图 3-33　串联谐振的相量图

由于 $X_L = X_C$，且 L、C 电压反相，因此电阻上的电压等于电源电压。当 $X_L = X_C \gg R$ 时，U_C、U_L 都高于电源电压，为此串联谐振也称为电压谐振。

U_L 或 U_C 与 U 的比值通常用品质因数 Q 表示，即

$$Q = \frac{U_L}{U} = \frac{U_C}{U} = \frac{\omega_0 L}{R} = \frac{1}{\omega_0 CR} = \frac{1}{R}\sqrt{\frac{L}{C}} \tag{3-39}$$

一般 Q 大于 1，U_L、U_C 都大于电源电压。如果 U_L 和 U_C 过高，将会击穿线圈和电容的绝缘层，因此在电气工程中应尽力避免发生串联谐振。但在无线电通信工程中恰好相反，一个比较微弱的工作信号加在串联谐振电路上，可在电感或电容两端得到较大的输出电压，实现选频，应用十分广泛。

例 3-14　如图 3-34a 所示是收音机的天线输入回路，L_1 表示天线线圈。已知线圈 L 的电阻 $R = 20\Omega$，$L = 3\text{mH}$，C 在 3 ~ 370pF 之间可调。

试求：（1）收音机接收的频率范围。（2）若接收的电台频率为 640kHz，输入电压为 3μV，此时电容的容量及输出电压 U_C 各是多少？

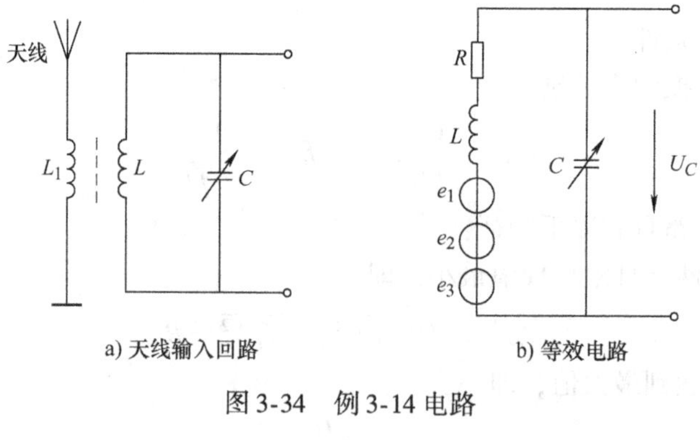

a) 天线输入回路　　b) 等效电路

图 3-34　例 3-14 电路

解：天线线圈 L_1 用于将各电台的无线电波变换为不同信号频率 f_1、f_2、… 的感应电动势 e_1、e_2、…，因此可以将电路等效为图 3-34b。

（1）当 $C = 3\text{pF}$ 时，有

$$f = \frac{1}{2\pi\sqrt{LC}} = \frac{1}{2\times 3.14\times\sqrt{3\times 10^{-3}\times 3\times 10^{-12}}}\text{Hz} \approx 1678\text{kHz}$$

当 $C = 370\text{pF}$ 时，有

$$f=\frac{1}{2\pi\sqrt{LC}}=\frac{1}{2\times3.14\times\sqrt{3\times10^{-3}\times370\times10^{-12}}}\text{Hz}\approx150\text{kHz}$$

收音机接收的频率范围为 150～1678 kHz，为收音机的中波频率。

（2）接收的电台频率为 640kHz，则

$$C=\frac{1}{(2\pi f)^2L}=\frac{1}{(2\times3.14\times640\times10^3)^2\times3\times10^{-3}}\text{F}\approx20.6\text{pF}$$

谐振电路的品质因数为

$$Q=\frac{\omega_0L}{R}=\frac{2\times3.14\times640\times10^3\times3\times10^{-3}}{20}\approx602$$

从 C 两端输出电压为

$$U_C=QU_i=602\times3\mu\text{V}\approx1.8\text{mV}$$

U_C 远大于输入电压，达到了从众多信号中选择信号的目的。

3.8.2　并联谐振

图 3-35 所示是电容与电感线圈（用电阻和电感的串联来表示电感线圈）的并联电路，电路的复阻抗为

$$Z=\frac{(R+\text{j}\omega L)\frac{1}{\text{j}\omega C}}{R+\text{j}\omega L+\frac{1}{\text{j}\omega C}}$$

一般情况下，电感线圈的电阻很小，即 $\omega L\gg R$，则

$$Z=\frac{\frac{L}{C}}{R+\text{j}\omega L+\frac{1}{\text{j}\omega C}}=\frac{1}{\frac{RC}{L}+\text{j}\left(\omega C-\frac{1}{\omega L}\right)}$$

当 $\omega C-\frac{1}{\omega L}=0$ 时，电路发生并联谐振，相量图如图 3-36 所示。谐振角频率和谐振频率分别为

$$\omega_0=\frac{1}{\sqrt{LC}},\qquad f_0=\frac{1}{2\pi\sqrt{LC}}\tag{3-40}$$

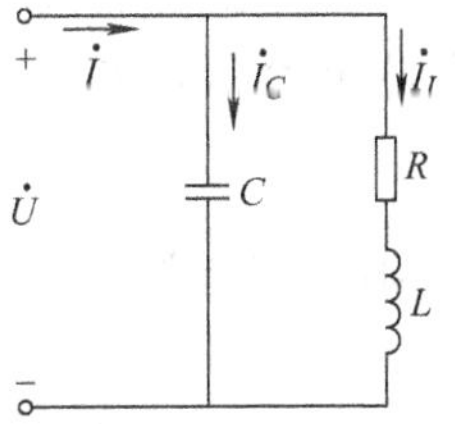

图 3-35　并联谐振电路

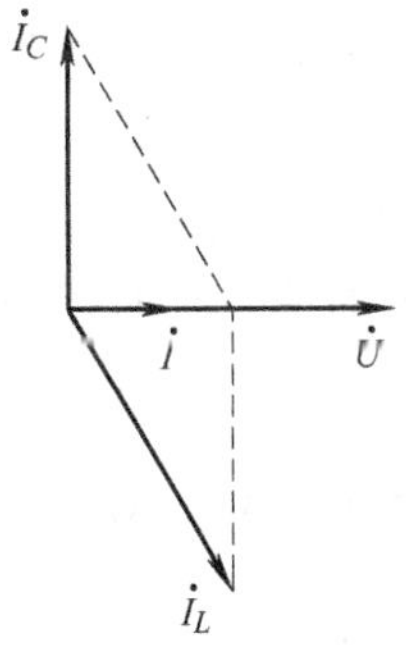

图 3-36　并联谐振时的相量图

并联谐振时，电路具有以下特征：

1）电路呈纯阻性。

2）谐振时复阻抗 $|Z|=\frac{L}{RC}$，阻抗最大，电路中总电流达到最小。

3）电感支路和电容支路上电流相等，其值为总电流的 Q 倍，并联谐振也称为电流谐振。

如果并联谐振电路由电流源供电，当电源为某一频率时电路发生谐振，电路阻抗最大，电流通过时电路两端的电压也最大；当电源频率改变后电路不发生谐振，称为失谐，此时阻抗较小，电路两端的电压也较小，这样就可以从多个不同频率的信号中选择某一频率。在电子电路中，常利用并联谐振阻抗高的特点，实现选频或消除干扰。

本章小结

1. 频率、幅值和初相位称为正弦量的三要素。

2. 相量表示法是正弦量分析和计算中最方便和最常用的一种表示法，通过正弦量的相量表示法，可将正弦函数的计算转换为复数的计算，从而使正弦量的计算更加简便。相量图能形象直观地反映出（同频率的）正弦量的大小和相位的相互关系。

3. 基尔霍夫定律是电路的基本定律，同样适用于正弦交流电路。

4. 正弦交流电路中电阻的电流与电压是同频率的、同相的正弦交流量，电流与电压的幅值或有效值之间为线性关系，其比值是电阻 R。

5. 在纯电感元件的正弦交流电路中，电压比电流超前90°，电流与电压的幅值或有效值之比为

$$\frac{U_m}{I_m}=\frac{U}{I}=\omega L$$

6. 在纯电容元件的正弦交流电路中，电流比电压超前90°，电流与电压的幅值或有效值之比为

$$\frac{U_m}{I_m}=\frac{U}{I}=\frac{1}{\omega C}$$

7. 复阻抗串联的电路中等效复阻抗 Z 等于各个串联阻抗 Z_1、Z_2、…之和。复阻抗并联的电路中等效复阻抗 Z 的倒数等于各个并联阻抗 Z_1、Z_2、…的倒数之和。

8. 正弦交流电路中有有功功率、无功功率、视在功率之分。正弦交流电路中有功功率为 $P=UI\cos\varphi$，即有功功率不仅与电压、电流的乘积有关，还与功率因数 $\cos\varphi$ 有关，而功率因数的大小又取决于电路的参数。

9. 功率因数低会产生电源设备的容量不能充分利用，增加线路和发电机（或变压器）绕组的功率损耗等不利影响。通常可以采用在电感性负载上并联电容的方法来提高整个电路的功率因数。

10. 电路谐振的条件为 $X_L-X_C=0$ 或 $X_L=X_C$ 即 $\omega L=\frac{1}{\omega C}$。谐振频率为 $\omega_0=\frac{1}{\sqrt{LC}}$ 或 $f_0=\frac{1}{2\pi\sqrt{LC}}$。串联谐振的特点是阻抗最小，电路中总电流达到最大。并联谐振的特点是阻抗最大，电路中总电流达到最小。

思考与习题

3.1 已知电压 $u_A = 10\sin(\omega t + 60°)$ V 和 $u_B = 10\sqrt{2}\sin(\omega t - 30°)$ V，指出电压 u_A、u_B 的有效值、初相位、相位差，画出 u_A、u_B 的波形图。

3.2 已知某电路电压和电流的相量图如图 3-37 所示，$U = 380$V，$I_1 = 20$A，$I_2 = 10\sqrt{2}$A，设电压 U 的初相位为零，角频率为 ω，试写出它们的三角函数式，并说明它们之间的相位关系。

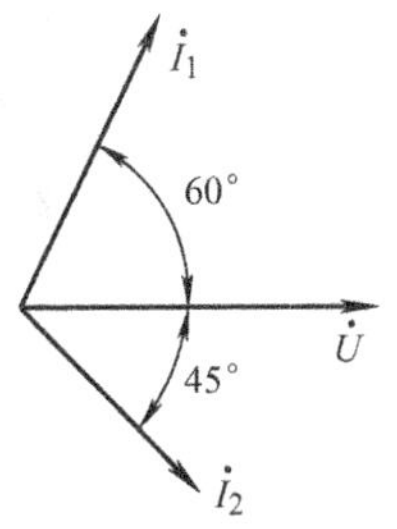

图 3-37 题 3.2 图

3.3 已知选定参考方向下正弦量的波形图如图 3-38 所示，试写出正弦量的解析式。

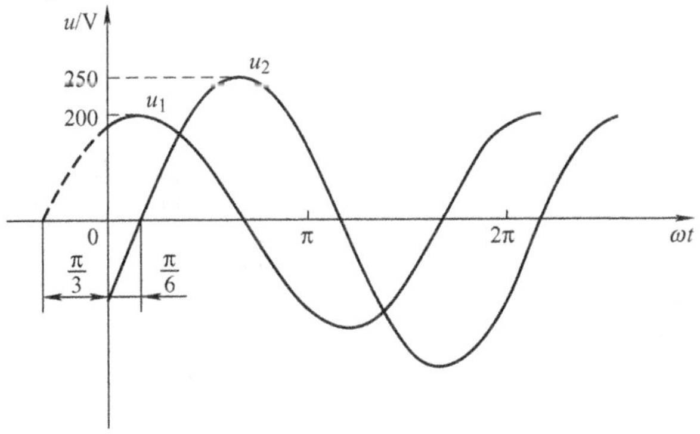

图 3-38 题 3.3 图

3.4 分别写出图 3-39 中各电流 i_1、i_2的相位差，并说明 i_1与 i_2的相位关系。

3.5 写出下列各正弦量对应的相量。

(1) $u_1 = 220\sqrt{2}\sin(\omega t + 100°)$ V

(2) $u_2 = 110\sqrt{2}\sin(\omega t - 240°)$ V

(3) $i_1 = 10\sqrt{2}\cos(\omega t + 30°)$ A

(4) $i_2 = 14.14\sin(\omega t - 90°)$ A

3.6 *RLC* 串联交流电路如图 3-40 所示。已知 $R = 30\Omega$、$L = 254$mH、$C = 80\mu$F，$u = 220\sqrt{2}\sin(314t + 20°)$ V，求电流及各元件上的电压瞬时值表达式。

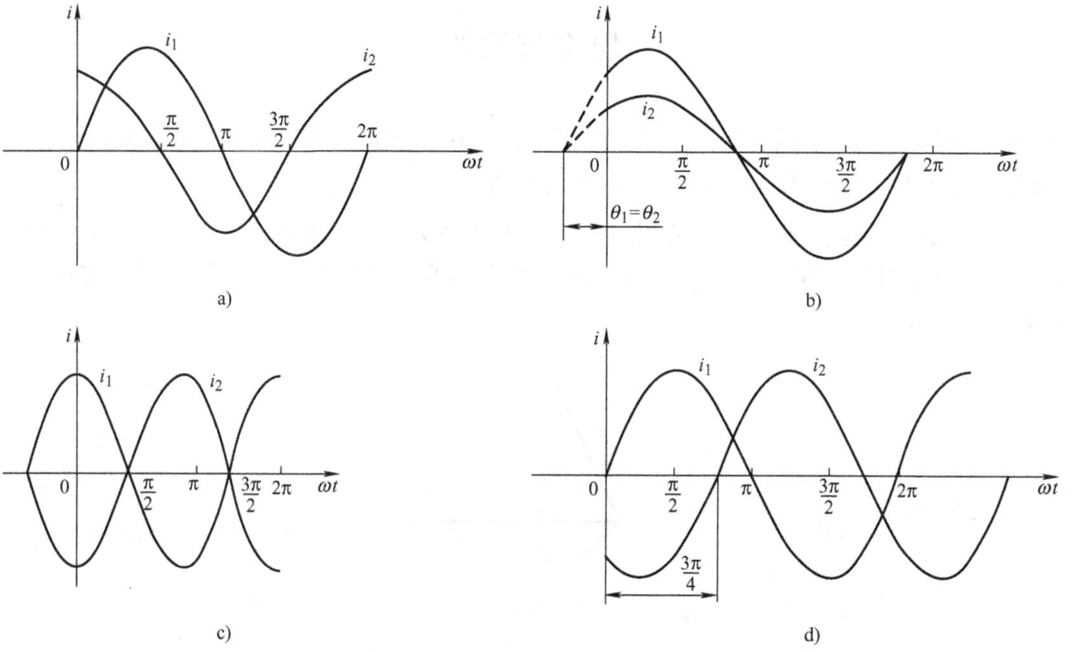

图 3-39　题 3.4 图

3.7　如图 3-41 所示正弦稳态电路，已知 $I_1 = I_2 = 10\text{A}$，电阻 R 上电压的初相位为零，求相量 $\dot{I}$ 和 $\dot{U}_S$。

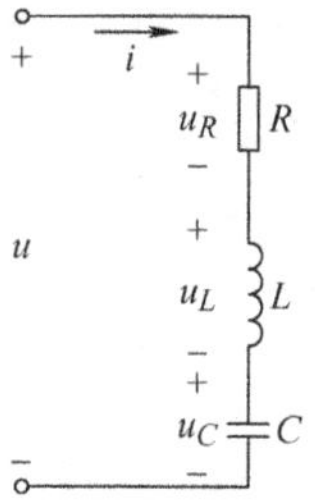

图 3-40　题 3.6 图

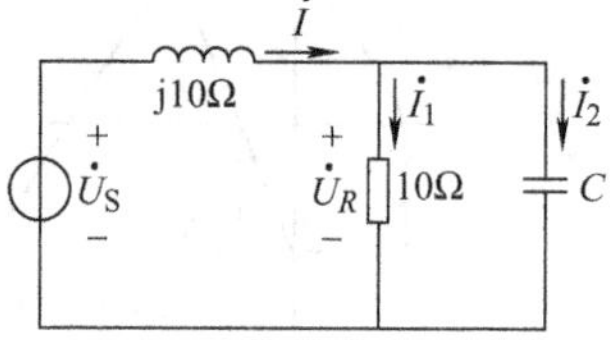

图 3-41　题 3.7 图

3.8　已知各并联支路中电流表的读数：第一块为 5A，第二块为 20A，第三块为 25A，求图 3-42 所示电路中电流表 A 的读数。

3.9　在如图 3-43 所示的电路中，$\dot{U} = 220\angle 0°\ \text{V}$，$Z_1 = \text{j}10\Omega$，$Z_2 = \text{j}50\Omega$，$Z_3 = 100\Omega$，试求各支路电流和总电流。

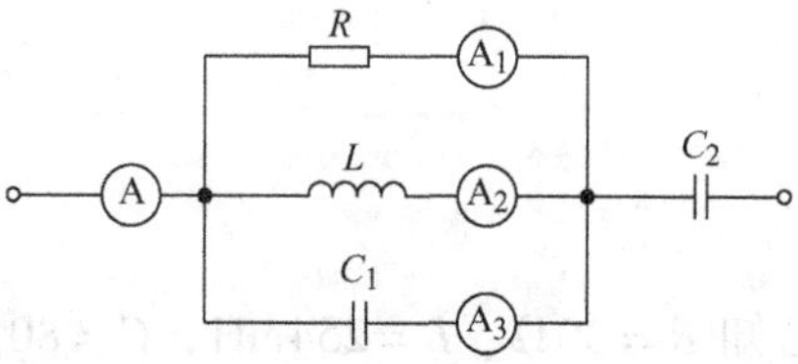

图 3-42　题 3.8 图

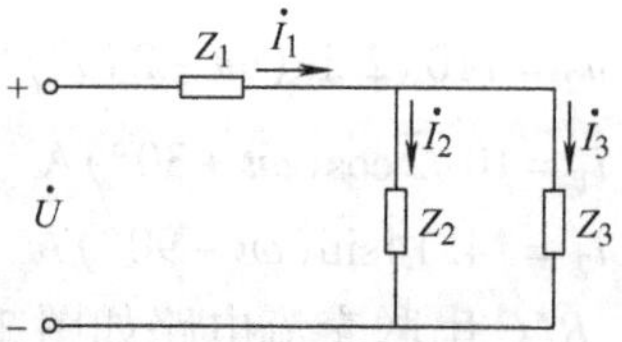

图 3-43　题 3.9 图

3.10　有一电感线圈，其阻抗 $Z=r+jX_L$，与一电阻 R 及一电容 C 串联后，接于频率 $f=50\text{Hz}$ 的交流电源上，如图 3-44 所示。现测得电路的电流为 1A，电阻 R 上的电压 $U_R=\sqrt{3}\text{V}$，电容上的电压 $U_C=1\text{V}$，电感线圈两端的电压 $U_{rL}=5\text{V}$，电源电压 $U=5\text{V}$，试求线圈的参数 r 及 L。

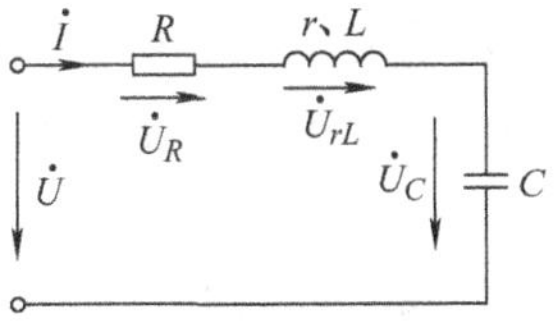

图 3-44　题 3.10 图

3.11　在如图 3-45 所示电路中，已知 $u=220\sqrt{2}\sin 314t\text{V}$，$i_1=22\sin(314-45°)\text{A}$，$i_2=11\sqrt{2}\sin(314t+90°)\text{A}$，试求各仪表读数及电路的参数 R、L 和 C。

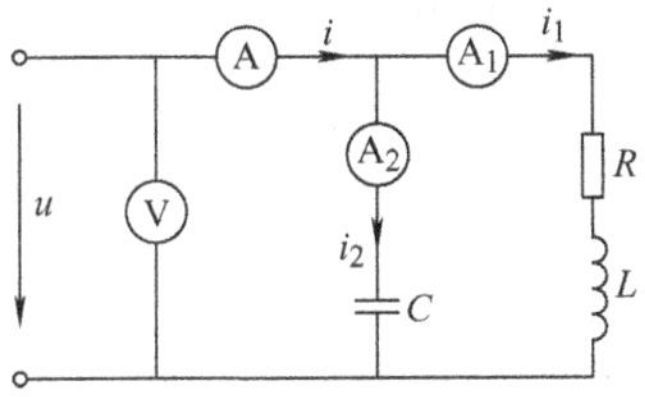

图 3-45　题 3.11 图

3.12　如图 3-46 所示电路中，已知 $R_1=40\Omega$，$X_L=157\Omega$，$R_2=20\Omega$，$X_C=114\Omega$，电压 $\dot{U}=220\angle 0°\ \text{V}$，频率 $f=50\text{Hz}$。试求支路电流 $\dot{I}_1$、$\dot{I}_2$ 和总电流 $\dot{I}$，并作相量图。

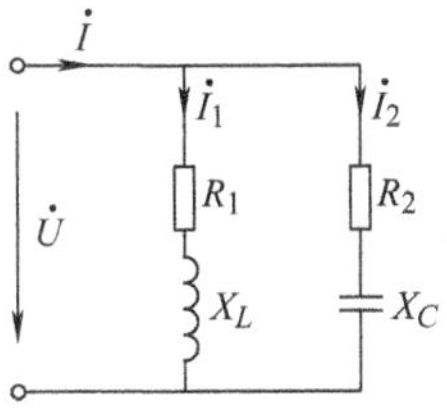

图 3-46　题 3.12 图

3.13　RLC 并联电路如图 3-47 所示，已知电源电压 $\dot{U}=120\angle 0°\ \text{V}$，频率为 50Hz，试求各支路中的电流 $\dot{I}_R$、$\dot{I}_L$、$\dot{I}_C$ 及总电流 $\dot{I}$，并求出电路的 $\cos\varphi$、P、Q 和 S，画出相量图。

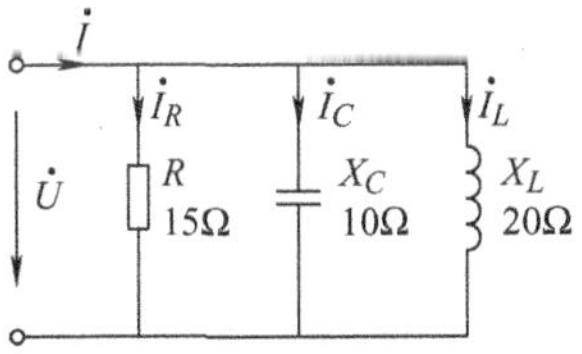

图 3-47　题 3.13 图

3.14 将一电感线圈接至50Hz的交流电源上，测得其端电压为120V，电流为20A，有功功率为2kW，试求线圈的电感、视在功率、无功功率及功率因数。

3.15 有一电感线圈接于100V、50Hz的正弦交流电源上，测得此电感线圈的电流$I=2A$，有功功率$P=120W$，求此线圈的电阻R和电感L。

3.16 在220V的线路上，并接有20个40W、功率因数为0.5的荧光灯和100个40W的白炽灯，求线路总的有功功率、无功功率、视在功率和功率因数。

3.17 已知一台电动机：$f=50Hz$，$U=380V$，$P=20kW$，$\cos\varphi_1=0.6$（滞后），要使功率因数提高到0.9，求并联电容C的大小。

3.18 由线圈和一可变电容串联组成的某收音机输入回路，线圈电感$L=0.3mH$，电阻$R=16\Omega$。今欲收听640kHz的某广播信号，应将可变电容C调到多少皮法？如果调谐电路中感应出电压$U=2\mu V$，这时电路中该信号的电流是多大？在线圈（或电容）两端能得到多大的电压？品质因数是多少？

3.19 一RLC串联电路，在电源频率$f=500Hz$时发生谐振，谐振时电流为0.2A，容抗X_C为314Ω，并测得电容电压U_C为电源电压U的20倍。试求该电路的电阻R和电感L。

第 4 章　三相正弦交流电路

内容提要：本章主要讲述三相交流电源的产生和特点、三相电源的连接方式及三相电路负载的连接方式、三相电路的功率和计算。

4.1　三相交流电源

4.1.1　对称三相电源

与单相交流电比较，三相交流电具有明显的优越性，如三相发电机使用、维护方便，运行成本低，输出功率大、效率高，在同距离等功率情况下三相输电比单相输电成本低等优势。因此，现代电力系统中，电能的产生、输送与分配都采用了三相制。

对称三相电源由三个频率相同、振幅相等、相位彼此相差 120°的正弦电压源按一定的方式连接组成。三相依次称为 U 相、V 相、W 相。以 U 相为参考正弦量，三相电压分别为

$$
\begin{aligned}
u_U &= U_m \sin\omega t \\
u_V &= U_m \sin(\omega t - 120^\circ) \\
u_W &= U_m \sin(\omega t + 120^\circ)
\end{aligned}
\tag{4-1}
$$

三相电压相量表达式为

$$
\begin{aligned}
\dot{U}_U &= U\angle 0^\circ \\
\dot{U}_V &= U\angle -120^\circ \\
\dot{U}_W &= U\angle 120^\circ
\end{aligned}
\tag{4-2}
$$

波形图如图 4-1a 所示，相量图如图 4-1b 所示。

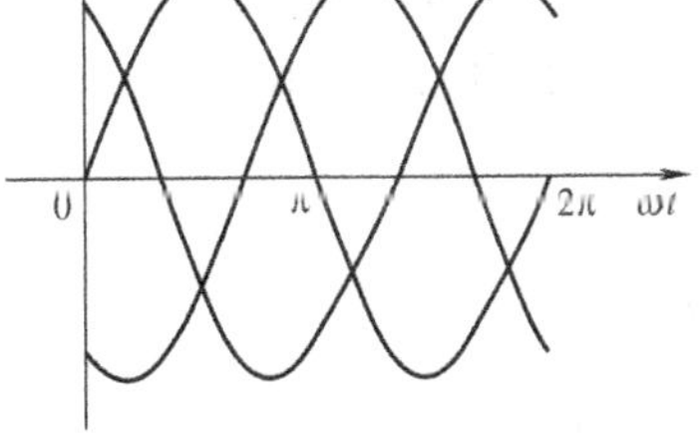

a) 波形图

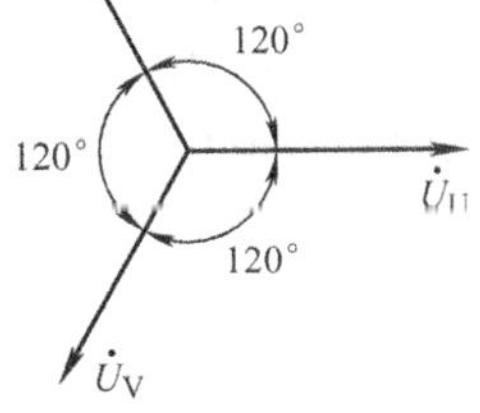

b) 相量图

图 4-1　对称三相交流电压波形图和相量图

由于三相电压对称，任一瞬间对称三相电源三个电压之和为零，即

$$\begin{aligned} u_U + u_V + u_W &= 0 \\ \dot{U}_U + \dot{U}_V + \dot{U}_W &= 0 \end{aligned} \tag{4-3}$$

三相电源依次出现最大值（或零值）的先后次序称为相序。三相电源相位 U 相超前 V 相，V 相超前 W 相，W 相超前 U 相的相序称为顺序，与此相反的相序称为逆序。工程上一般采用顺序。在电力系统中，一般用黄、红、绿三种颜色来区分 U、V、W 相。

4.1.2 对称三相电源的连接

对称三相电源通常采用星形和三角形两种连接方式。

1. 三相电源的星形联结

如图 4-2a 所示，将三个电源绕组的末端接在一起，从三个始端 U、V、W 引出三根输电线，这种连接方式称为三相电源的星形（Y）联结。

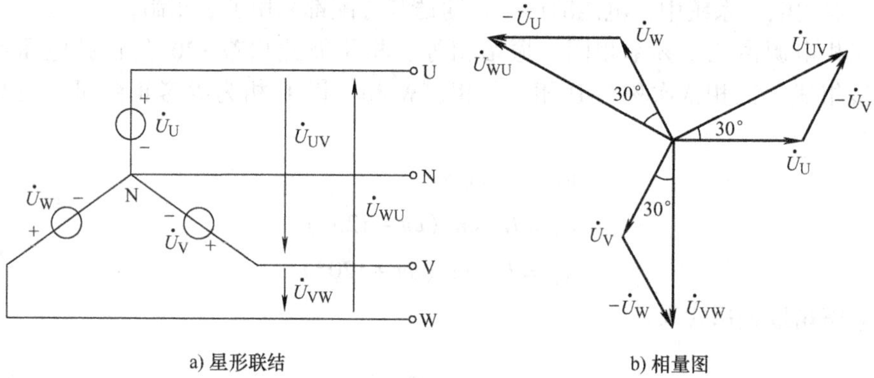

图 4-2 三相电源的星形联结

从三个始端引出的三根输电线称为端线或相线（俗称火线）。连接末端的公共节点 N 称为中性点，从中性点引出的导线称为中性线（或零线）。由三根相线和一根中性线组成的输电方式称为三相四线制（通常在低压配电中采用）。无中性线的输电方式称为三相三线制（通常在高压输电中采用）。

每相绕组始端与末端之间的电压，即相线与中性线之间的电压称为相电压，其有效值用 U_U、U_V、U_W或一般用 U_P来表示。显然相电压分别等于对应相的电源电压。两个相线间的电压称为线电压，其有效值用 U_{UV}、U_{VW}、U_{WU}或一般用 U_L表示。

电源星形联结时，线电压与相电压的关系如下：

$$\dot{U}_{UV} = \dot{U}_U - \dot{U}_V$$

$$\dot{U}_{VW} = \dot{U}_V - \dot{U}_W$$

$$\dot{U}_{WU} = \dot{U}_W - \dot{U}_U$$

对称电源的线电压和相电压的相量图如图 4-2b 所示。从相量图中可以看出线电压是对

称的，各线电压之间的相位差也是 120°，且各线电压超前各对应的相电压 30°。可以计算出线电压为相电压有效值的$\sqrt{3}$倍，即

$$U_L = \sqrt{3}U_P \qquad (4\text{-}4)$$

电源星形联结特点总结如下：

1）线电压和相电压各自对称，各线电压和各相电压之间的相位差均为 120°。

2）线电压为相电压有效值的$\sqrt{3}$倍，且各线电压超前各对应的相电压 30°。

由于电源的星形联结可以输出两种电压，所以使用范围很广。我国低压供电中通常所说的 380V、220V 就是指电源星形联结时线电压和相电压的有效值。

例 4-1　已知对称式发电机三相绕组产生的电压 $u_U = 311\sin\left(\omega t - \frac{\pi}{3}\right)$V，试求 u_V、u_W、u_{UV}。

解：由三相电源的各相电压之间的关系可知：

$$u_V = 311\sin\left(\omega t - \frac{\pi}{3} - \frac{2\pi}{3}\right)\text{V} = -311\sin\omega t\text{V}$$

$$u_W = 311\sin\left(\omega t - \frac{\pi}{3} - \frac{4\pi}{3}\right)\text{V} = 311\sin\left(\omega t + \frac{\pi}{3}\right)\text{V}$$

因为线电压超前相应的相电压$\frac{\pi}{6}$，且 $U_L = \sqrt{3}U_P$，所以

$$u_{UV} = 311 \times \sqrt{3}\sin\left(\omega t - \frac{\pi}{3} + \frac{\pi}{6}\right)\text{V} = 311\sqrt{3}\sin\left(\omega t - \frac{\pi}{6}\right)\text{V}$$

2. 三相电源的三角形联结

如图 4-3a 所示，将三相发电机三个绕组依次首尾相连，接成一个闭合回路，从三个连接点引出三根导线（又称为端线），这种连接方式称为三相电源的三角形（△）联结。

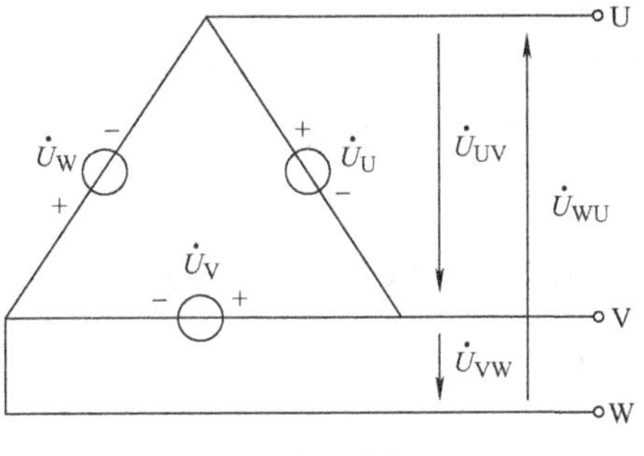

a) 三角形联结

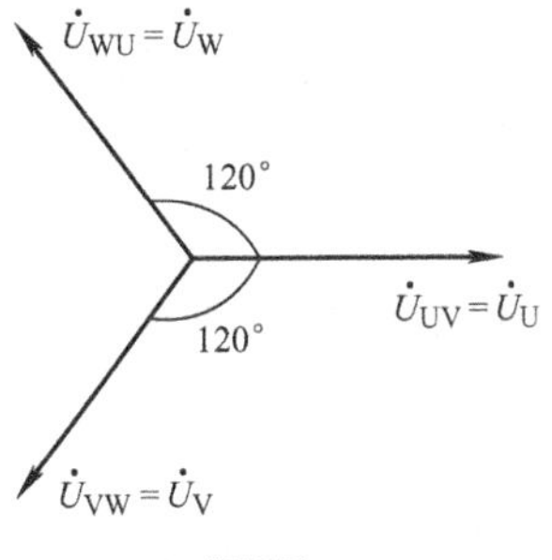

b) 相量图

图 4-3　三相电源的三角形联结

三相电源为三角形联结时，只能是三相三线制，线电压就等于相电压。

$$\dot{U}_{UV} = \dot{U}_U$$

$$\dot{U}_{VW} = \dot{U}_V$$

$$\dot{U}_{WU}=\dot{U}_W$$

由图4-3b相量图可知，三相电源三角形联结时，三相电压和为零，在三角形回路中没有电流。但如果一相绕组接反，三相电压和不为零，将引起环流把电源烧毁，加之它只能输出一种电压，所以三相电源的三角形联结很少使用，大量使用的是星形联结。

4.2 三相负载的连接

在三相电路中，一般情况下电源是对称的。由三相电源供电的负载称为三相负载。三相负载可以分为两类：一类是对称三相负载，如三相电动机等；另一类是不对称三相负载。三相负载的连接方式有三角形联结和星形联结两种。无论采用哪种连接方式，负载两端的电压称为负载的相电压，两条相线之间的电压称为线电压。通过每相负载的电流称为相电流，有效值一般用 I_P 表示，流过各相线的电流称为线电流，有效值一般用 I_L 表示。

4.2.1 三相负载的星形联结

图4-4所示为负载的星形联结，图中N′为三相负载的中性点，与电源中性点N相连，负载另三个端点与电源的端点U、V、W相连。

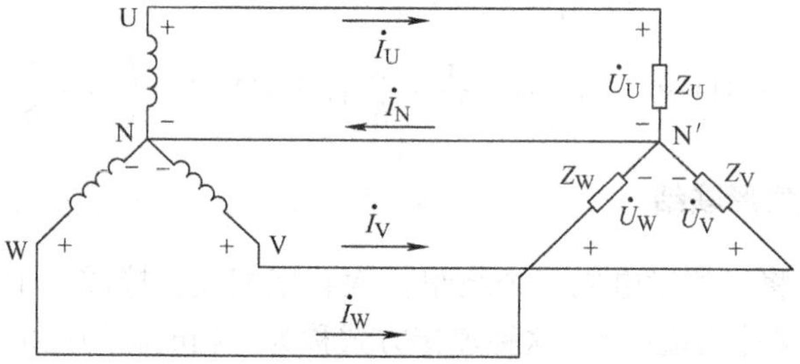

图4-4 负载的星形联结

由图4-4可以看出，负载星形联结时，负载的相电压就是电源的相电压，负载的线电压就是电源的线电压，所以星形联结的负载上线电压超前相电压30°，线电压有效值为相电压有效值的 $\sqrt{3}$ 倍，即 $U_L=\sqrt{3}U_P$。

负载的相电流就等于对应的线电流，即 $I_L=I_P$。中性线电流等于各相相电流之和，即

$$\dot{I}_N=\dot{I}_U+\dot{I}_V+\dot{I}_W$$

1. 负载对称时的电路

三相电源是对称的，当三相负载对称，即 $Z_U=Z_V=Z_W=Z$ 时，负载的相电流也是对称的，因此三相相电流之和为零（$\dot{I}_U+\dot{I}_V+\dot{I}_W=0$），即在星形联结的三相负载对称时，中性线无电流通过。此时可以省去中性线不用，形成三相三线制电路。

对于负载对称的三相电路计算，由于负载的相电压、相电流都是对称的，所以只需计算一相即可，其他两相可按对称条件直接写出。

2. 负载不对称时的电路

如果三相负载不对称，则三相负载的相电流不对称，三相相电流之和不为零，中性线中有电流通过。此时不能省去中性线，只能用三相四线制，否则三相负载的电压就不相等，使负载无法正常工作，甚至会造成严重事故。

例 4-2 白炽灯照明电路采用三相三线制星形联结，如图 4-5 所示。各白炽灯的额定电压为 220V。设 U 相、V 相负载电阻均为 220Ω，W 相负载电阻为 20Ω，将它们接在线电压为 380V 的三相对称电源上。若 U 相灯断开会出现什么情况？

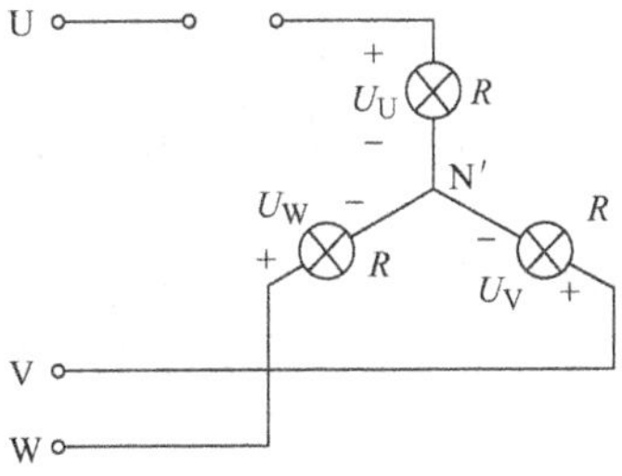

图 4-5 例 4-2 电路

解：当 U 相灯断开时，由于无中性线，V 相和 W 相的白炽灯就串联于 380V 的线电压中，此时流过两负载的电流为

$$I=\frac{U_L}{R_V+R_W}=\frac{380V}{220\Omega+20\Omega}\approx 1.58A$$

V 相白炽灯两端电压为

$$U_V=IR_V=1.58A\times 220\Omega=347.6V$$

W 相白炽灯两端电压为

$$U_W=IR_W=1.58A\times 20\Omega=31.6V$$

可见，在无中性线情况下，阻抗小的负载相电压会低于额定电压（如例中 W 相），无法正常工作；阻抗大的负载相电压会高于额定电压（如例中 V 相），将负载烧毁。

例 4-3 某三相三线制供电线路上，接入三相星形联结的对称白炽灯负载。设线电压为 380V，白炽灯电阻为 400Ω，试求：

(1) 正常工作时，白炽灯负载的电压和电流为多少？

(2) 如果 U 相断开，其他两相负载的电压和电流为多少？

(3) 如果 U 相发生短路，其他两相负载的电压和电流为多少？

(4) 如果采用三相四线制供电，重新计算 U 相断开或 U 相发生短路时，其他两相负载的电压和电流各为多少？

解：(1) 正常工作时，三相负载对称，有

$$U_{UN'}=U_{VN'}=U_{WN'}=\frac{380V}{\sqrt{3}}=220V$$

$$I_{UN'}=I_{VN'}=I_{WN'}=\frac{220V}{400\Omega}=0.55A$$

（2）如果 U 相断开，V 相和 W 相的白炽灯就串联于 380V 的线电压中，有

$$U_{VN'} = U_{WN'} = \frac{380V}{2} = 190V$$

$$I_{VN'} = I_{WN'} = \frac{190V}{400\Omega} = 0.475A$$

V 相和 W 相的白炽灯电压低于额定电压，灯暗，不能正常工作。

（3）如果 U 相发生短路，如图 4-6a 所示，V 相和 W 相的白炽灯就接于 380V 的线电压中，有

$$U_{VN'} = U_{WN'} = 380V$$

$$I_{VN'} = I_{WN'} = \frac{380V}{400\Omega} = 0.95A$$

V 相和 W 相的白炽灯电压超过额定电压，灯被烧毁。

（4）如果采用三相四线制供电，如图 4-6b 所示，U 相断开或 U 相发生短路时，其他两相均无影响，仍能正常工作。

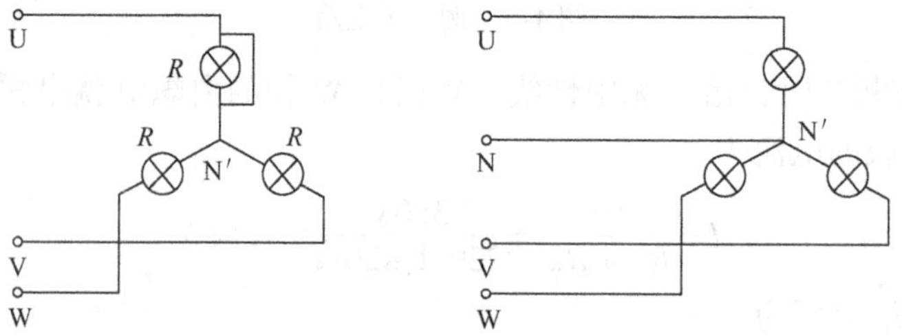

a) U相发生短路　　b) 三相四线制电路

图 4-6　例 4-3 电路

从上述两例可以看出三相四线制供电的优点。中性线可以保证三相负载各相电压基本对称，使各相用电设备正常运行，作用十分重要。因此在三相四线制电路中，为了确保中性线可靠工作，中性线上不允许安装开关和熔断器或其他过电流保护装置。

4.2.2　三相负载的三角形联结

如图 4-7a 所示，三相负载两两首尾相连，连接成三角形，将三角形联结的连接点分别接在三相电源的三根相线上，这种接法称为三相负载的三角形联结。

当负载连接成三角形时，各相负载的相电压就等于电源的线电压，不论负载是否对称，其相电压总是对称的，即

$$U_{UV} = U_{VW} = U_{WU} = U_P = U_L$$

当然相电流和线电流显然不同。应用 KCL 可以得出线电流与相电流关系为

$$\dot{I}_U = \dot{I}_{UV} - \dot{I}_{WU}$$

$$\dot{I}_V = \dot{I}_{VW} - \dot{I}_{UV}$$

$$\dot{I}_W = \dot{I}_{WU} - \dot{I}_{VW}$$

当负载对称时，即 $Z_{UV}=Z_{VW}=Z_{WU}=|Z|\angle\varphi$，则各相相电流也是对称的，即

$$I_{UV}=I_{VW}=I_{WU}=I_P=\frac{U_P}{|Z|}$$

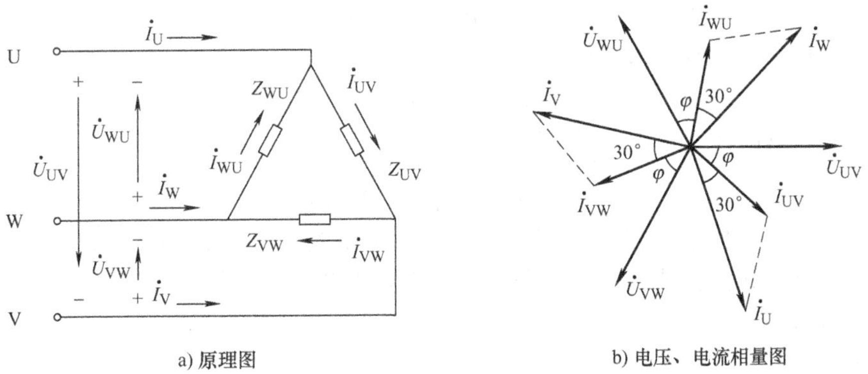

图4-7　三相负载的三角形联结

显然，此时线电流也是对称的。由图4-7b所示相量图可以得出，线电流比相应的相电流滞后30°，线电流的有效值为相应相电流的$\sqrt{3}$倍，即

$$I_L=\sqrt{3}I_P \tag{4-5}$$

目前我国低压配电系统采用的三相四线制，线电压是380V，相电压220V。在这种情况下，三相负载接入三相电源时，一般应遵循以下原则：当每相负载的额定电压（如不特别指明是指线电压）等于电源线电压时，三相负载作三角形联结；当每相负载的额定电压等于电源线电压的$1/\sqrt{3}$时，三相负载作星形联结。如果三相负载对称（如三相电动机），可采用三相三线制，不需要连接中性线；如果负载不能保证对称，应采用星形联结，必须要连接中性线，作三相四线制连接。连接时应尽可能使电源的各相负荷均衡、对称，从而使三相电源趋于平衡。

4.3　三相电路的功率

4.3.1　三相电路的有功功率、无功功率、视在功率

在三相电路中，三相负载吸收的有功功率等于各相有功功率之和，即

$$P=P_U+P_V+P_W=U_UI_U\cos\varphi_U+U_VI_V\cos\varphi_V+U_WI_W\cos\varphi_W \tag{4-6}$$

式中，U_U、U_V、U_W分别为各相电压的有效值；I_U、I_V、I_W分别为各相电流的有效值；φ_U、φ_V、φ_W分别为各相电压与相电流之间的相位差。

如果负载不对称，那么就要每相分别求出来，再求和。

当负载对称时，无论负载是星形还是三角形接法，由于电压和电流都对称，所以每相功率是相等的，三相总功率是单相功率的3倍，即

$$P=P_U+P_V+P_W=3U_PI_P\cos\varphi \tag{4-7}$$

式中，φ为相电压与相电流之间的相位差。

在对称三相负载的星形联结中，$U_L=\sqrt{3}U_P$，$I_L=I_P$；在对称三相负载的三角形联结中，$U_L=U_P$，$I_L=\sqrt{3}I_P$，代入到式(4-7) 中得到对称三相负载的有功功率为

$$P=\sqrt{3}U_LI_L\cos\varphi \tag{4-8}$$

注意：式(4-8) 中，φ 仍为相电压与相电流之间的相位差。

同理，对称三相负载的无功功率为

$$Q=\sqrt{3}U_LI_L\sin\varphi \tag{4-9}$$

对称三相负载的视在功率为

$$S=\sqrt{P^2+Q^2}=\sqrt{3}U_LI_L \tag{4-10}$$

例 4-4 有一三相电动机，每相绕组的等效阻抗为 $Z=(29+\mathrm{j}21.8)\Omega$，电源线电压 380V，试分析将绕组连接成星形和三角形时电动机的相电流、线电流以及从电源输入的功率，并比较所得结果。

解：三相电动机绕组连接成星形：

$$I_P=I_L=\frac{U_P}{|Z|}=\frac{220\text{V}}{\sqrt{29^2+21.8^2}\Omega}=6.1\text{A}$$

$$P=\sqrt{3}U_LI_L\cos\varphi=\sqrt{3}\times380\text{V}\times6.1\text{A}\times\frac{29}{\sqrt{29^2+21.8^2}}=\sqrt{3}\times380\text{V}\times6.1\text{A}\times0.8=3.2\text{kW}$$

三相电动机绕组连接成三角形：

$$U_P=U_L$$

$$I_P=\frac{U_P}{|Z|}=\frac{380\text{V}}{\sqrt{29^2+21.8^2}\Omega}=10.5\text{A}$$

$$I_L=\sqrt{3}I_P=18.3\text{A}$$

$$P=\sqrt{3}U_LI_L\cos\varphi=\sqrt{3}\times380\text{V}\times18.3\text{A}\times0.8=9.6\text{kW}$$

比较两种连接方式可知，当电动机额定电压为 220V 时，应采用星形联结；当电动机额定电压为 380V 时，应采用三角形联结。

在电源电压不变的情况下，电动机的绕组由星形改成三角形联结时，线电流增为 3 倍，功率增为 3 倍，因此在实际应用中要正确接线。

4.3.2 对称三相电路的瞬时功率

下面讨论对称三相电路的瞬时功率。设 $u_U=\sqrt{2}U_P\sin\omega t$，$i_U=\sqrt{2}I_P\sin(\omega t-\varphi)$，在电路对称的情况下有

$$p_U=u_Ui_U=\sqrt{2}U_P\sin\omega t\sqrt{2}I_P\sin(\omega t-\varphi)=U_PI_P[\cos\varphi-\cos(2\omega t-\varphi)]$$

$$\begin{aligned}p_V&=u_Vi_V=\sqrt{2}U_P\sin(\omega t-120°)\sqrt{2}I_P\sin(\omega t-120°-\varphi)\\&=U_PI_P[\cos\varphi-\cos(2\omega t-240°-\varphi)]\end{aligned}$$

$$\begin{aligned}p_W&=u_Wi_W=\sqrt{2}U_P\sin(\omega t+120°)\sqrt{2}I_P\sin(\omega t+120°-\varphi)\\&=U_PI_P[\cos\varphi-\cos(2\omega t+240°-\varphi)]\end{aligned}$$

对称电源提供的三相瞬时功率为

$$p = p_U + p_V + p_W = 3U_P I_P \cos\varphi \tag{4-11}$$

式(4-11) 表明，对称三相电路的瞬时功率是一个常数，其值等于有功功率 P。由于瞬时功率是一个常数，所以三相电动机的瞬时机械转矩也是常数，因而运行比较平稳，这是三相电动机的优点之一。瞬时功率是一个常数，这是对称三相制的一个优越性能，习惯上将这一性能称为瞬时功率的平衡或平衡制。

本章小结

1. 对称三相电源由三个频率相同、振幅相等、相位彼此相差120°的正弦电压源按一定的方式连接组成。对称三相电源有星形（Y）和三角形两种连接形式。

对称三相电源的星形联结：$U_L = \sqrt{3}U_P$

对称三相电源的三角形联结：$U_L = U_P$

2. 对称三相负载有星形和三角形两种连接形式。

对称三相负载的星形联结：$U_L = \sqrt{3}U_P$，$I_L = I_P$

对称三相电源的三角形联结：$U_L = U_P$，$I_L = \sqrt{3}I_P$

3. 在对称三相电路中，三相负载的总功率为 $P = \sqrt{3}U_L I_L \cos\varphi$，$\varphi$ 为相电压与相电流之间的相位差，$\cos\varphi$ 是每相负载的功率因数。

思考与习题

4.1　在三相四线制供电系统中，中性线的作用是什么？为什么中性线不允许断开？

4.2　如图4-8所示，各相电阻相等，并由三相电源供电。若负载 R_U 断开，则电流表 A_1 和 A_2 的读数如何变化？为什么？

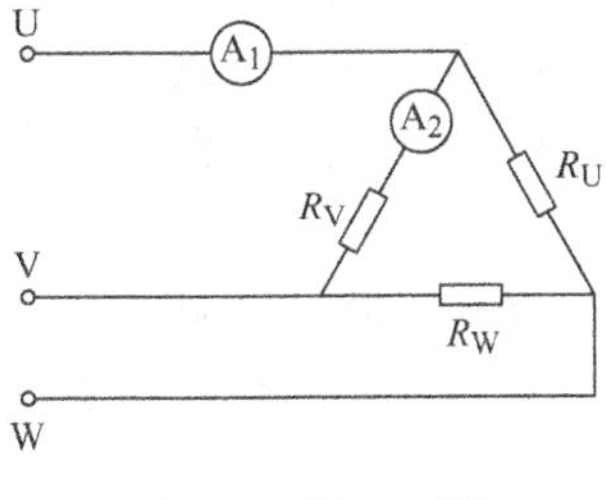

图4-8　题4.2图

4.3　有一电源和负载都是三角形联结的对称三相电路，已知电源相电压为220V，负载阻抗 $|Z| = 10\Omega$，试求负载的相电流和线电流。

4.4　某带中性线的星形联结三相负载，已知各相电阻分别为 $R_U = R_V = R_W = 11\Omega$，电源线电压为380V，试分别就以下三种情况求各个相电流及中性线电流：

（1）电路正常工作时。

（2）U 相负载断开。

（3）U 相负载断开，中性线也断开。

4.5 发电机的三相对称绕组作星形联结，设其中 U、V 两根相线之间的电压 $u=220\sin(\omega t-30°)$V，试写出所有相电压和线电压的瞬时值表达式。

4.6 图 4-9 所示电路中，U 相负载是一个 220V、100W 的白炽灯，V 相开路（S 断开），W 相负载是一个 220V、60W 的白炽灯，三相电源的线电压为 380V。求：(1) 各相电流和中性线电流。(2) 中性线因故障断开时，各负载两端的电压。

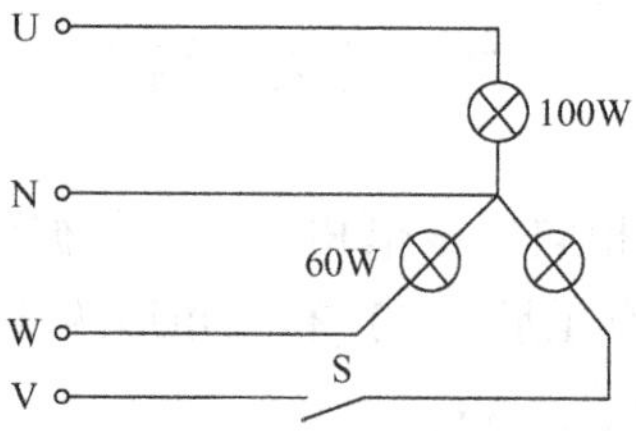

图 4-9 题 4.6 图

4.7 如图 4-10 所示，三相对称电源的线电压为 380V，频率为 50Hz，$R=X_L=X_C=10\Omega$，试求各相电流、中性线电流和三相功率。

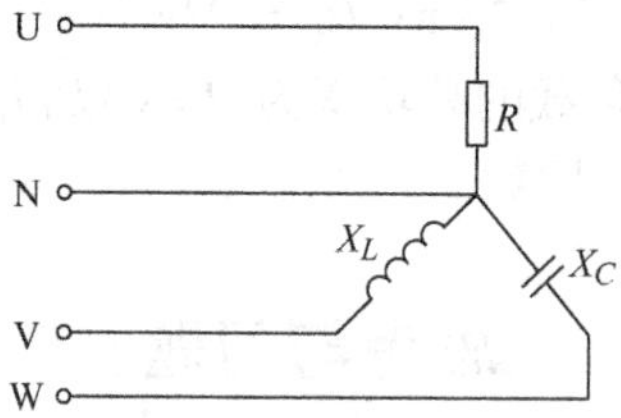

图 4-10 题 4.7 图

4.8 一台三相电动机的定子绕组作星形联结，接在线电压为 380V 的三相电源上，功率因数为 0.8，消耗的功率为 10kW，电源频率为 50Hz，求：(1) 每相定子绕组中的电流。(2) 每相的等效电阻和等效感抗。(3) 电动机的无功功率 Q。

4.9 三相异步电动机的三个阻抗相同的绕组连接成三角形，接在线电压 $U_L=380$V 的对称三相电压上，若每相阻抗 $Z=(8+j6)\Omega$，试求此电动机工作时的相电流 I_P、线电流 I_L 和三相电功率 P。

4.10 对称三相电源，线电压 380V，对称三相感性负载作三角形联结，若测得线电流 $I_L=17.3$A，三相功率 $P=9.12$kW，求每相负载的电阻和感抗。

第 5 章　电路的暂态分析

内容提要：本章介绍了电路过渡过程的概念及其产生的原因，换路定律及初始值的确定，分析了 *RC* 和 *RL* 一阶电路的零输入响应、零状态响应和全响应，介绍了求解一阶线性电路的经典计算方法及三要素法。

5.1　暂态过程与换路定律

5.1.1　暂态过程

电路中的电流和电压在给定条件下已到达某一稳态值的状态称为稳定状态，简称稳态。当电路中只含有电阻元件时，接通或断开电源，电路都瞬间达到稳定状态，但当电路中有电感元件或电容元件时，接通或断开电源，电路不会瞬间达到稳定状态。

如图 5-1 所示，在 S 未闭合之前电容 $u_C=0$。若将开关 S 闭合，电容被充电，其上的电压逐渐增大，直至两端电压 $u_C=U_S$，电路中的充电电流也是逐渐减小到零的。这个变化过程是由稳态（开关闭合之前），经过暂态（开关闭合，电容充电），到达新的稳态（充电完成）。因此所谓暂态，就是电路从一个稳定状态变化到另一个稳定状态的一个过渡过程。这个过程不是瞬间完成的，而是需要一定时间的。

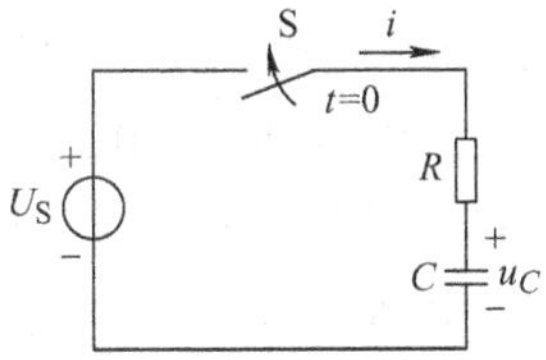

图 5-1　*RC* 充电电路

除了电路的接通和切断外，改接、短路以及参数或电源变化时，也会引起电路工作状态的变化。把这些电路工作状态的变化通称为电路的换路。换路之后为什么会产生暂态过程呢？这是因为具有储能元件（*L* 或 *C*）的电路的条件发生变化时，储能元件能量的积累或消失不会在瞬间完成，它必须经历一段时间，即能量不能跃变，这是暂态过程产生的根本原因。

过渡过程（暂态）是一种自然现象，对它的研究很重要。一方面，在电子技术中常利用 *RC* 电路的过渡过程来实现振荡信号的产生、信号波形的变换或产生延时做成电子继电器。另一方面，电路在过渡过程中可能出现过电压或过电流现象，会损坏电气设备，造成严重事故。因此，分析电路的暂态过程，目的在于掌握规律以便工作中用其“利”，克其“弊”。

5.1.2 换路定律及初始值的确定

如前所述，引起暂态的根本原因是储能元件储存的能量不能突变造成的。储能元件就是我们熟悉的电容和电感。电阻不是储能元件，因而纯电阻电路不存在过渡过程。电容是储存电场能的元件，其储存的能量是 $W_C=\frac{1}{2}Cu_C^2$，通过充放电实现电能与电场能的相互转换；电感是储存磁场能的元件，其储存的能量是 $W_L=\frac{1}{2}Li_L^2$，通过电流的变化实现电能与磁场能的相互转换。换路时，能量不能突变。电容中储存的能量 $W_C=\frac{1}{2}Cu_C^2$ 不能突变，故电容两端电压 u_C 不能突变；同理电感中储存的能量不能突变，故流过电感的电流 i_L 不能突变。总之，电容电压和电感电流在换路后的初始值等于换路前的终了值，这一规律称为电路的换路定律。

假设 $t=0$ 为换路瞬间，以 $t=0_-$ 表示换路前的终了瞬间，$t=0_+$ 表示换路后的初始瞬间。0_- 和 0_+ 在数值上都等于0，但前者是指 t 从负值趋近于零，后者是指 t 从正值趋近于零。从 $t=0_-$ 到 $t=0_+$ 瞬间，电感元件中的电流和电容元件中的电压不能突变，即换路定律用公式可表示为

$$\begin{aligned} u_C(0_+)&=u_C(0_-)\\ i_L(0_+)&=i_L(0_-) \end{aligned} \tag{5-1}$$

处于暂态过程中的电压和电流称为暂态量。暂态量在 $t=0_+$ 时刻的数值称为暂态量的初始值。换路定律只适用于换路瞬间，可根据它来确定暂态量的初始值。

初始值确定的具体步骤如下：

① 将电容视作开路、电感视作短路，画出 $t=0_-$ 时的电路，求出 $u_C(0_-)$ 或 $i_L(0_-)$。

② 运用换路定律可得 $u_C(0_+)=u_C(0_-)$ 或 $i_L(0_+)=i_L(0_-)$。

③ 将电容用电压值为 $u_C(0_+)$ 的理想电压源代替、电感用电流值为 $i_L(0_+)$ 的理想电流源代替，画出 $t=0_+$ 时的电路，利用电路基本定律确定 $t=0_+$ 时刻电路中其他电压和电流的初始值。

例 5-1 确定图 5-2a 所示电路中各电流和电压的初始值。设开关闭合前电感元件和电容元件均未储能。

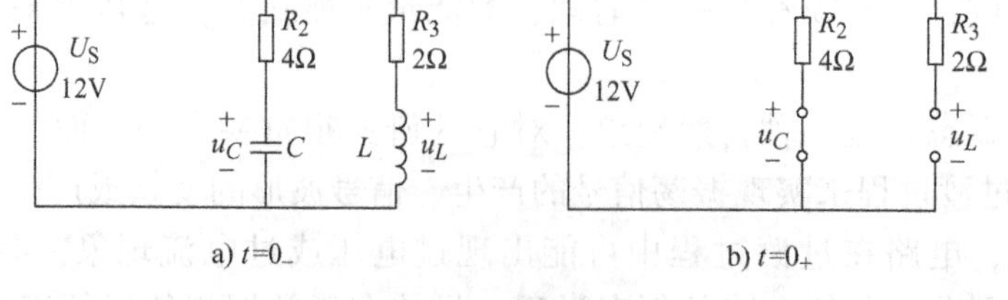

图 5-2 例 5-1 的电路

解：(1) $t=0_-$ 的电路中（开关闭合前）电感元件和电容元件均未储能，即

$$u_C(0_-)=0\text{V}$$
$$i_L(0_-)=0\text{A}$$

(2) 根据换路定律可得

$$u_C(0_+)=u_C(0_-)=0\text{V}$$
$$i_L(0_+)=i_L(0_-)=0\text{A}$$

(3) 画出 $t=0_+$ 的电路如图5-2b所示，由于电容电压和电感电流的初始值为零，所以将电容元件短路，将电感元件开路，可得出其他各个初始值：

$$i_R(0_+)=i_C(0_+)=\frac{U_S}{R_1+R_2}=\frac{12\text{V}}{2\Omega+4\Omega}=2\text{A}$$
$$u_L(0_+)=u_{R2}(0_+)=R_2i_C(0_+)=4\Omega\times2\text{V}=8\text{V}$$
$$u_{R1}(0_+)=R_1i_R(0_+)=2\Omega\times2\text{V}=4\text{V}$$

从计算可见，电容元件的电压不能突变，但电容元件的电流可以突变；电感元件的电流不能突变，但电感元件的电压可以突变。

例5-2　图5-3a所示电路在S闭合前已处于稳态，试确定S闭合后各电流和电压的初始值。

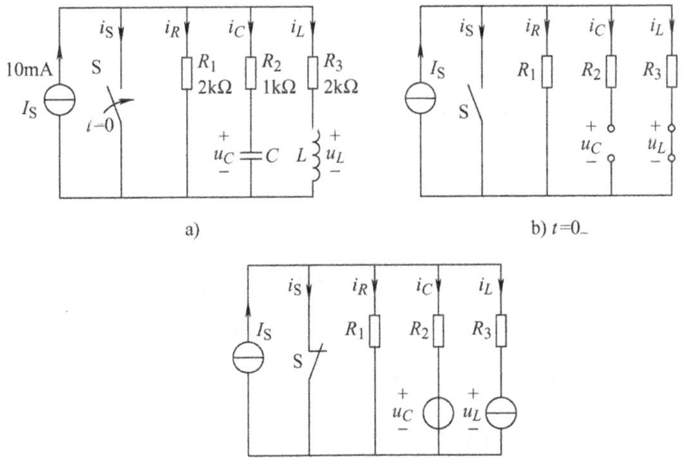

c) $t=0_+$

图5-3　例5-2的电路

解：(1) 在 $t=0_-$ 时，电路为稳态，电容元件可视为开路，电感元件视为短路。画 $t=0_-$ 时的电路，如图5-3b所示。

$$i_L(0_-)=\frac{R_1}{R_1+R_3}I_S=5\text{mA}$$
$$u_C(0_-)=i_L(0_-)R_3=10\text{V}$$

(2) 由换路定律得

$$i_L(0_+) = i_L(0_-) = 5\text{mA}$$

$$u_C(0_+) = u_C(0_-) = 10\text{V}$$

（3）将电容用电压值为 $u_C(0_+)$ 的理想电压源代替，电感用电流值为 $i_L(0_+)$ 的理想电流源代替，画 $t=0_+$ 时的电路，如图 5-3c 所示。

$$i_R(0_+) = 0\text{A}$$

$$u_{R1}(0_+) = 0\text{V}$$

$$i_C(0_+) = -\frac{u_C(0_+)}{R_2} = -10\text{mA}$$

$$i_S(0_+) = I_S - i_R(0_+) - i_C(0_+) - i_L(0_+) = 15\text{mA}$$

$$u_L(0_+) = -u_{R3}(0_+) = -i_L(0_+)R_3 = -10\text{V}$$

例 5-3 图 5-4 所示电路在换路前已处于稳态。已知电压表的内阻 $R_V = 100\text{k}\Omega$。试确定 S 断开后 $i(0_+)$、$u_L(0_+)$ 及电压表的端电压 $u_V(0_+)$。

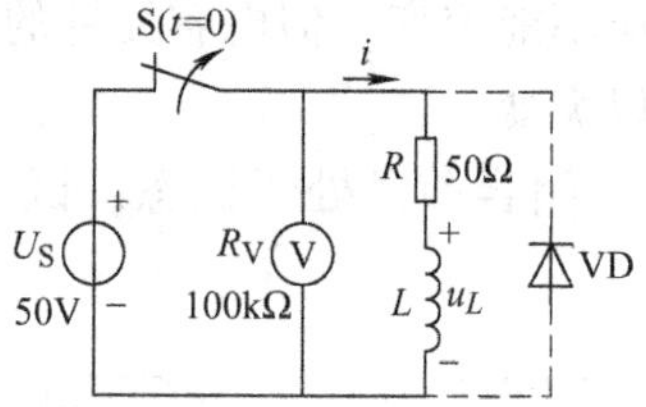

图 5-4 例 5-3 的电路

解：换路前电感元件视为短路，则

$$i(0_-) = i_L(0_-) = \frac{U_S}{R} = 1\text{A}$$

由换路定律得

$$i(0_+) = i_L(0_+) = i_L(0_-) = 1\text{A}$$

$$u_V(0_+) = -R_V i(0_+) = -100000\text{V}$$

$$u_L(0_+) = u_V(0_+) - Ri(0_+) = -100050\text{V}$$

可见，电感的电压在换路瞬间增大了很多倍，这种现象称为过电压。过电压将对电气设备造成损坏，为了限制过电压，可在电感两端反向并联一个二极管，如图 5-4 虚线所示。换路前，二极管截止。开关 S 断开时，电感产生的自感电动势使二极管承受正压导通，其压降近似为零，因此电感线圈两端压降几乎为零，从而保护了相关电气设备。

5.2 *RC* 电路的响应

根据能量来源的不同，响应可分下列三种：

1）零输入响应：在无激励的情况下，电路仅靠内部储能元件（电感和电容）中所储存的初始能量（初始状态）而引起的响应。

2）零状态响应：在换路时储能元件未储存能量的情况下，由激励而引起的响应。

3）全响应：在储能元件已储有能量的情况下，再加上激励后所引起的响应。在线性电路中，根据叠加定理，全响应可以看作是零输入响应与零状态响应的代数和，即为

全响应 = 零输入响应十零状态响应

只含有一个储能元件（电容或电感）或可等效为一个储能元件的线性电路，统称为一阶线性电路。对于一阶线性电路暂态过程的分析，常采用经典法（或称为直接求解法）来求解，即根据激励（电压或电流），通过求解电路的微分方程以得出电路的响应（电压和电流）。

5.2.1 *RC* 电路的零输入响应

RC 电路的零输入响应，实际上就是电容的放电过程。图 5-5 所示电路中，开关原来处于位置“a”，电容 C 被恒压源 U_0 充电，电路达到稳态时电容电压为 $u_C(0_-)=U_0$。在 $t=0$ 时将开关拨向位置“b”，使电路脱离电源，电路变为零输入。由于电容的端电压不能突变，使得电容电压的初始值 $u_C(0_+)=u_C(0_-)=U_0$，此时已储有能量的电容将通过电阻 R 放电。

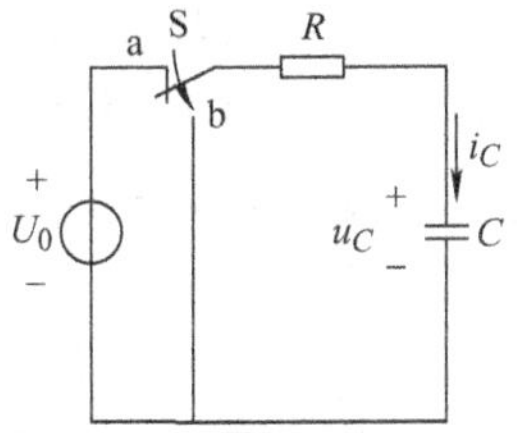

图 5-5　*RC* 电路的零输入响应

对图 5-5 所示电路，依据 KVL 可以列出换路后的电路方程为

$$u_R+u_C=0 \tag{5-2}$$

电阻和电容的伏安关系为 $u_R=Ri_C$，$i_C=C\dfrac{\mathrm{d}u_C}{\mathrm{d}t}$，从而得到换路后的微分方程为

$$RC\frac{\mathrm{d}u_C}{\mathrm{d}t}+u_C=0 \tag{5-3}$$

该方程为一阶常系数线性齐次微分方程，其通解为

$$u_C=A\mathrm{e}^{pt} \tag{5-4}$$

式中，A 为积分常数；p 是微分方程所对应的特征方程的根。

式(5-3) 所对应的特征方程为 $RCp+1=0$

解得
$$p=-\frac{1}{RC} \tag{5-5}$$

A 由初始条件确定。将 $u_C(0_+)=u_C(0_-)=U_0$ 代入式(5-4) 得 $A=U_0$

由此可得微分方程的解为

$$\begin{aligned} u_C&=U_C(0_+)\mathrm{e}^{-\frac{t}{RC}}=U_0\mathrm{e}^{-\frac{t}{RC}}=U_0\mathrm{e}^{-\frac{t}{\tau}}\\ i_C&=C\frac{\mathrm{d}u_C(t)}{\mathrm{d}t}=-\frac{U_0}{R}\mathrm{e}^{-\frac{t}{RC}}=-\frac{U_0}{R}\mathrm{e}^{-\frac{t}{\tau}}\end{aligned} \tag{5-6}$$

式中，$\tau=RC$ 称为电路的时间常数，具有时间的量纲，单位为秒。*RC* 零输入响应电路的电压和电流都是随时间按指数规律衰减的。

衰减的快慢，取决于τ的值。当$t=\tau$时，$u_C(\tau)=U_0\mathrm{e}^{-1}=0.368U_0=36.8\%U_0$，即时间常数$\tau$等于电压降到初始值的36.8%所需的时间。$\tau$的物理意义很明确，$\tau$越大，当$R$一定时，$C$越大，电场储能越多，放电所需时间越长；当$C$一定时，电阻$R$越大，则放电电流越小，放电所需时间越长。反之，$\tau$越小，放电所需时间越短。时间常数$\tau$对$u_C$的影响如图5-6所示。

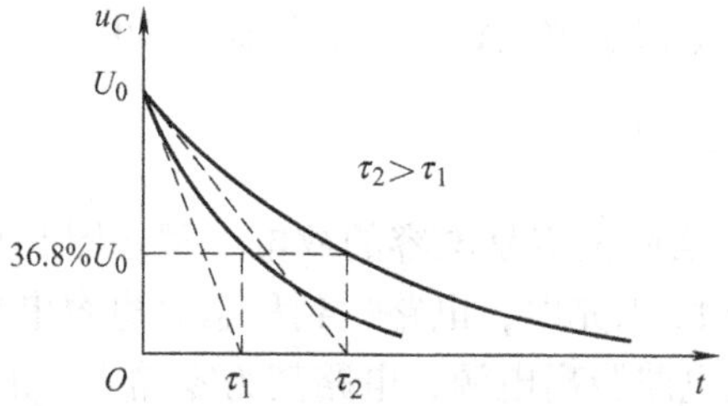

图5-6　τ值对u_C的影响

从理论上讲，需经历无限长的时间电容的电压才衰减到零，电路达到稳态。但指数函数衰减较快，如表5-1所示。工程上一般认为$t=(3\sim5)\tau$后放电结束，电路达到稳态。

表5-1　u_C随时间而衰减的情况

t	τ	2τ	3τ	4τ	5τ	6τ	…
$u_C(t)/u_C(0_+)$	36.8%	13.5%	5%	1.8%	0.67%	0.25%	…

由上述分析，可归纳计算零输入响应的步骤如下：

1）由换路定律计算出初始值$u_C(0_+)$；

2）计算时间常数；

3）将两个参数代入零输入响应函数$u_C=U_C(0_+)\mathrm{e}^{-\frac{t}{\tau}}$中。

4）根据u_C计算其他参数。

例5-4　图5-7a所示电路中，已知：$R_1=6\mathrm{k}\Omega$，$R_2=8\mathrm{k}\Omega$，$R_3=3\mathrm{k}\Omega$，$C=5\mu\mathrm{F}$，$u_C(0_-)=6\mathrm{V}$，$t=0$时开关闭合，求$t\geqslant0$时的电容电压及电流。

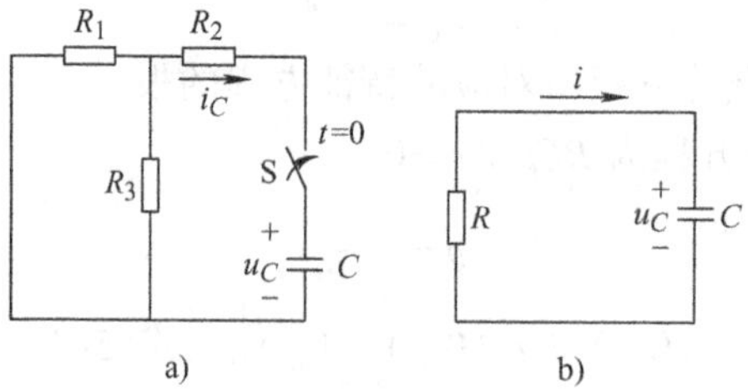

图5-7　例5-4电路图

解：$u_C(0_+)=u_C(0_-)=6\mathrm{V}$

换路后的电路如图5-7b所示，图中

$$R=R_2+\frac{R_1R_3}{R_1+R_3}=10\mathrm{k}\Omega$$

$$\tau = RC = 0.05\text{s}$$

$$u_C = u_C(0_+)\mathrm{e}^{-20t} = 6\mathrm{e}^{-20t}\text{V}$$

$$i = C\frac{\mathrm{d}u_C}{\mathrm{d}t} = \frac{u_C}{R} = 0.6\mathrm{e}^{-20t}\text{mA}$$

5.2.2　*RC* 电路的零状态响应

RC 电路的零状态响应，实际上就是分析它的充电过程。如图 5-8 所示 *RC* 串联电路，开关闭合前电容初始状态为零，即 $u_C(0_-) = 0$，在 $t = 0$ 时刻开关闭合，电路接入直流电压源 U_S，电源向电容充电。

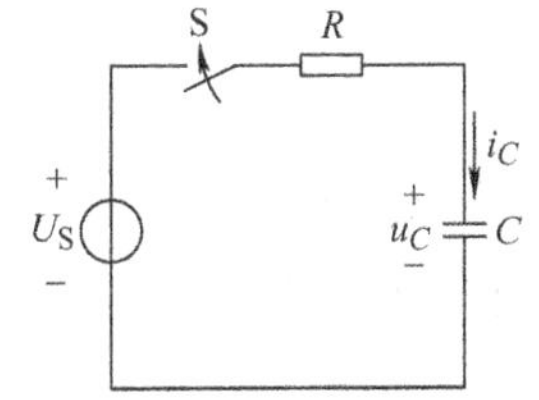

图 5-8　*RC* 电路零状态响应

对图 5-8 所示电路，依据 KVL 可以列出电路的微分方程：

$$RC\frac{\mathrm{d}u_C}{\mathrm{d}t} + u_C = U_S \tag{5-7}$$

该方程为一阶常系数线性非齐次微分方程。该微分方程的解由特解 u_C'和通解 u_C''两部分组成，即

$$u_C = u_C' + u_C'' \tag{5-8}$$

特解为微分方程的任意一个解。为简便起见，把电路达到稳态后的状态作为特解，即

$$u_C' = U_S$$

特解又称为电路的稳态分量，它的变化规律和大小只与电源电压 U_S有关。

微分方程（5-7）所对应的齐次微分方程为 $RC\frac{\mathrm{d}u_C''}{\mathrm{d}t} + u_C'' = 0$，在分析零输入响应时已知其通解为 $u_C'' = A\mathrm{e}^{-\frac{t}{RC}} = A\mathrm{e}^{-\frac{t}{\tau}}$。

通解仅存在于暂态过程中，所以通解又称为电路的暂态分量，它总是按指数规律变化。

由此，原方程的解为

$$u_C = A\mathrm{e}^{-\frac{t}{RC}} + U_S \tag{5-9}$$

常数 *A* 由初始条件确定。把初始值 $u_C(0_+) = u_C(0_-) = 0$ 代入式(5-9) 得 $A = -U_S$。由此可得

$$u_C = U_S - U_S\mathrm{e}^{-\frac{t}{RC}} = U_S(1 - \mathrm{e}^{-\frac{t}{RC}}) = U_C(\infty)(1 - \mathrm{e}^{-\frac{t}{\tau}}) \tag{5-10}$$

可见 u_C 是按指数规律由零向稳定值 U_S增长的，且 u_C 的变化也取决于时间常数 τ，τ 值越大，充电时间越长，其曲线如图 5-9 所示。

工程上经过（4 ~ 5）τ就可以认为充电已基本结束，稳定状态已基本建立。

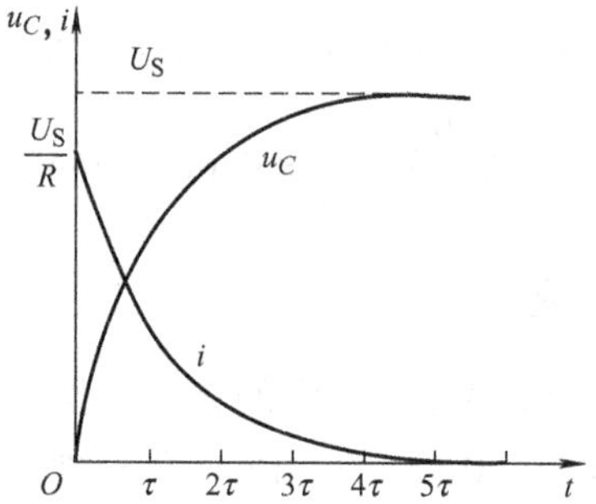

图 5-9　u_C 与 i 随时间变化的曲线

电路中的电流 $i_C = C\dfrac{\mathrm{d}u_C}{\mathrm{d}t} = \dfrac{U_S}{R}\mathrm{e}^{-\frac{t}{\tau}}$

由上述分析，可归纳计算零状态响应的步骤如下：

1）在换路后的电路中计算出稳态值 $u_C(\infty)$；

2）计算时间常数；

3）将两个参数代入零状态响应函数 $u_C = U_C(\infty)(1-\mathrm{e}^{-\frac{t}{\tau}})$ 中；

4）根据 u_C 计算其他参数。

例 5-5　电路如图 5-10 所示，已知 $U = 20\text{V}$，$R = 7\text{k}\Omega$，$C = 0.47\mu\text{F}$。电容 C 原先不带电荷。试求在将开关 S 合上瞬间电容和电阻上的电压 u_C 和 u_R 以及充电电流 i，经过多少时间后电容元件上的电压充电到 12.64V？

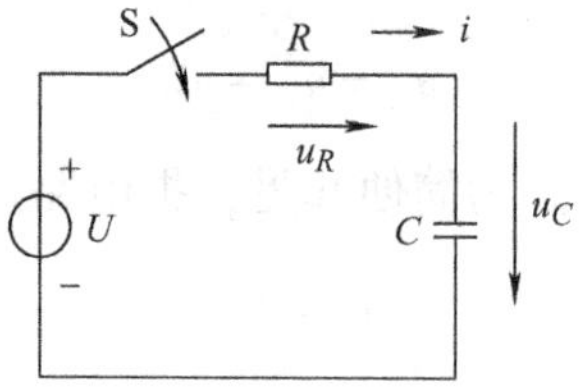

图 5-10　例 5-5 电路图

解：因为 $u_C(0_+) = u_C(0_-) = 0\text{V}$，所以为零状态响应，则

$$\tau = RC = 7\times10^3\times0.47\times10^{-6}\text{s} = 3.29\text{ms}$$

$$u_{C(\infty)} = 20\text{V}$$

将这两个参数代入 $u_C = U_C(\infty)(1-\mathrm{e}^{-\frac{t}{\tau}})$得

$$u_C(t) = U - U\mathrm{e}^{-\frac{t}{\tau}} = 20(1-\mathrm{e}^{-304t})\text{V}$$

$$u_R(t) = U - u_C(t) = 20\mathrm{e}^{-304t}\text{V}$$

$$i = \frac{u_R}{R} = \frac{20}{7\times10^3}\mathrm{e}^{-304t}\text{A} \approx 2.86\mathrm{e}^{-304t}\text{mA}$$

又因为
$$u_C(t) = 20(1-\mathrm{e}^{-304t})\text{V} = 12.64\text{V}$$

所以
$$t = \tau\ln\frac{20}{20-12.64}\text{ms} = 3.29\ln\frac{20}{7.36}\text{ms} = 3.3\text{ms}$$

5.2.3　*RC* 电路的全响应

如图 5-11 所示，所谓电路的全响应，是指电源激励和储能元件的初始状态均不为零时电路的响应，也就是零输入响应和零状态响应两者的叠加。

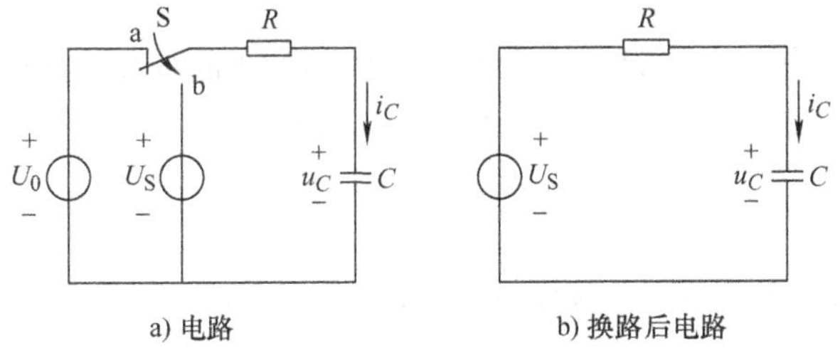

图 5-11　*RC* 电路的全响应

图 5-11a 所示电路，如果电路开关 S 动作前已处于稳态，即初始状态为 $u_C(0_-)=U_0$。在 $t=0$ 时刻开关由位置"a"拨到位置"b"，电路如图 5-11b 所示。根据 KVL 列出方程为

$$RC\frac{\mathrm{d}u_C}{\mathrm{d}t}+u_C=U_S$$

该微分方程的解由特解 u'_C 和通解 u''_C 两部分组成，即

$$u_C=u'_C+u''_C$$

仍以电路达到稳态后的状态作为特解，即 $u'_C=U_S$。分析零输入响应时已知其通解为 $u''_C=A\mathrm{e}^{-\frac{t}{RC}}=A\mathrm{e}^{-\frac{t}{\tau}}$。把初始值 $u_C(0_+)=u_C(0_-)=U_0$ 代入，得 $A=U_0-U_S$，可解得

$$u_C=U_S+(U_0-U_S)\mathrm{e}^{-\frac{t}{RC}} \tag{5-11}$$

或

$$u_C=U_0\mathrm{e}^{-\frac{t}{\tau}}+U_S(1-\mathrm{e}^{-\frac{t}{\tau}}) \tag{5-12}$$

式(5-11) 和式(5-12) 表明全响应不仅由稳态分量和暂态分量两部分组成，同时还可以分解为零输入响应与零状态响应之和，即

全响应 = 零输入响应 + 零状态响应

这是叠加定理在线性电路暂态分析中的体现。

例 5-6　在图 5-11a 所示电路中，$U_0=15\mathrm{V}$，$U_S=10\mathrm{V}$，$R=10\mathrm{k\Omega}$，$C=20\mu\mathrm{F}$。开关 S 在"a"端时电路已处于稳态，在 $t=0$ 时刻开关拨到 b 端，求换路瞬间的电容电流以及 u_C 降到 12V 时所需要的时间。

解：由式(5-11) 可得

$$u_C=(15-10)\mathrm{e}^{-\frac{t}{0.2}}\mathrm{V}+10\mathrm{V}=(5\mathrm{e}^{-5t}+10)\mathrm{V}$$

将上式代入表达式 $i_C(t)=C\frac{\mathrm{d}u_C}{\mathrm{d}t}$，可以得到电容上电流为

$$i_C=-0.5\mathrm{e}^{-5t}\times10^{-3}\mathrm{A}$$

将 $t=0$ 代入上式，可以得到换路瞬间的电容电流为 0.5mA。

将 $u_C=12\mathrm{V}$ 代入式 $u_C=(5\mathrm{e}^{-5t}+10)\mathrm{V}$ 有

$$12=5\mathrm{e}^{-5t}+10$$

解方程得 $t=0.183\text{s}$

则 u_C 降到12V时所需要的时间为0.183s。

5.3 一阶电路的三要素法

由前面讨论可知含有一个储能元件的线性电路，换路后列出的方程都是一阶常系数线性微分方程，它的解由两部分构成，可用一般的公式表示为

$$f(t)=f'(t)+f''(t)$$

式中，$f'(t)$ 是方程的特解，一般取稳态值，即 $f'(t)=f(\infty)$，而 $f''(t)=A\mathrm{e}^{-\frac{t}{\tau}}$。如果初始值为 $f(0_+)$，则得 $A=f(0_+)-f(\infty)$，所以一阶电路响应的表达式为

$$f(t)=f(\infty)+[f(0_+)-f(\infty)]\mathrm{e}^{-\frac{t}{\tau}} \tag{5-13}$$

通常将初始值 $f(0_+)$、稳态值 $f(\infty)$ 和时间常数 τ 称为一阶线性常系数电路暂态过程的三要素。在求解时，只要求得这三个要素，便能直接写出电路的响应（电压和电流），这种求解电路的方法称为三要素法。它可避免求解微分方程，使分析简便。

三个要素中特别说明的是关于时间常数的计算。RC 电路中 $\tau=RC$，RL 电路中 $\tau=\frac{L}{R}$。这里的电阻 R 为换路后储能元件两端有源网络除去独立电源后的戴维南等效电阻。例如在图5-12所示电路中，若计算当开关闭合时充电电路时间常数，从电容两端往外看，将电压源短路，等效电阻 $R=\frac{R_1R_2}{R_1+R_2}$。

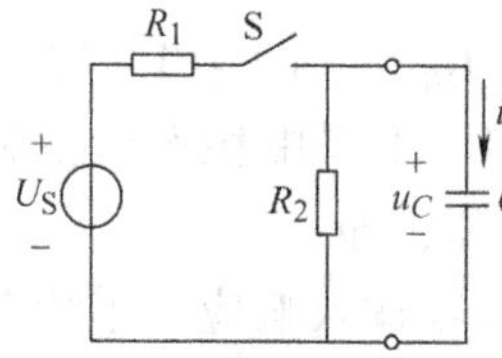

图5-12 计算 RC 电路时间常数的电路图

另外需要指出的是，在一阶电路的暂态情况下，除了 u_C 或 i_L 外，电路中的其他电压和电流也是按指数规律从它们的初始值变到稳态值，所以电路中的其他电压和电流也可以用三要素法求解。

例5-7 在图5-13所示电路中，换路前电路已处于稳态，在 $t=0$ 时刻开关由"a"拨向"b"，试求电路中响应 $i_1(t)$、$i_2(t)$、$i_3(t)$。

解：(1) 确定初始值。由换路前电路求得

$$u_C(0_-)=\frac{R_3}{R_0+R_1+R_3}U_S=16\text{V}$$

由于电容端电压不能突变，则 $u_C(0_+)=u_C(0_-)$，由换路后电路可以求得

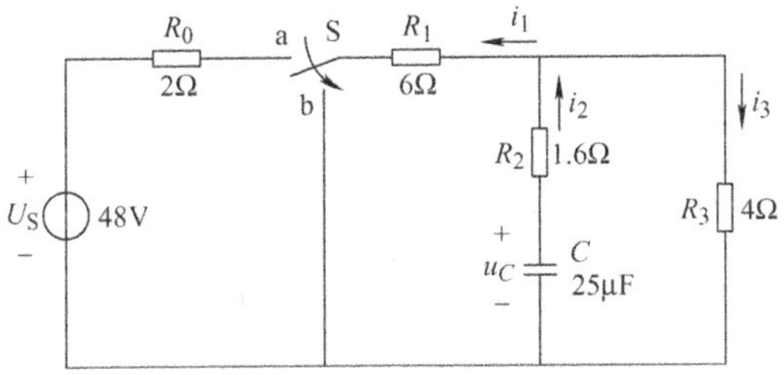

图 5-13　例 5-7 电路图

$$i_2(0_+)=\frac{u_C(0_+)}{R_2+\frac{R_1R_3}{R_1+R_3}}=4\text{A}$$

$$i_1(0_+)=\frac{R_3}{R_1+R_3}i_2(0_+)=1.6\text{A}$$

$$i_3(0_+)=\frac{R_1}{R_1+R_3}i_2(0_+)=2.4\text{A}$$

（2）确定稳态值：

$$i_1(\infty)=i_2(\infty)=i_3(\infty)=0\text{A}$$

（3）确定时间常数。换路后从电容往外看，电路中电阻 R_1、R_3 并联后和 R_2 串联，对应等效电阻为

$$R=R_2+\frac{R_1R_3}{R_1+R_3}=4\Omega$$

则时间常数为

$$\tau=RC=10^{-4}\text{s}$$

（4）系统响应：

$$i_1(t)=i_1(\infty)+[i_1(0_+)-i_1(\infty)]\text{e}^{-\frac{t}{\tau}}=1.6\text{e}^{-10^4t}\text{A}$$

$$i_2(t)=i_2(\infty)+[i_2(0_+)-i_2(\infty)]\text{e}^{-\frac{t}{\tau}}=4\text{e}^{-10^4t}\text{A}$$

$$i_3(t)=i_3(\infty)+[i_3(0_+)-i_3(\infty)]\text{e}^{-\frac{t}{\tau}}=2.4\text{e}^{-10^4t}\text{A}$$

5.4　*RL* 电路的响应

5.4.1　*RL* 电路的零输入响应

图 5-14 电路中，在 $t=0$ 时，开关由“a”拨向位置“b”，电路仅靠电感中所储存的初始能量引起响应，因此该电路为零输入响应电路。随着时间的增长，电感中磁场能逐步被电路中电阻消耗，磁场能逐渐减小，电感上的电流将逐渐减小。

运用三要素法，电感电流初始值为 $i_L(0_+)=i_L(0_-)=\frac{U_0}{R}=I_0$，稳态值 $i_L(\infty)=0\text{A}$，时间常数 $\tau=\frac{L}{R}$，则

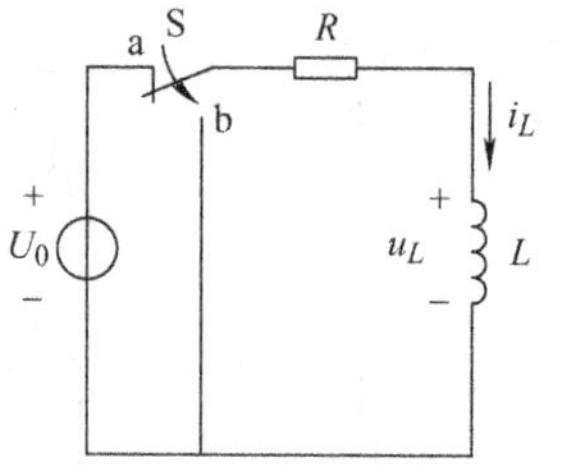

图 5-14　*RL* 电路零输入响应

$$i_L = I_0 e^{-\frac{R}{L}t} \tag{5-14}$$

电感上的电压为

$$u_L = -L\frac{di_L}{dt} = -RI_0 e^{-\frac{R}{L}t}$$

τ含义与 *RC* 电路中一样，但这里的时间常数不是与 *R* 成正比，而是成反比。这是因为在相同电流下电阻越大，则其功率越大，即耗能越快。

i_L 和 u_L 随时间变化的曲线如图 5-15 所示。*RL* 电路的零输入响应也是衰减的指数函数。

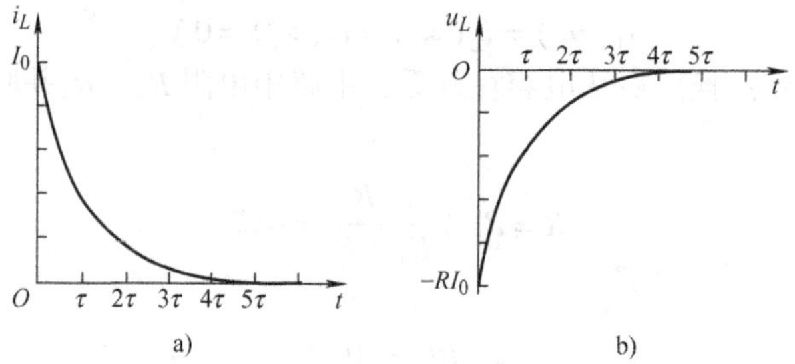

图 5-15　i_L 和 u_L 随时间变化的曲线

例 5-8　电路如图 5-16 所示，已知 $R_1 = R_2 = R_3 = 30\Omega$，$L = 2\text{H}$，$U = 15\text{V}$，换路前电路已处于稳态，试求当将开关 S 从位置 1 合到位置 2 上后（$t \geqslant 0$）的电流 i_L、i_2和 i_3。

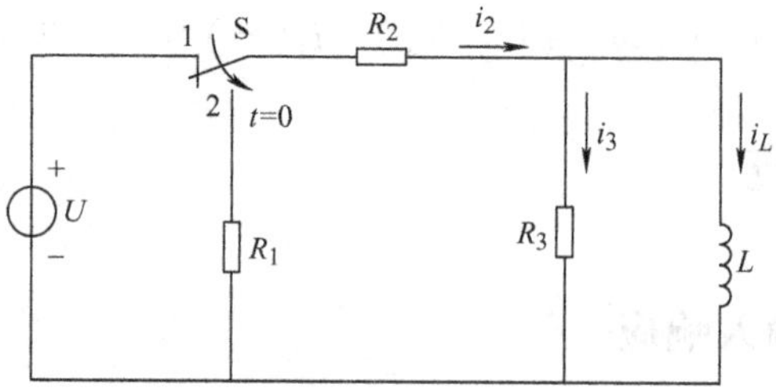

图 5-16　例 5-8 电路图

解：运用三要素法，电感电流初始值为 $i_L(0_+) = i_L(0_-) = 0.5\text{A}$，稳态值 $i_L(\infty) = 0\text{A}$，时间常数$\tau = \frac{L}{R} = \frac{2}{20}\text{s} = 0.1\text{s}$，则

$$i_L = I_0 e^{-\frac{R}{L}t} = 0.5e^{-10t}\text{A}$$

因为 $u_L = L\dfrac{di}{dt} = 2\times0.5\times(-10)e^{-10t}V = -10e^{-10t}V$

所以 $i_3 = \dfrac{u_L}{R_3} = -\dfrac{10}{30}e^{-10t}A$

$$i_2 = i_3 + i_L = \left(0.5e^{-10t} - \frac{1}{3}e^{-10t}\right)A = \frac{1}{6}e^{-10t}A$$

5.4.2　*RL* 电路的零状态响应

图 5-17 所示电路为 *RL* 电路的零状态响应。

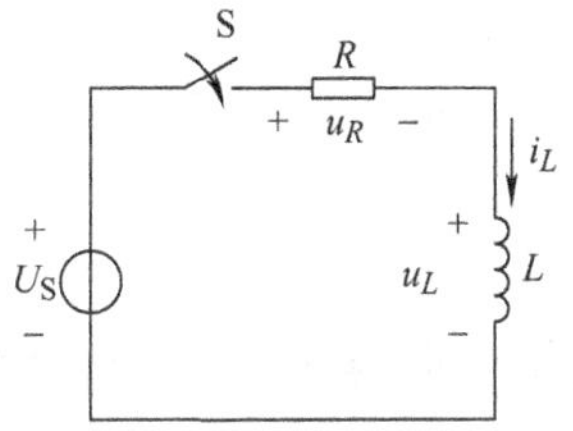

图 5-17　*RL* 电路的零状态响应

开关闭合前电感电流为零，即 $i_L(0_-)=0$，初始值 $i_L(0_+)=0$。在 $t=0$ 时开关闭合，电路接入直流电源 U_S。稳态值 $i_L(\infty)=\dfrac{U_S}{R}$，时间常数 $\tau=\dfrac{L}{R}$，则

$$i_L = \frac{U_S}{R}\left(1 - e^{-\frac{R}{L}t}\right) \tag{5-15}$$

电感两端电压为　　$u_L = L\dfrac{di_L}{dt} = U_S e^{-\frac{R}{L}t}$

i_L 与 u_L 随时间变化的曲线如图 5-18 所示。

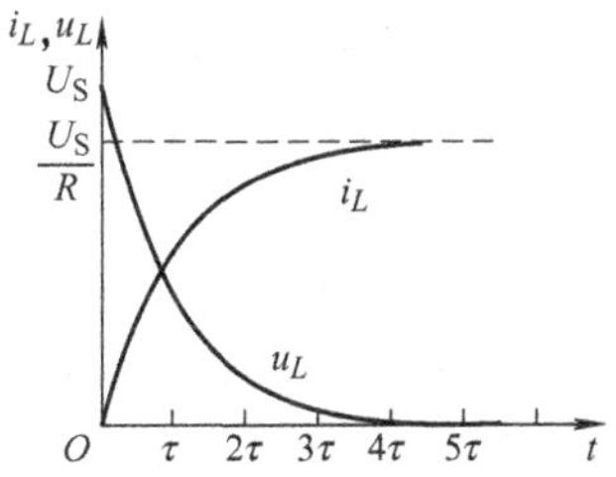

图 5-18　i_L 与 u_L 随时间变化的曲线

例 5-9　如图 5-19 所示的 *RL* 串联电路中，已知 $R=50\Omega$，$L=10H$，$U=100V$，当 $t=0$ 时将开关 S 合到位置 1 上，试求 $t\geq0$ 时的 i、u_R 和 u_L。

解：$\tau = \dfrac{L}{R} = \dfrac{10}{50}s = 0.2s$

由 $i = \dfrac{U}{R} - \dfrac{U}{R}e^{-\frac{R}{L}t} = \dfrac{U}{R}\left(1 - e^{-\frac{t}{\tau}}\right)$ 得

$$i = \frac{100}{50}\left(1 - e^{-\frac{t}{0.2}}\right)A = 2\left(1 - e^{-5t}\right)A$$

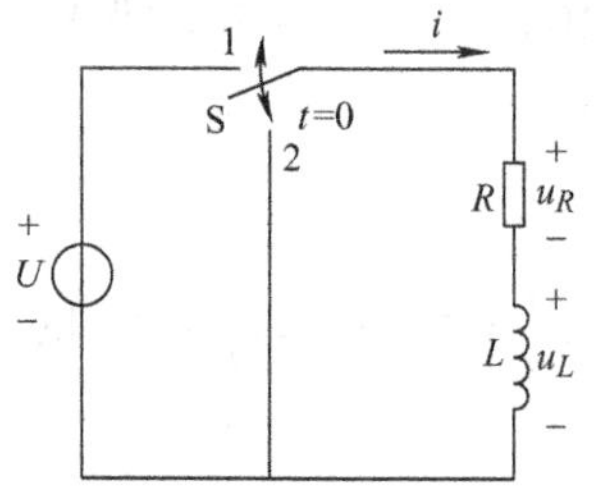

图 5-19　例 5-9 电路图

同理得

$$u_R = 100(1 - e^{-5t})\text{V}$$
$$u_L = 100e^{-5t}\text{V}$$

5.4.3 *RL* 电路的全响应

图 5-17 所示电路中，若开关闭合前电感就有初始储能 I_0，则电路为 RL 电路的全响应。运用三要素法，电感电流初始值为 $i_L(0_+) = i_L(0_-) = I_0$，稳态值 $i_L(\infty) = \frac{U_S}{R}$，时间常数 $\tau = \frac{L}{R}$，则

$$i_L = I_0 e^{-\frac{R}{L}t} + \frac{U_S}{R}(1 - e^{-\frac{R}{L}t}) \tag{5-16}$$

例 5-10　电路如图 5-20 所示，开关 S 由位置 1 切换到位置 2 前电路已处于稳态，求换路后的 i_L。

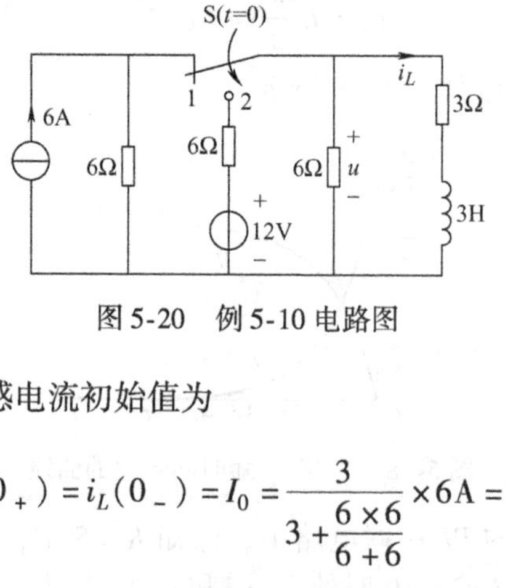

图 5-20　例 5-10 电路图

解：运用三要素法，电感电流初始值为

$$i_L(0_+) = i_L(0_-) = I_0 = \frac{3}{3 + \frac{6 \times 6}{6 + 6}} \times 6\text{A} = 3\text{A}$$

$$u = 12 \times \frac{\frac{6 \times 3}{6 + 3}}{\frac{6 \times 3}{6 + 3} + 6}\text{V} = 12 \times \frac{2}{8}\text{V} = 3\text{V}$$

稳态值 $i_L(\infty) = \frac{u}{3\Omega} = \frac{3}{3}\text{A} = 1\text{A}$

时间常数$\tau=\frac{L}{R}=\frac{3}{6}\text{s}=0.5\text{s}$，所以带入得

$$i_L=i(\infty)+[i(0_+)-i(\infty)]\text{e}^{-\frac{t}{\tau}}=[1+(3-1)\text{e}^{-2t}]\text{A}=(1+2\text{e}^{-2t})\text{A}$$

本章小结

1. 电路的接通、切断和改接，参数或电源变化时，会引起电路工作状态的变化。把这些电路工作状态的变化通称为电路的换路。

2. 暂态过程的产生是因为具有储能元件（L或C）的电路的条件发生变化时，储能元件能量的积累或消失不会在瞬间完成，它必须经历一段时间，即能量不能跃变。

3. 换路定律可表示为

$$u_C(0_+)=u_C(0_-)$$
$$i_L(0_+)=i_L(0_-)$$

4. 零输入响应是指在无激励的情况下，电路仅靠内部储能元件（电感和电容）中所储存的初始能量（初始状态）而引起的响应。零状态响应是指在换路时储能元件未储存能量的情况下，由激励而引起的响应。全响应是指在储能元件已储有能量的情况下，再加上激励后所引起的响应。

5. 求解一阶线性电路的经典计算方法是先分析电路情况，得出待求响应的初始值；然后利用基尔霍夫定律列出待求量的微分方程，解出待求量。

6. 初始值$f(0_+)$、稳态值$f(\infty)$和时间常数τ称为电路暂态过程的三要素。三要素法是利用三要素代入一阶电路响应的表达式$f(t)=f(\infty)+[f(0_+)-f(\infty)]\text{e}^{-\frac{t}{\tau}}$中进行求解。

思考与习题

5.1　如果一个电感元件两端的电压为零，其储能是否也一定等于零？如果一个电容元件中的电流为零，其储能是否也一定等于零？

5.2　电感元件中通过恒定电流时可视作短路，是否此时电感L为0？电容元件两端加恒定电压时可视作开路，是否此时电容C为无穷大？

5.3　在图5-21所示的电路中，试确定在开关S断开后初始瞬间的电压u_C和电流i_C、i_1、i_2的值。S断开前电路已处于稳态。

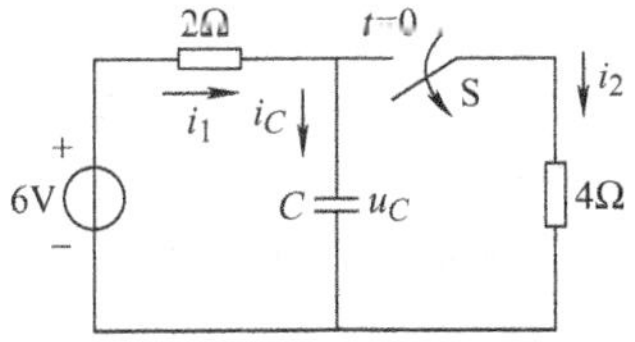

图5-21　题5.3图

5.4　确定图5-22所示电路中各电流的初始值。换路前电路已处于稳态。

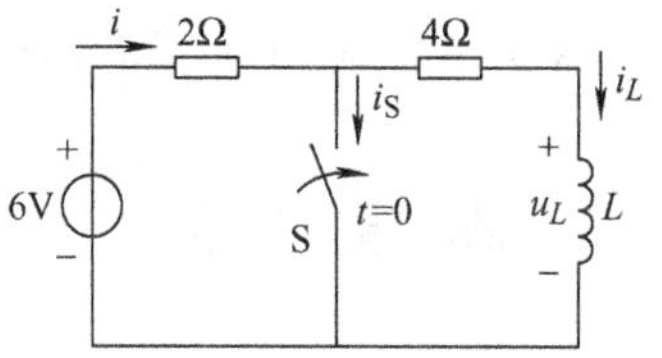

图5-22　题5.4图

5.5　在图5-23所示电路中，$U=20V$，$R=7k\Omega$，$C=0.47\mu F$。电容C原先不带电荷。试求将开关S合上瞬间电容和电阻上的电压u_C和u_R以及充电电流i。经过多少时间后电容元件上的电压充电到12.64V？

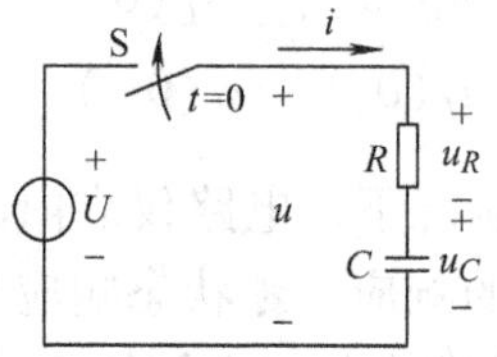

图5-23　题5.5图

5.6　图5-24所示电路在换路前处于稳态，试求换路后其中电流i的初始值$i(0_+)$和稳态值$i(\infty)$。

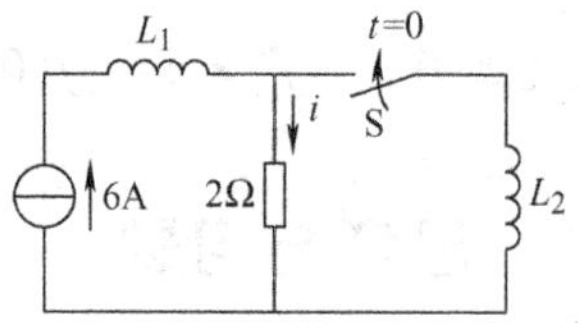

图5-24　题5.6图

5.7　图5-25所示电路中原已处于稳态，电感、电容元件均未储能，试求：(1) 各电阻元件电压和电流的初始值。(2) 换路后各电阻元件电压和电流的稳态值。

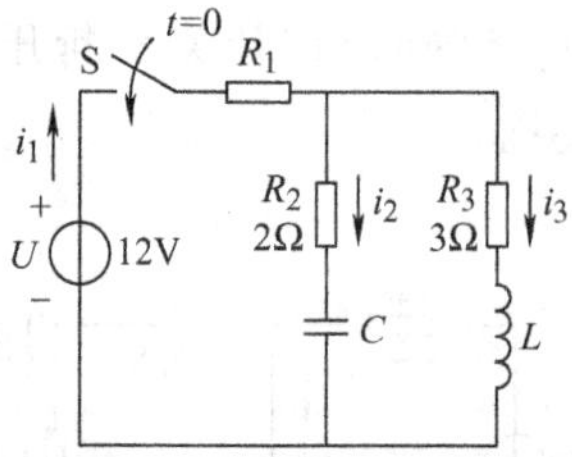

图5-25　题5.7图

5.8　图5-26所示电路中，已知$I=10mA$，$R_1=3k\Omega$，$R_2=3k\Omega$，$R_3=6k\Omega$，$C=2\mu F$，开关S闭合前已处于稳态，求$t\geqslant 0$时的u_C和i_1。

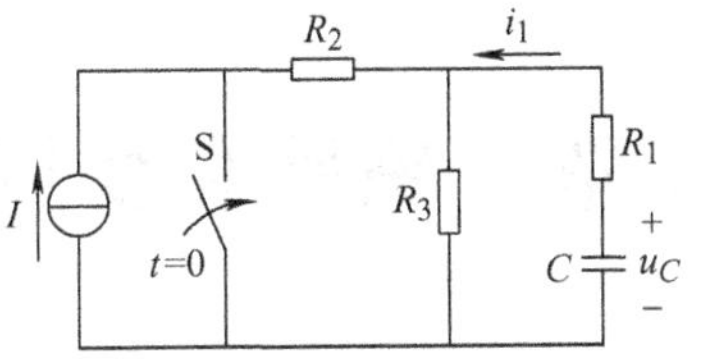

图 5-26　题 5. 8 图

5. 9　电路如图 5-27 所示，换路前已处于稳态，试求换路后（$t \geqslant 0$）的 u_C。

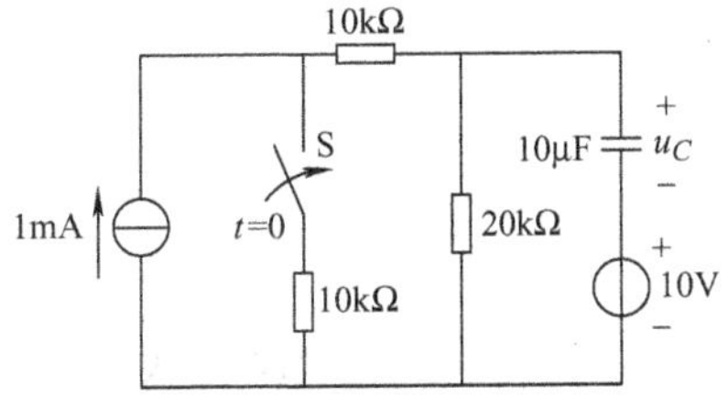

图 5-27　题 5. 9 图

5. 10　图 5-28 所示电路，开关 S 闭合前电路已达稳态，求 S 闭合后电感电流 i_L 和电容电压 u_C 随时间而变的规律。

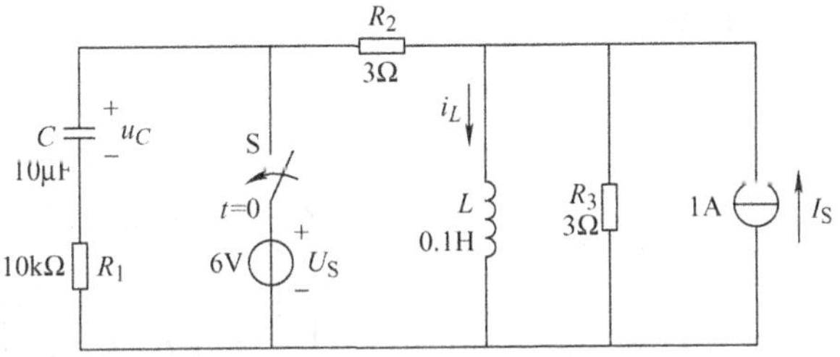

图 5-28　题 5. 10 图

第 6 章　磁路和变压器

内容提要：本章首先介绍了磁路的基本物理量、磁路欧姆定律、磁性材料的磁性能、交流铁心线圈电路的电磁关系，然后介绍了变压器的结构、工作原理、作用、绕组极性的判别方法，最后介绍了两种特殊变压器的原理及使用。

6.1　磁路

6.1.1　磁路的基本概念

磁场是由电流产生的。如图 6-1a 所示，一个没有铁心的载流线圈所产生的磁通量是弥散在整个空间的。为了用较小的电流产生较强的磁场，并且把磁场聚集在一定的空间范围内，常把线圈绕制在用铁磁材料做成的铁心上。如图 6-1b 中，同样的线圈绕在闭合的铁心上时，由于铁心的磁导率 μ 很大，远远高于周围空气的磁导率，这就使绝大多数的磁通量集中到铁心内部，并形成一个闭合通路。这种人为造成的磁通的路径，称为磁路。磁路问题实质上就是局限在一定路径内的磁场问题。

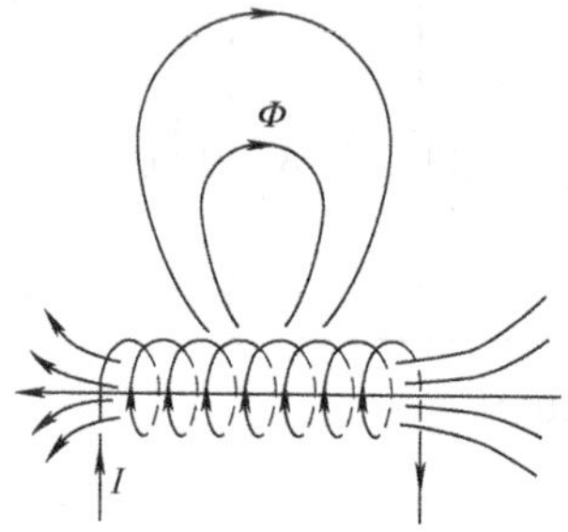

a) 没有铁心的载流线圈所产生的磁场

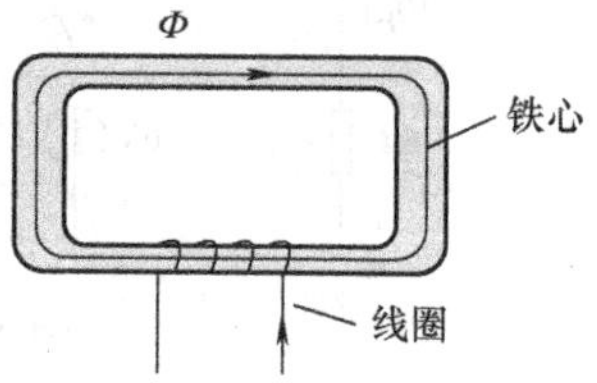

b) 有铁心的载流线圈所产生的磁场

图 6-1　磁场的比较

6.1.2　磁路的基本物理量

1. 磁通 Φ

在磁场中，磁通量 Φ 的大小就是垂直穿过某一截面积 S 的磁力线总数。在国际单位制（SI）中，磁通量的单位是韦伯，符号是 Wb。

2. 磁感应强度 B

磁感应强度是描述磁场强弱和方向的基本物理量，是矢量，常用符号 B 表示。其大小等于垂直于磁场方向，单位长度内流过单位电流的通电导体在该点所受的力，则

$$B=\frac{F}{Il} \tag{6-1}$$

对于电流产生的磁场，磁感应强度的方向和电流方向满足右手螺旋定则。在国际单位制（SI）中，磁感应强度的单位是特斯拉（T）。

在均匀磁场中，磁感应强度是通过垂直于磁场方向的单位面积的磁通量，即

$$B=\frac{\Phi}{S} \tag{6-2}$$

故磁感应强度也被称为磁通量密度或磁通密度。

3. 磁导率 μ

磁导率 μ 是用来衡量物质导磁能力大小的物理量。在国际单位制中，磁导率的单位是亨利/米（H/m）。实验测得，真空中的磁导率 μ_0 为一常数，即

$$\mu_0=4\pi\times10^{-7}\,\text{H/m}$$

其他材料的磁导率一般用与真空磁导率的比值来表示，称为该物质的相对磁导率 μ_r。

自然界中的所有物质按磁导率的大小可分为铁磁性材料和非铁磁性材料。前者磁导率很高，如硅钢片 $\mu_r=6000\sim8000$；后者的磁导率很小，近似等于 μ_0。

4. 磁场强度 H

在外磁场作用下，物质会被磁化而产生附加磁场，不同的物质附加磁场的大小不同，这就给分析带来不便，为此引出另一个物理量——磁场强度 H。它与物质的磁导率无关，只和载流导体的形状、电流强度等有关。

磁场中某点的磁场强度的大小等于该点的磁感应强度 B 与同一点上的磁导率 μ 的比值，用 H 表示：

$$H=\frac{B}{\mu} \tag{6-3}$$

磁场强度的单位是安/米（A/m）。磁场强度的方向与该点磁感应强度的方向相同。

6.1.3　磁路欧姆定律

在线圈中通入电流会产生磁通，该电流称为励磁电流。通过实验发现，改变励磁电流或线圈匝数，磁通的大小就要变化。励磁电流或线圈匝数越大，产生的磁通就越大。因此把励磁电流 I 和线圈匝数 N 的乘积看作是磁路中产生磁通的源泉，称为磁通势 F，即

$$F=NI \tag{6-4}$$

磁通的大小除了与磁通势有关以外，还与磁路的横截面积 S 成正比，与磁路的长度 l 成反比，并与组成磁路的材料磁导率 μ 成正比，即

$$\Phi=F\frac{\mu S}{l}=\frac{F}{l/\mu S}=\frac{F}{R_m} \tag{6-5}$$

式中，R_m 称为磁阻，是表示磁路对磁通起阻碍作用的物理量。磁阻的大小与磁路的材料及几何尺寸有关。式(6-5) 与电路的欧姆定律相似，故称为磁路的欧姆定律。

例 6-1 如图 6-2 所示磁路中，为什么主磁通 Φ 远大于漏磁通 Φ_σ？

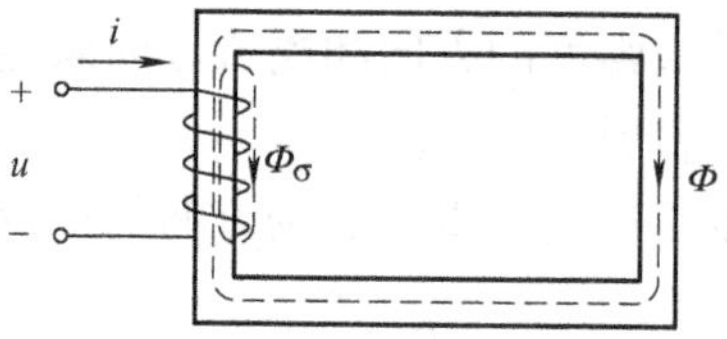

图 6-2 例 6-1 图

解：主磁路的 μ 为铁心的磁导率，漏磁路的 μ_σ 为空气的磁导率，显然，$\mu \gg \mu_\sigma$，所以，$R_m < R_\sigma$。根据磁路欧姆定律：$\Phi = F/R_m$，所以 $\Phi \gg \Phi_\sigma$。

6.2 磁性材料的磁性能

磁性材料主要是指铁、镍、钴及其合金等材料，它们是制造电机、变压器和各种电器元件铁心的主要材料。

1. 高导磁性

磁性材料的磁导率很高，磁性材料的相对磁导率 $\mu_r \gg 1$，其值可达数百至数万，即在外磁场的作用下很容易被磁化，这是因为磁性材料内部存在被称为磁畴的磁性小区域。如图 6-3a 所示，在没有外磁场的作用时，各个磁畴排列混乱，磁场互相抵消。在外磁场作用下，磁畴顺外磁场方向转向，如图 6-3b 所示。这样，便产生了一个很强的与外磁场同方向的磁化磁场，从而使磁性物质内部的磁感应强度大大增加。非磁性材料没有磁畴的结构，所以不具有磁化的特性。

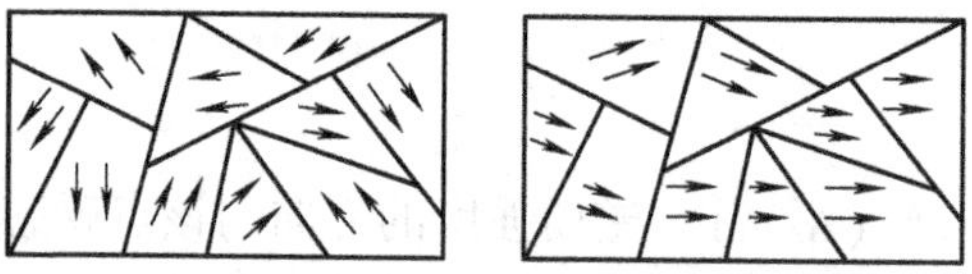

a) 无外磁场作用　　b) 有外磁场作用

图 6-3 磁性材料的磁化

由于磁性材料具有高导磁性，所以各种电机、变压器和电气的电磁系统的铁心都由磁性材料构成。与空心线圈相比，在励磁电流相同的情况下，会产生大很多的磁通和磁感应强度。它很好地解决了既要磁通大，又要减少励磁电流的矛盾，可使同一容量的电机、变压器的重量和体积大大减轻和减小。

2. 磁饱和性

铁磁材料在磁化过程中，磁感应强度 B 随磁场强度 H 变化的曲线称为磁化曲线，如图 6-4 所示。铁磁材料的磁饱和性体现在因磁化所产生的磁感应强度不会随外磁场的增强而无限地增强。当外磁场或励磁电流增大到一定值时，其内部所有的磁畴已基本转向与外磁场一致的方向。因而，当外磁场再增大时，其磁感应强度不再继续增加，称之为磁饱和。

由磁化曲线可知，磁性材料的 B 与 H 不成正比，因此磁导率 μ 不是常数，μ 随 H 变化而变化。

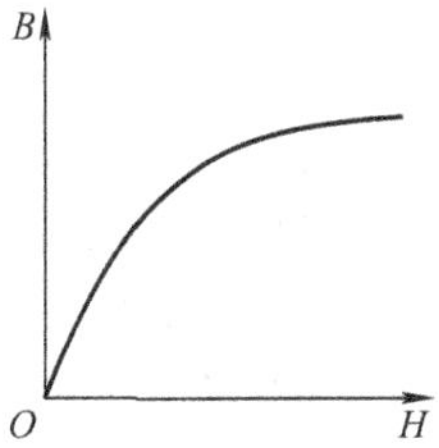

图 6-4　磁化曲线

3. 磁滞性

当铁心线圈中通有交流电时，铁心就受到交变磁化，磁感应强度 B 随磁场强度 H 而变化的关系如图 6-5 所示。由图 6-5 可见，当 H 回到零值时，B 并未回到零值。这种磁感应强度的变化总是滞后于磁场强度变化的现象，称为磁性材料的磁滞性。图 6-5 所示的闭合曲线称为磁滞回线。

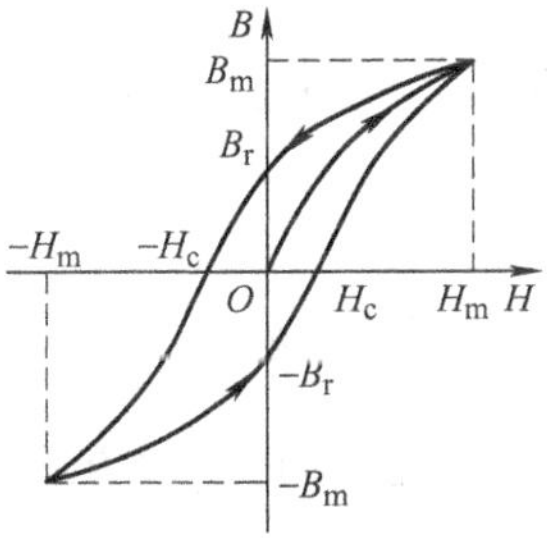

图 6-5　磁滞回线

磁滞回线中当 $H=0$ 时，B 不为 0，这部分剩留的磁性称为剩磁 B_r，永久磁铁的磁性就是由剩磁产生的。但有时剩磁是有害的，例如，当工件在平面磨床上加工完毕后，由于电磁吸盘有剩磁，还将工件吸住。要想消除剩磁，必须施加反向磁场。使 $B=0$ 所需的 H_c 称为矫顽磁力。H_c 的大小反映铁磁材料保持剩磁状态的能力。

根据磁滞回线的特点，磁性材料又可分为软磁、硬磁、矩磁三种类型。

软磁材料的剩磁和矫顽磁力较小，磁滞回线较窄，磁导率高，既容易磁化又容易退磁。常见的软磁材料有硅钢片、铁镍合金、铸铁、铸钢等，常用来制造变压器、电动机以及电磁元件的铁心。

硬磁材料的剩磁和矫顽磁力较大，磁滞回线较宽，常见的硬磁材料有碳钢、钴钢及铁镍铝钴合金等，适用于制作永久磁铁。

矩磁材料的剩磁较大，矫顽磁力较小，磁滞回线近似于矩形，常用于计算机、电子技术中制作记忆元件和开关元件。

6.3 交流铁心线圈

1. 电磁关系

如图6-6所示为交流铁心线圈电路。电流 i 流经线圈建立磁通势 Ni 产生磁通，其中绝大部分磁通经铁心闭合，为主磁通 Φ，此外还有很少一部分磁通经空气或其他非磁性物质闭合，为漏磁通 Φ_σ。这两个磁通分别在线圈中感应主电动势 e 和漏感电动势 e_σ。它们间的电磁关系如下：

$$u \to i(Ni) \begin{cases} \nearrow \Phi \to e \\ \searrow \Phi_\sigma \to e_\sigma \end{cases}$$

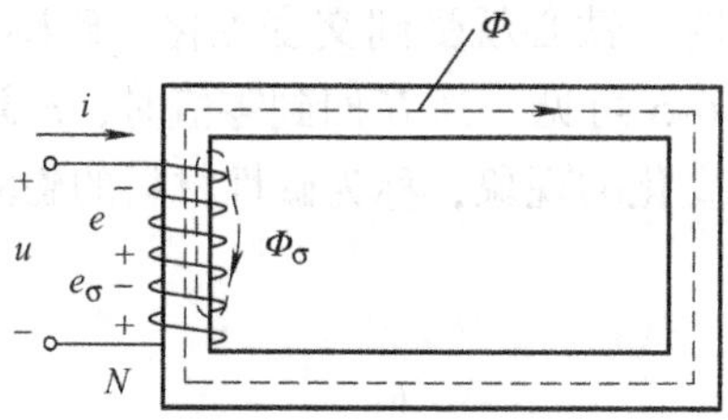

图6-6 交流铁心线圈电路

根据基尔霍夫定律有

$$u = iR - e - e_\sigma = iR - N\frac{\mathrm{d}\Phi}{\mathrm{d}t} - N\frac{\mathrm{d}\Phi_\sigma}{\mathrm{d}t}$$

实际应用中，线圈的电阻 R 很小，漏磁通 $\Phi_\sigma \ll \Phi$，可以忽略这两者的影响，则有

$$u \approx -e = -N\frac{\mathrm{d}\Phi}{\mathrm{d}t}$$

设主磁通 $\Phi = \Phi_\mathrm{m}\sin\omega t$，则

$$u \approx -e = -N\frac{\mathrm{d}\Phi}{\mathrm{d}t} = 2\pi fN\Phi_\mathrm{m}\sin(\omega t - 90°) = E_\mathrm{m}\sin(\omega t - 90°) = \sqrt{2}E\sin(\omega t - 90°)$$

主电动势在时间相位上滞后主磁通，其有效值为

$$U \approx E = 4.44fN\Phi_\mathrm{m} \tag{6-6}$$

式(6-6) 表明：当电源频率 f 和线圈匝数 N 一定时，主磁通的大小基本上由电源电压决定，若电源电压有效值不变，则主磁通大小也不变。主磁通随电压成正比变化，与磁路的媒质和几何尺寸无关。它是分析变压器、交流电动机等电气设备常用的重要公式。

2. 功率损耗

交流铁心线圈有铜损 $P_\mathrm{Cu} = I^2\mathrm{R}$。此外，交变磁场在铁心中产生损耗，使得铁心发热，这种损耗称为铁损 P_Fe。铁损可分为磁滞损耗和涡流损耗。

铁心在交变磁场作用下反复磁化所消耗的能量与磁滞回线的面积成正比，这种由磁滞现象产生的能量损耗称为磁滞损耗。为了减小磁滞损耗，应选用磁滞回线窄小的软磁材料制造铁心，通常都是采用硅钢。

铁磁材料不仅导磁，还导电。因此，在交变磁通通过铁心时，铁心也产生感应电动势，在垂直于交变磁通方向的平面产生漩涡式的感应电流，称为涡流。涡流在铁心中产生的损耗称为涡流损耗。一般铁心由彼此绝缘的0.35mm或0.5mm厚的硅钢片叠成，以减小涡流损耗。

6.4　变压器

变压器是一种常见的电气设备，在电力系统和电子电路中应用极广，它的主要功能是变换电压、电流和阻抗。

变压器根据相数的不同，可分为单相变压器、三相变压器和多相变压器；根据绕组数目不同，可分为双绕组变压器、三绕组变压器、多绕组变压器和自耦变压器；根据冷却方式不同，可分为油浸式变压器、充气式变压器和干式变压器；根据用途不同，可分为电力变压器、特种变压器、仪用互感器等。

6.4.1　变压器的结构

变压器的结构形式多种多样，但其基本结构都类似，均由铁心和绕组组成。

铁心是变压器的磁路通道。为了减少铁心损耗，铁心采用硅钢片叠装而成。按照铁心构造形式，变压器可分为心式和壳式两种，其结构如图6-7所示。心式变压器绕组套在铁心柱上，该结构多应用于大容量的电力变压器上；壳式变压器绕组被包围在中间，该结构常用于小容量的电子设备中。

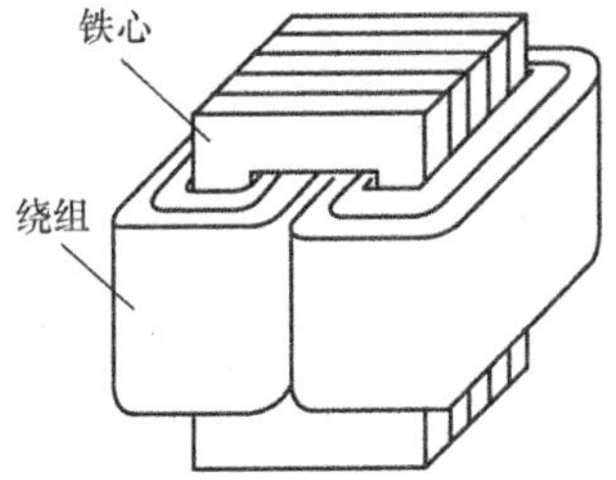

a) 心式变压器

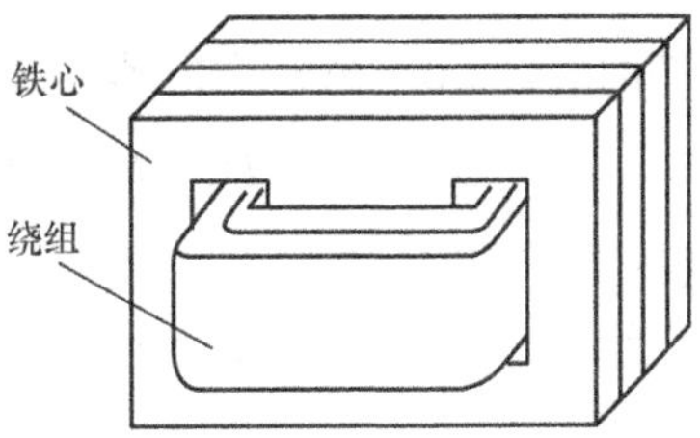

b) 壳式变压器

图6-7　变压器的结构

绕组的作用是建立磁场，是变压器的电路部分。绕组采用高强度漆包线绕成。在变压器中接电源的绕组，称为一次绕组，其匝数为 N_1；接负载的绕组，称为二次绕组，其匝数为 N_2。变压器一次、二次绕组之间以及绕组与铁心之间必须进行可靠绝缘，没有直接的电气上的联系。

6.4.2　变压器的工作原理

变压器的种类很多，但其基本原理都是一样的。以图6-8所示单相变压器为例说明其工作原理。

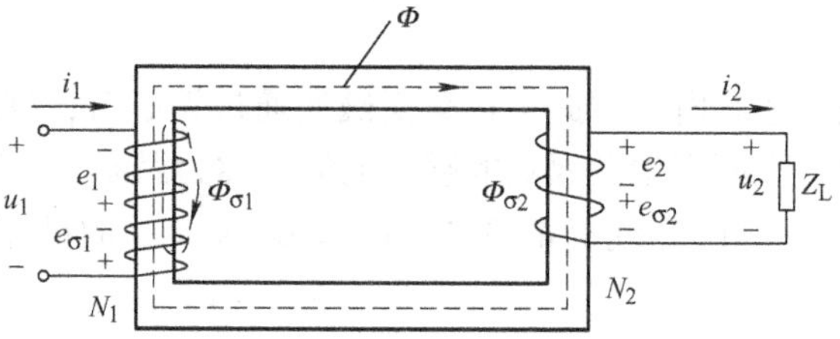

图 6-8 单相变压器原理图

一次绕组在交变电压 u_1 作用下产生交变电流 i_1，由磁通势 N_1i_1 产生的交变磁通绝大部分通过铁心闭合，在二次绕组感应电动势 e_2，接负载后产生电流 i_2，由磁通势 N_2i_2 产生的磁通也绝大部分通过铁心闭合，因此铁心中的磁通由一、二次磁通势共同产生，称为主磁通 Φ。主磁通在一、二次绕组中产生感应电动势 e_1、e_2。此外，两个磁通势又分别产生只交链于本线圈的漏磁通 $\Phi_{\sigma1}$ 和 $\Phi_{\sigma2}$，从而在各自绕组中分别感应出漏感应电动势 $e_{\sigma1}$ 和 $e_{\sigma2}$。可见，变压器利用电磁感应原理将电能传递给负载。

6.4.3 变压器的作用

1. 电压变换

如图 6-8 所示，忽略变压器一次侧的线圈电阻和漏抗后，有

$$U_1 \approx E_1 = 4.44fN_1\Phi_m$$

类似的，变压器二次侧的方程为

$$\dot{U}_2 = \dot{E}_2 - R_2\dot{I}_2 + N_2\frac{d\Phi_{\sigma2}}{dt}$$

变压器空载时，$I_2=0$，忽略变压器二次侧的线圈漏抗后，有

$$U_2 = U_{20} = E_2 = 4.44fN_2\Phi_m \tag{6-7}$$

式中，U_{20} 为变压器空载时二次绕组端电压。

一次、二次绕组中感应电动势之比称为变压器的电压比 K，由上述各式可得

$$K = \frac{E_1}{E_2} = \frac{N_1}{N_2} \approx \frac{U_1}{U_{20}} \tag{6-8}$$

变压器的电压比 K 等于空载运行时，一次、二次绕组的电压比，也等于一次、二次绕组的匝数比。可见，当电源电压一定时，只要改变绕组的匝数比，就可以得到不同的输出电压，这就是变压器的变压原理。当 $N_1>N_2$ 时，$U_1>U_2$ 变压器降压；当 $N_1<N_2$ 时，$U_1<U_2$ 变压器升压。

2. 电流变换

当二次绕组接上负载，进行变压器的负载运行时，将产生电流 i_2，二次侧的磁通势也在铁心中产生磁通，将有改变原有主磁通的趋势。而由 $U_1\approx E_1=4.44fN_1\Phi_m$ 可知，在 U_1、f、N_1 不变的情况下，主磁通 Φ_m 基本保持不变。故一次绕组电流 i_0 只有增大为 i_1，才能抵消二

次电流和磁通势对主磁通的影响，维持 Φ_m 保持不变。无论负载怎么变化，一次电流总能自动调节，以适应负载电流的变化，从而实现了能量的传递。

因此，由上述分析可知：变压器有载运行时的总磁通势等于空载运行时的总磁通势，即 $i_0N_1 = i_1N_1 + i_2N_2$。由于 i_0 很小，一般不到额定电流的 10%，常可忽略，则有 $i_1N_1 = -i_2N_2$，即

$$\frac{I_1}{I_2} \approx \frac{N_2}{N_1} = \frac{1}{K} \tag{6-9}$$

一次、二次绕组中电流之比等于匝数比的倒数，这就是变压器的电流变换原理。

3. 阻抗变换

如图 6-9a 所示，变压器一次绕组接电源 $\dot{U}_1$，二次绕组接的负载阻抗为 $|Z_2|$。对于电源来说，图 6-9a 中点画线框内的电路可以用另一个等效阻抗 $|Z_2'|$ 来代替，如图 6-9b 所示。

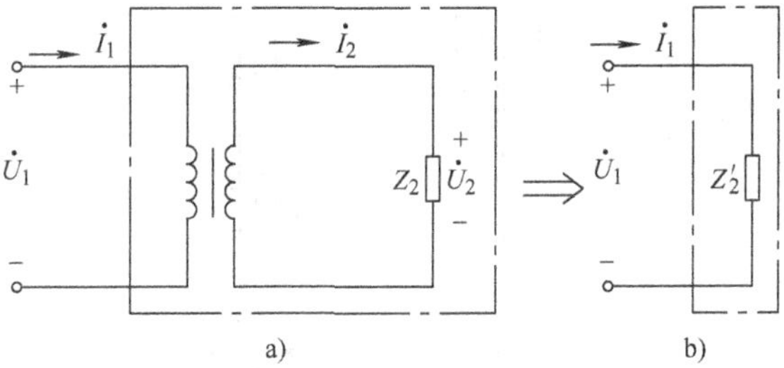

图 6-9　变压器的阻抗变换原理图

$$|Z_2'| = \frac{U_1}{I_1} = \frac{U_2K}{I_2/K} = K^2|Z_2| \tag{6-10}$$

匝数比不同，实际负载阻抗模 $|Z_2|$ 折算到一次侧的等效阻抗 $|Z_2'|$ 也不同。所以只要改变变压器一、二次绕组的匝数比，就可把实际负载阻抗变换为所需的数值，这就是变压器的阻抗变换作用。在电子线路中，常用此法来使负载获得最大功率，这种方法称为“阻抗匹配”。

例 6-2　交流信号源的电动势 $E = 120\text{V}$，内阻 $r_0 = 800\Omega$，负载 $R_L = 8\Omega$。（1）将负载直接与信号源相接时，求负载获得的功率。（2）在交流信号源与负载之间接入一个变压器，当使负载获得最大功率时，求变压器的匝数比和负载获得的功率。

解：（1）将负载直接与信号源相接时，负载获得的功率为

$$P = [E/(r_0 + R_L)]^2 R_L = 0.176\text{W}$$

（2）负载获得最大功率，即变压器一次侧的等效阻抗 $R_L' = r_0$，则变压器的匝数比 K 为

$$K = \frac{N_1}{N_2} = \sqrt{\frac{R_L'}{R_L}} = \sqrt{\frac{800}{8}} = 10$$

负载获得的功率为

$$P = [E/(r_0 + R_L')]^2 R_L' = 4.5\text{W}$$

以上计算表明：同一负载 R_L，经变压器阻抗变换后，信号源输出的功率大于负载与信号源直接相接时的输出功率。

6.4.4 变压器绕组的极性

1. 变压器绕组的同名端与异名端

变压器的极性用来标志在同一时刻一次绕组与二次绕组线圈电位的相对关系，即同一时刻极性相同的对应端称为变压器的同极性端，也称为同名端，用符号“·”标记。不是同名端的两端称为异名端。

从同名端送入电流，在同一铁心中产生的磁通方向相同，因此变压器绕组极性与绕组绕向有关。图6-10a中两个绕组的绕线方向相同，因而根据右手定则可判断出A与a或X与x为同名端；图6-10b中两个绕组绕向相反，则A与x或X与a为同名端。

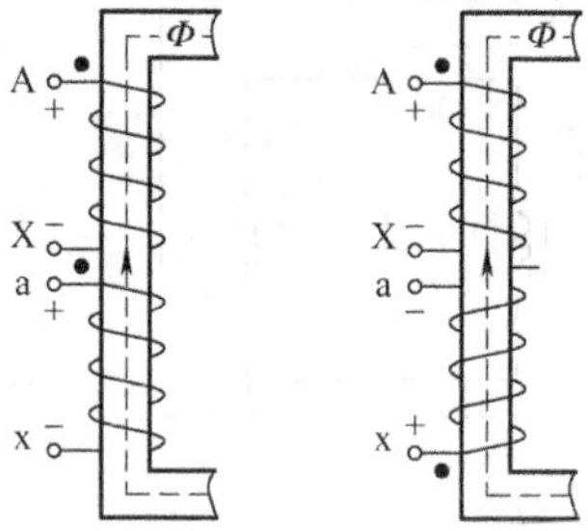

图6-10 变压器绕组极性与绕组绕向的关系

2. 变压器绕组的连接

（1）串联 将两个绕组按首—末—首—末的顺序连接起来，如图6-11a所示，可以提高输出电压。注意只有额定电流相同的绕组才能串联。

（2）并联 将两个绕组按首—首、末—末分别连接起来，如图6-11b所示，可以增大输出电流。注意只有额定电压相同的绕组才能并联。

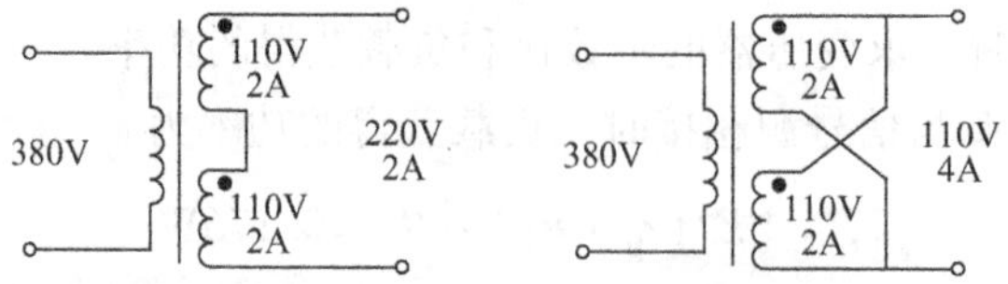

a) 变压器绕组的串联 b) 变压器绕组的并联

图6-11 变压器绕组的串、并联

变压器的绕组用于串联和并联，或构成多绕组与多相变压器时，其绕组间的相对极性是连接的依据，按极性可以组合接成多种电压形式，如果极性接反，往往会出现很大的短路电流，以致烧坏变压器。因此，其绕组间的相对极性即同名端应事先知道，使用变压器时必须注意铭牌上的标志。

3. 绕组极性的判断

当遇到变压器铭牌标志不清或旧变压器时，可通过测试加以判别。判断同名端的方法有直流法和交流法两种。

（1）直流法 如图6-12所示，在一次绕组一侧接一节干电池，然后在二次绕组接直流毫安表。当合上开关S的一瞬间，毫安表正偏，则A—a为同名端；毫安表反偏，则A—x为同名端。

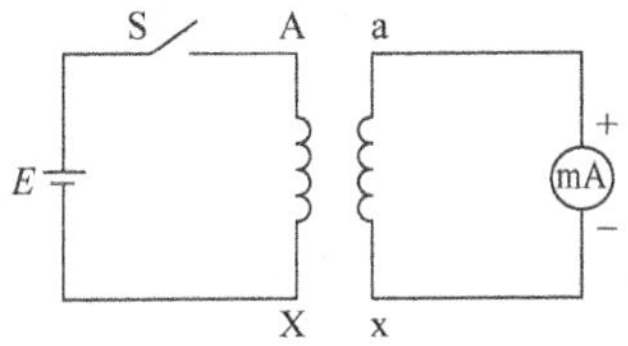

图6-12 直流法判别绕组极性的电路

（2）交流法 如图6-13所示，u_1为电源电压，u_2为开路电压，u为一、二次绕组间电压。分别测量图示电压的有效值U、U_1和U_2。若电压表的读数$U=|U_1-U_2|$，可确定相接的两点为同名端，如图6-13a所示；若读数$U=U_1+U_2$，可确定相接的两点为异名端，如图6-13b所示。

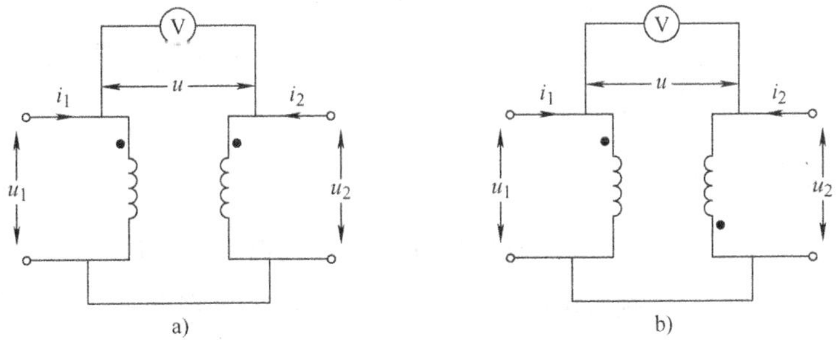

图6-13 交流法判别绕组极性的电路

6.4.5 变压器的使用

1. 变压器的外特性

变压器的外特性是指变压器带有负载时，在电源U_1和负载功率因数不变的条件下，二次端电压与电流的变化关系。在分析变压器的工作原理时，为了突出主要物理量的作用，忽略了变压器一次、二次绕组中的电阻及漏感。实际上变压器工作时，如图6-14所示，随着负载的增加，一次、二次绕组中的电阻压降及漏感压降都会增大，即对于电阻性或电感性负载而言，变压器二次侧端电压会随负载的增加而下降。可以用电压变化率ΔU来反映电压波动的程度，它是变压器的一个重要指标，直接影响到供电质量。显然ΔU越小越好，越小说明变压器为负载提供的电压越稳定。一般电力变压器的电压变化率不大，不超过5%，而小型变压器的电压变化率可达20%。

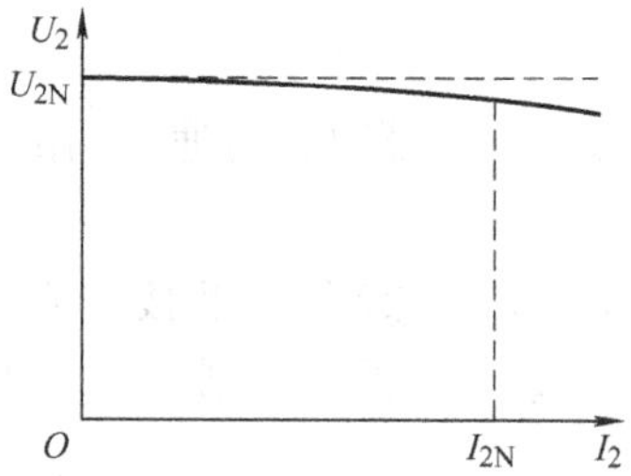

图6-14 变压器的外特性

2. 变压器的损耗与效率

变压器的损耗分为铜损和铁损两部分，即 $\Delta P=\Delta P_{Cu}+\Delta P_{Fe}$。

变压器的铁损是交变主磁通在铁心中产生的磁滞损耗和涡流损耗之和。变压器在运行时，由于一次绕组电压 U_1 和频率都不变，主磁通 Φ_m 基本不变，所以铁损基本不变，故铁损称为不变损耗。铜损是指变压器线圈电阻所引起的损耗。它随负载电流的变化而变化，故称为可变损耗。

变压器的效率为输出功率 P_2 与输入功率 P_1 之比的百分数，即

$$\eta=\frac{P_2}{P_1}\times 100\%=\frac{P_2}{P_2+\Delta P}\times 100\% \tag{6-11}$$

变压器效率的高低，标志着变压器运行的经济性能的好坏，一般都在85%左右，大型电力变压器的效率可达99%以上。

3. 变压器的主要额定值

（1）额定电压 U_{1N}、U_{2N}　一次侧额定电压 U_{1N} 是根据绝缘强度，使变压器长时间正常运行时应加的工作电压，二次侧额定电压 U_{2N} 是指一次侧加额定电压、二次侧处于空载状态时的电压。

三相变压器中，额定电压指的是线电压。

（2）额定电流 I_{1N}、I_{2N}　额定电流是指变压器允许长期通过的电流，其值由额定容量和额定电压共同决定。

（3）额定容量 S_N　额定容量是指变压器在额定状态下二次侧额定电压和额定电流的乘积，即 $S_N=U_{2N}I_{2N}$。需指出的是变压器的额定容量是视在功率，与输出功率不同。输出功率的大小还与负载的大小和性质有关。

6.4.6 特殊变压器

1. 自耦变压器

如图6-15所示，自耦变压器的结构特点是：二次绕组是一次绕组的一部分，因此一次、

二次绕组不仅有磁的耦合还有电的联系。自耦变压器可节省铜和铁的消耗量，从而减小变压器的体积、重量，制造成本低，比普通变压器效率高。自耦变压器在电力系统中，主要用于连接不同电压等级的电网，电压比一般在2左右。自耦变压器的一、二次侧的电压、电流关系为

$$\frac{U_1}{U_2}=\frac{N_1}{N_2}=\frac{I_2}{I_1}$$

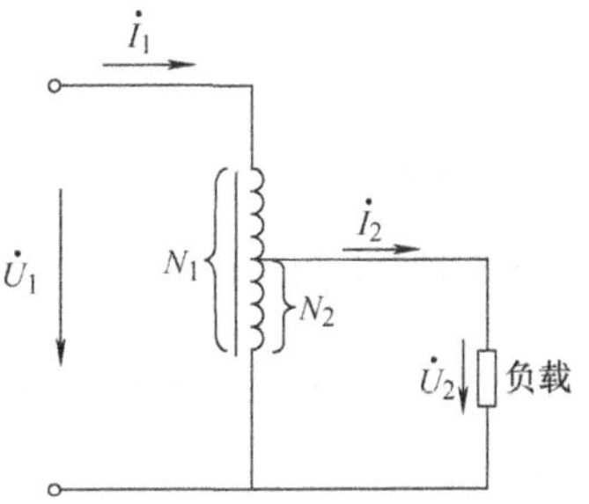

图6-15 自耦变压器示意图

如图6-16所示，实验室的调压器就是一种特殊的自耦变压器，转动手柄可改变二次绕组匝数，从而达到调压目的。使用时需把电源的零线接至1端子。若把相线接1，调压器输出即使为零（5与4端子重合），5端子仍为高电位，用手触摸时有危险。

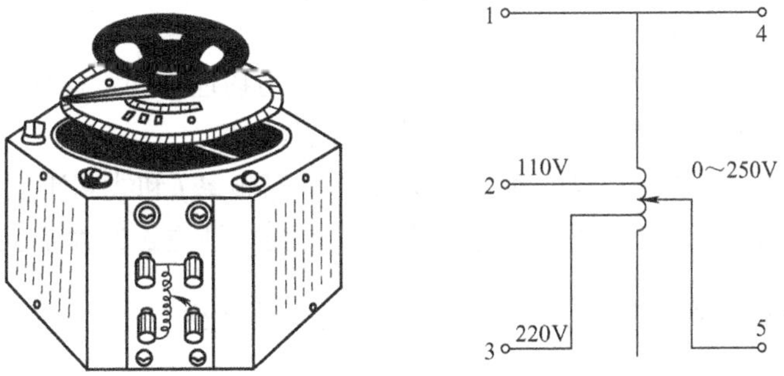

图6-16 自耦调压器外形及电路

使用自耦变压器时一次侧、二次侧不能对调使用，否则可能烧坏变压器；外壳必须接地；使用完毕后，手柄应退回零位。

2. 仪用互感器

在高电压、大电流的系统和装置中，为了测量的方便和安全，需要使用仪用互感器。根据用途不同，仪用互感器分为电压互感器和电流互感器。

电压互感器是一个一次侧匝数多、二次侧匝数少的降压变压器。如图6-17a所示，电压互感器一次侧并接于被测高压线路中，测量仪表作为负载并连接于二次侧两端。为使仪表标准化，二次侧的额定电压均为标准值100V。

电流互感器是将大电流变换为小电流，所以一次侧匝数少，二次侧匝数多。如图6-17b

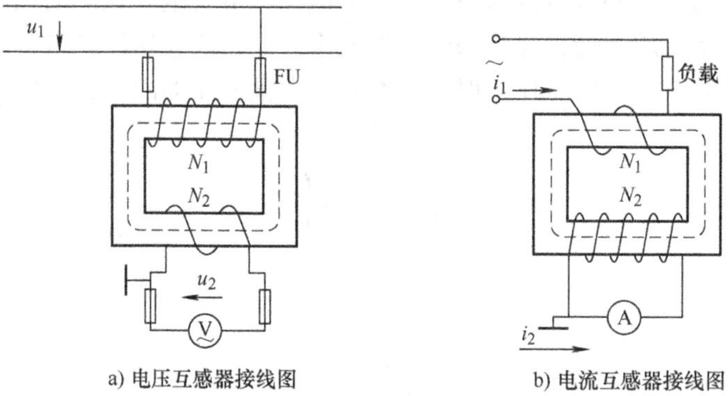

图 6-17　仪用互感器接线图

所示，电流互感器一次侧应串接于被测线路中，二次侧与测量仪表相串接。通常，电流互感器的二次侧额定电流设计成标准值 5A。

使用时，电压互感器的二次侧不能短路，否则会因短路电流过大而烧毁；其次，电压互感器的铁心、金属外壳和二次侧的一端必须可靠接地，防止绝缘损坏时二次侧出现高电压而危及运行人员的安全。电流互感器的二次侧不允许开路。为保证安全，电流互感器的二次侧也要可靠接地。

本 章 小 结

1. 人为造成的磁通的路径，称为磁路。有关磁场的物理量和定律均适合于磁路。
2. 磁性材料的磁性能有高导磁性、磁饱和性和磁滞性。
3. 交流铁心线圈 $U \approx E = 4.44fN\Phi_m$，它表明当电源频率 f 和线圈匝数 N 一定时，主磁通的大小基本上由电源电压决定，若电源电压有效值不变，则主磁通大小也不变。
4. 变压器的电压变换作用：$\dfrac{U_1}{U_2} = K$；变压器的电流变换作用：$\dfrac{I_1}{I_2} \approx \dfrac{N_2}{N_1} = \dfrac{1}{K}$；变压器的阻抗变换作用：$|Z_2'| = K^2 |Z_2|$。
5. 变压器主要额定值有：额定容量 $S_N = U_N I_N$；额定电压 U_{1N}、U_{2N}；额定电流 I_{1N}、I_{2N}。
6. 常用的特殊变压器有自耦变压器、电压互感器、电流互感器。

思考与习题

6.1　某台变压器，$N_1 = 550$ 匝，$U_1 = 220\text{V}$，$N_2 = 90$ 匝，$U_2 = 36\text{V}$，若在一次绕组加上 220V 交流电压，则在二次绕组可得到 36V 的输出电压。反之若在二次绕组加上 36V 的交流电压，问在一次绕组可否得到 220V 的输出电压？为什么？

6.2　某晶体管扩音机的输出阻抗为 6400Ω，接负载为 4Ω 的扬声器，若要求负载获得最大功率，求变压器电压比。

6.3　变压器在运行中有哪些基本损耗？它们各与什么因素有关？

6.4 一台单相变压器 $P_2=50\text{kW}$，铁损为0.5kW，若该变压器的实际效率为98%，求铜损。

6.5 自耦变压器的结构特点是什么？自耦变压器的优点有哪些？

6.6 使用自耦变压器的注意事项有哪些？

6.7 电流互感器的作用是什么？使用电流互感器进行测量时，应注意哪些事项？

6.8 电压互感器的作用是什么？

第 7 章　异步电动机

内容提要：本章主要介绍三相异步电动机的基本结构和工作原理；三相异步电动机的转矩与机械特性；三相异步电动机的起动、调速和制动；三相异步电动机的铭牌和选择；最后简单介绍了单相异步电动机的原理和应用。

7.1　三相异步电动机的结构和工作原理

7.1.1　三相异步电动机的结构

异步电动机的形式和种类虽然很多，但结构上却大同小异，都是由静止的定子和转动的转子两大部分组成，定子和转子之间为气隙，按转子结构的不同，三相异步电动机分为笼型和绕线式两大类。图 7-1 是三相笼型异步电动机的结构图。

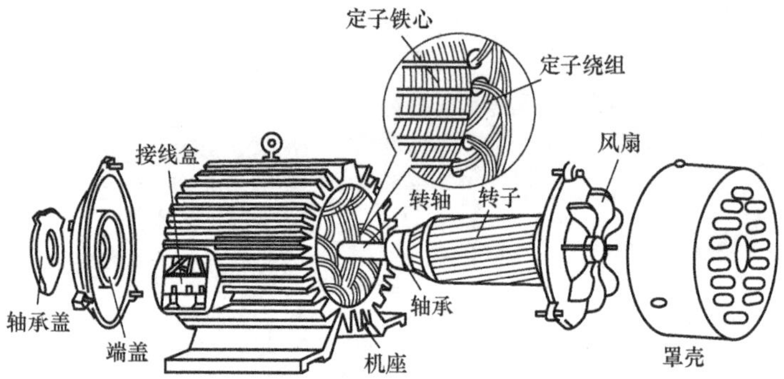

图 7-1　三相笼型异步电动机的结构

1. 定子

异步电动机的定子由定子铁心、定子绕组和机座三部分组成。

（1）定子铁心　定子铁心的作用是作为电动机磁路的一部分和嵌放定子绕组。为了产生较强的旋转磁场和减小铁心中的损耗，定子铁心一般由 0.35 ~ 0.5mm 厚表面具有绝缘层的硅钢片冲制、叠压而成，在铁心的内圆冲有均匀分布的槽，用以嵌放定子绕组。

（2）定子绕组　定子绕组是电动机的电路部分。它由三个在空间互隔 120°、对称排列的绕组连接而成（称为三相对称绕组）。如图 7-2 所示，每相有两个出线端，都从机座的接线盒中引出，可以方便地在接线板上将定子绕组连接成Y或△。

（3）机座　机座的作用主要是固定和支撑定子铁心与绕组并固定电动机。

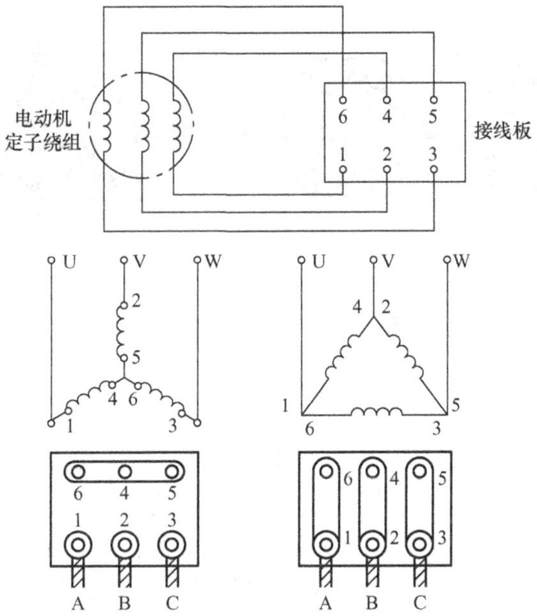

图 7-2　电动机定子绕组的Y联结和△联结

2. 转子

异步电动机的转子由转子铁心、转子绕组和转轴组成。

(1) 转子铁心　转子铁心作为电动机磁路的一部分，一般由 0.5mm 厚的硅钢片叠压而成。中小型电动机的转子铁心装在转轴上，大型的则固定在转子支架上。在转子铁心外圆上开有许多槽，以供嵌放或浇铸转子绕组。

(2) 转子绕组　转子绕组构成转子电路，其作用是流过电流和产生电磁转矩。按构造转子绕组可分为笼型和绕线式两种。

如图 7-3 所示，绕线式转子绕组嵌于转子铁心槽内，其末端接在一起，首端通过集电环和电刷与外电路连接。其优点是可以通过集电环和电刷给转子回路串入附加电阻，以改善电动机的起动或调速性能。缺点是结构复杂，价格昂贵，维护麻烦。

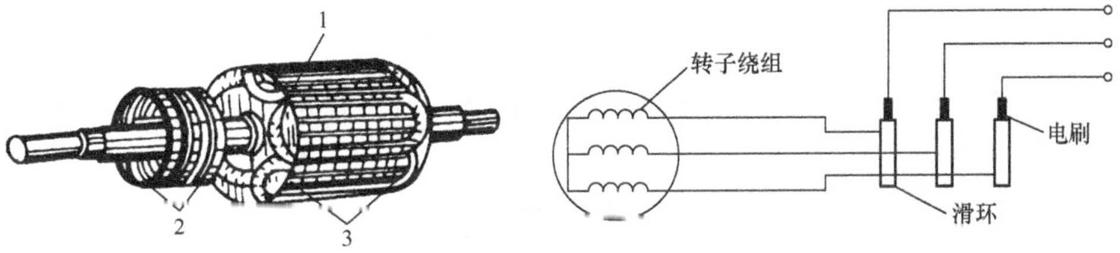

图 7-3　绕线转子异步电动机的转子结构
1—铁心　2—集电环　3—转子绕组

笼型转子在转子铁心外圆有槽，每槽内放一根导条，在铁心两端用两个端环把所有的导条都连接起来，形成自行闭合的回路。如图 7-4 所示，如果去掉铁心，整个绕组的形状就像一个鼠笼，所以称为笼型转子。

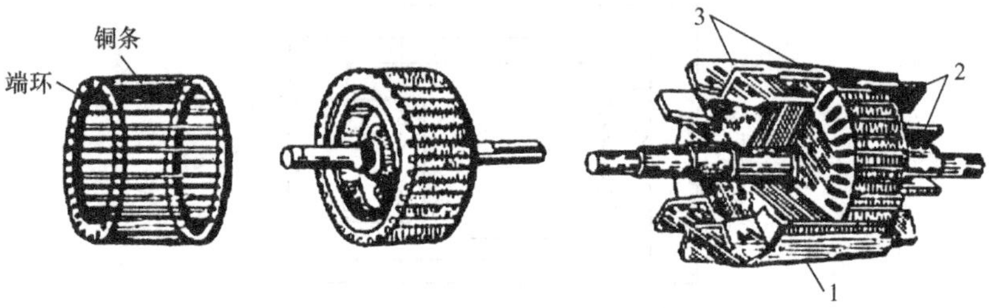

图 7-4 笼型异步电动机转子

1—转子铁心 2—风叶 3—铸铝条

3. 气隙

异步电动机的气隙比同容量的其他类型的电动机要小得多，在中、小型异步电动机中，一般为0.25~2.0mm。气隙的大小对异步电动机的性能影响很大，气隙越大则为建立磁场所需励磁电流就大，从而降低电动机的功率因数。因此，应尽量让气隙小些，但也不能太小，否则会使加工和装配困难，运转时定转子之间易发生摩擦或碰撞。

7.1.2 三相异步电动机的工作原理

1. 旋转磁场的产生与转动方向

为便于分析，假设定子绕组的每一相均由一个线圈组成，三个线圈 U_1-U_2、V_1-V_2、W_1-W_2 在空间互差120°，并采用Y联结，如图 7-5 所示。

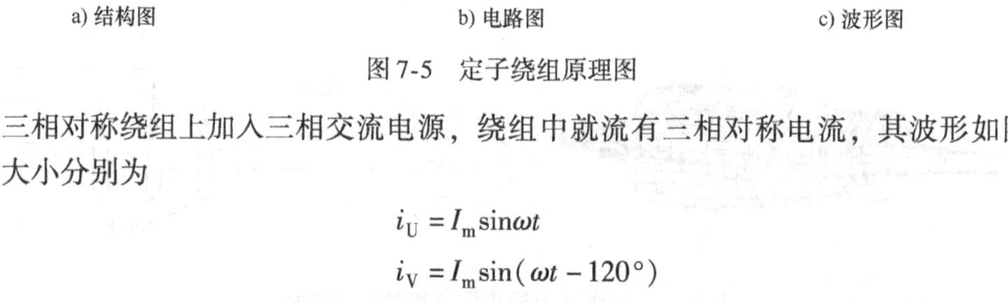

图 7-5 定子绕组原理图

在三相对称绕组上加入三相交流电源，绕组中就流有三相对称电流，其波形如图 7-5c 所示，大小分别为

$$i_U = I_m \sin\omega t$$

$$i_V = I_m \sin(\omega t - 120°)$$

$$i_W = I_m \sin(\omega t + 120°)$$

由于电流随时间而变，因此产生的磁场也随时间而变，即如图 7-6 所示在定子与转子的空气隙中产生一个旋转磁场，现研究几个瞬间的磁场。假定电流的正方向由绕组的始端流向末端。电流流入端用“×”表示，电流流出端用“·”表示。

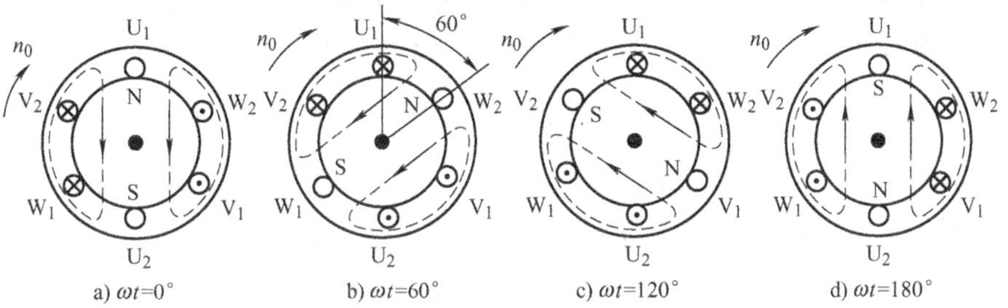

图 7-6　旋转磁场的形成

当 $\omega t=0°$时，$i_U=0$；i_V为负值，即 i_V由末端 V_2 流入，首端 V_1 流出；i_W为正值，即 i_W由首端 W_1 流入，末端 W_2 流出。利用右手螺旋定则可确定在 $\omega t=0°$瞬间由三相电流所产生的合成磁场方向如图 7-6a 所示。合成磁场上方 N 极，下方 S 极，为一对磁极，故磁极对数 $p=1$。

当 $\omega t=60°$时，$i_W=0$；i_V为负值，即由末端 V_2 流入，首端 V_1 流出；i_U为正值，由首端 U_1 流入，末端 U_2 流出。产生的合成磁场方向如图 7-6b 所示。与图 7-6a 比较，磁场在空间上沿顺时针方向旋转了 60°。

当 $\omega t=120°$时，$i_V=0$；i_W为负值，即 i_W由末端 W_2 流入，首端 W_1 流出；i_U为正值，即 i_U由首端 U_1 流入，末端 U_2 流出。合成磁场方向如图 7-6c 所示。与图 7-6b 比较，磁场又在空间上沿顺时针方向旋转了 60°。

同理可画出 $\omega t=180°$时的合成磁场，如图 7-6d 所示。

以此类推，可见当定子三相对称绕组通入三相对称交流电后，电流变化一个周期，合成磁场旋转一周（360°），即在定子与转子的空气隙间产生了旋转磁场。并且由图 7-6 可见，旋转磁场的旋转方向与三相电流的相序一致，或者说旋转磁场的旋转方向由三相电流的相序决定。若要改变旋转方向，只需改变三相电流的相序（将连接三相电源的三根导线中的任意两根对调），这就是三相异步电动机反转的原理。

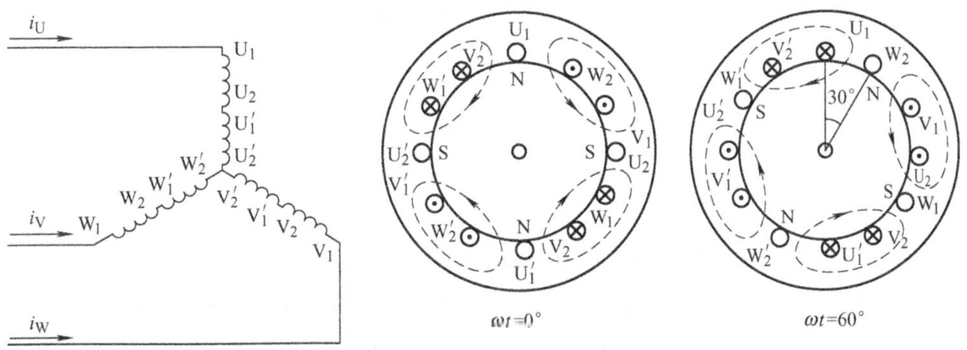

图 7-7　两对极旋转磁场

2. 旋转磁场的转速

旋转磁场的转速称为同步转速，用 n_0表示。其大小不仅与三相交流电频率有关，还与定子三相绕组的安放位置及连接方式有关。图 7-7 中每相绕组为两个绕组串联组成，各相绕组在空间上互差60°，通入三相对称交流电后产生的旋转磁场具有两对极，电流变化一个周期，合成磁场旋转半周（180°），因此旋转磁场的转速为

$$n_0 = \frac{60f_1}{p} \tag{7-1}$$

式中，f_1 为电网频率；p 为磁场的极对数。

我国电网频率为50Hz，故 n_0 与 p 的关系如表7-1所示。

表7-1 不同磁极对数的同步转速

p	1	2	3	4	5	6
n_0/(r/min)	3000	1500	1000	750	600	500

可见，磁极对数越多，转速越慢，并且同步转速是有极的。

3. 三相异步电动机的转动原理

异步电动机转动原理如图7-8所示。假设旋转磁场以同步转速 n_0 逆时针方向旋转，其磁通切割转子导体，转子导体中就产生感应电动势、感应电流（其方向用右手定则判定）。载有感应电流的转子导体在定子磁场中要受到电磁力 F 的作用，力的方向用左手定则判定，电磁力对转子转轴产生电磁转矩，驱动转子沿着旋转磁场方向旋转。

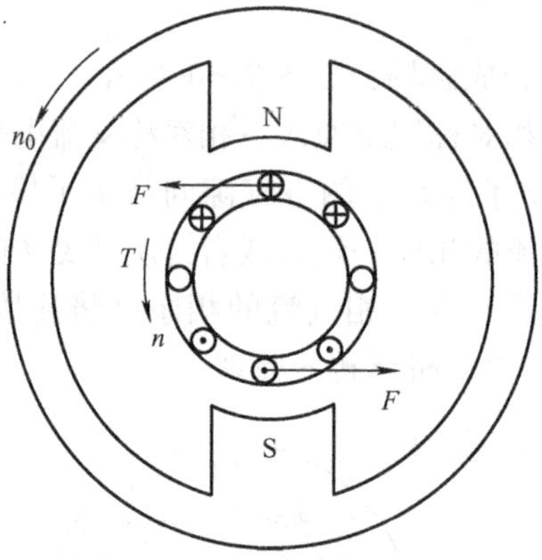

图7-8 异步电动机转动原理图

4. 转差率

一般情况下异步电动机的转速 n 不可能达到同步转速 n_0，总是略低于同步转速 n_0，即 $n < n_0$，因为如果转速 n 上升到同步转速 n_0，则转子导体与旋转磁场之间就没有相对运动，转子导体中不再感应电动势和电流，也就不能产生电磁转矩来拖动转子旋转。因此异步电动机的转子转速 n 与同步转速 n_0 总是存在差异，异步电动机由此而得名。通常把同步转速 n_0 与转子转速 n 二者之差称为转差，转差与同步转速 n_0 的比值称为转差率（也叫滑差率），用 s 表示，即

$$s = \frac{n_0 - n}{n_0} \tag{7-2}$$

在起动瞬间，$n=0$，$s=1$，此时转差率最大；当转子转速接近于同步转速时，$n\approx n_0$，$s\approx 0$。电动机在额定情况下运行时，n_N 与 n_0 很接近，额定转差率很小，一般为0.01～0.09。

例7-1 有一台三相异步电动机，额定转速 $n_N=1450\text{r/min}$，电源频率 $f_1=50\text{Hz}$，试求电动机的磁极对数和转差率。

解： 电动机的额定转速接近且略小于同步转速，由表7-1可知同步转速 $n_0=1500\text{r/min}$，磁极对数 $p=2$。

转差率为

$$s=\frac{n_0-n_N}{n_0}=\frac{1500-1450}{1500}=0.03$$

7.2 三相异步电动机的电磁转矩与机械特性

7.2.1 三相异步电动机的电磁转矩

电磁转矩是三相异步电动机的重要物理量。由电动机的工作原理可知，驱动电动机旋转的电磁转矩是由转子导体中的电流 I_2 和定子旋转磁场每极磁通 Φ_m 相互作用产生的，即

$$T=K_T\Phi_m I_2\cos\varphi_2 \tag{7-3}$$

式中，K_T 为异步电动机的转矩系数，是一个常数；$\cos\varphi_2$ 是转子电路的功率因数。

式(7-3)反映了不同转速时的电、磁、力3个物理量之间的关系，这3个物理量的方向遵循左手定则，三者互相垂直，故称为物理表达式。用来分析电动机在各种状态下电磁转矩与磁通及转子电流的有功分量 $I_2\cos\varphi_2$ 之间的大小方向关系，但不能直接用以求电动机的机械特性。

三相异步电动机的定子和转子绕组关系从电磁关系看与变压器相似，定子绕组相当于变压器的一次绕组，转子绕组则相当于变压器的二次绕组，由于转子绕组是被短接的，所以三相异步电动机的定子和转子绕组电路相当于变压器二次绕组短路的状态。由变压器的电磁关系式代入式(7-3)整理可得

$$T=K\frac{sR_2U_1^2}{R_2^2+(sX_{20})^2} \tag{7-4}$$

式中，K 为常数；R_2 为转子每相绕组的电阻；U_1 为定子绕组的相电压；X_{20} 为转子静止时的等效电抗。

可见，转矩与定子相电压的二次方成正比，所以电源电压的波动对转矩影响很大。此外转矩还受转子电阻 R_2 影响。

7.2.2 三相异步电动机的机械特性

机械特性是指电压 U_1 与转子参数一定的情况下，转速与电磁转矩之间的关系曲线，即 $n=f(T)$。它表征了一台电动机的运行性能，是电动机最重要的特性。

1. 三相异步电动机固有机械特性

三相异步电动机工作在额定电压及额定频率下，电动机按规定的接线方法接线，定子及转子电路中不外接电阻（电抗或电容）时的机械特性称为固有机械特性，如图 7-9 所示。

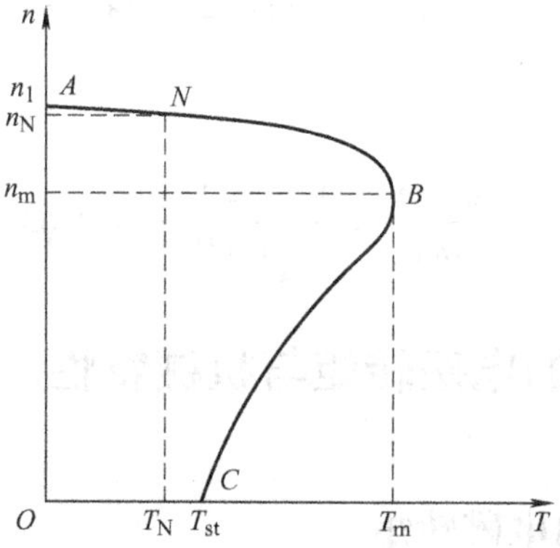

图 7-9 三相异步电动机的机械特性曲线

为了正确使用异步电动机，我们研究固有机械特性曲线上的两个区域和三个重要转矩。

（1）额定转矩 T_N　电动机在额定电压下，输出额定功率 P_N 时的转矩称为额定转矩 T_N，即

$$T_N = 9550\frac{P_N}{n_N} \tag{7-5}$$

式中，n_N 为额定转速。为了保证电动机安全可靠运行，应使电动机的带负载能力留有一定余量，所以额定转矩一般为最大转矩的一半左右。

（2）最大转矩 T_m　最大转矩 T_m 是电动机所能提供的极限转矩。对应于最大转矩的转差率称为临界转差率 s_m。将式(7-4) 对转差率 s 求导，并令 $\frac{dT}{ds}=0$，求出

$$s_m = \frac{R_2}{X_{20}} \tag{7-6}$$

将 s_m 代入式(7-4) 得到

$$T_m = K\frac{U_1^2}{2X_{20}} \tag{7-7}$$

最大转矩是电动机运行稳定与不稳定区的分界点，电动机运行中的机械负载不可超过最大转矩，否则电动机的转速将越来越低，很快导致停车，即发生“堵转”现象，使电动机过热甚至烧毁。通常用最大转矩与额定转矩的比值来描述电动机的过载情况，称为过载系数 λ，则

$$\lambda = \frac{T_m}{T_N} \tag{7-8}$$

一般 $\lambda = 1.8 \sim 2.2$。

（3）起动转矩 T_{st}　电动机起动（$n=0$，$s=1$）时的转矩称为起动转矩，则有

$$T_{st}=K\frac{R_2U_1^2}{R_2^2+X_{20}^2} \tag{7-9}$$

起动转矩反映了异步电动机带负载起动的能力，其大小与 U_1、R_2有关。降低电源电压 U_1，起动转矩会减小；增大转子电阻 R_2，可增大起动转矩。为保证正常起动，电动机的起动转矩必须大于负载转矩。通常用起动转矩与额定转矩的比值 λ_{st}来表示起动的能力。

$$\lambda_{st}=\frac{T_{st}}{T_N} \tag{7-10}$$

（4）稳定区和不稳定区　机械特性曲线上有两个工作区：*BC* 段为不稳定区，*AB* 段为稳定区。

异步电动机一般都工作在稳定区域 *AB* 段上。在这区域里负载转矩变化时，异步电动机能够通过调节自身转速和转矩来达到新的平衡，以自动适应负载的变化。例如负载转矩增加，电动机转速下降，此时电磁转矩随转速的减小而增加，直到等于负载转矩达到新的平衡，使电动机以比原来稍低的转速稳定运行。此过程中转速变化不大，一般仅 2% ~8%。这样的机械特性称为硬特性。这种硬特性很适宜于金属切削机床等加工场合。

而在 *BC* 段上，当负载转矩变化时，如负载转矩增加，电动机转速下降、转矩减小，使得与负载转矩差距加大，转速进一步下降，甚至会使电动机停车，造成转子和定子绕组电流急剧增大而烧毁电动机。电动机不能自动适应负载的变化，因此 *BC* 段为不稳定区。

例 7-2　某异步电动机技术数据如下：$P_N=7.5\text{kW}$，$U_N=380\text{V}$，三角形联结，磁极对数 $p=2$，$S_N=0.04$，$\eta_N=0.87$，$f_1=50\text{Hz}$，$\cos\varphi_N=0.88$，$T_{st}/T_N=2$，$T_m/T_N=2.2$，$I_{st}/I_N=7$。求：（1）额定转速 n_N；（2）输入功率 P_1；（3）额定电流 I_N、额定转矩 T_N；（4）直接起动时的起动电流 I_{st}、起动转矩 T_{st}；（5）最大转矩 T_m。

解：（1）$n_N=(1-s_N)\dfrac{60f_1}{p}=(1-0.04)\times\dfrac{60\times50}{2}\text{r/min}=1440\text{r/min}$

（2）输入功率 $P_1=\dfrac{P_N}{\eta_N}=\dfrac{7.5}{0.87}\text{kW}=8.6\text{kW}$

（3）额定电流 $I_N=\dfrac{P_N}{\sqrt{3}U_N\eta_N\cos\varphi_N}=\dfrac{7.5\times10^3}{\sqrt{3}\times380\times0.87\times0.88}\text{A}=14.9\text{A}$

额定转矩 $T_N=9550\dfrac{P_N}{n_N}=9550\times\dfrac{7.5}{1440}\text{N}\cdot\text{m}=49\text{N}\cdot\text{m}$

（4）起动电流 $I_{st}=7I_N=7\times14.9\text{A}=104.3\text{A}$

起动转矩 $T_{st}=2T_N=2\times49\text{N}\cdot\text{m}=98\ \text{N}\cdot\text{m}$

（5）最大转矩 $T_m=2.2T_N=2.2\times49\text{N}\cdot\text{m}=107.8\text{N}\cdot\text{m}$

2. 三相异步电动机人为机械特性

当人为地改变式(7-4)中某一参数（或物理量）时，所得 $n=f(T)$的关系曲线，称为人为机械特性。

由于设计电机时，在额定电压下磁路已经接近饱和，如再升高电压会使励磁电流猛增，使电动机严重发热，甚至烧坏，所以一般只能得到降压时的人为机械特性。由式(7-4)可

得 $T_m \propto U_1^2$，$T_{st} \propto U_1^2$，又因为 s_m 及 n_0 与 U_1 无关，则可得降低电压的人机械特性曲线如图 7-10 所示。

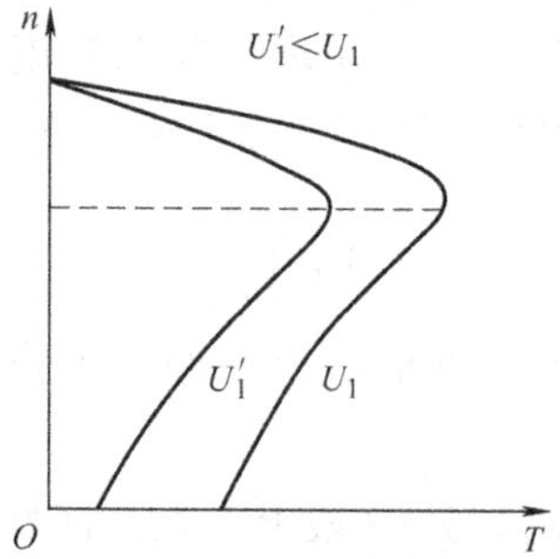

图 7-10　电动机降低电压的机械特性曲线

在绕线转子异步电动机的转子回路中串入三相对称电阻，即增大 R_2，因为 $s_m \propto R_2$，而 T_m 与 R_2 无关，当转子电阻适当增大时，起动转矩会增大，但继续增大 R_2 时，T_{st} 就要减小，因此转子回路串电阻的人为机械特性曲线如图 7-11 所示。

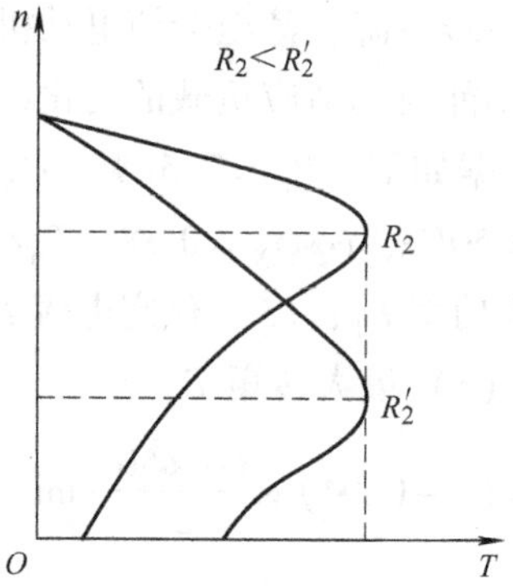

图 7-11　电动机转子串电阻的机械特性曲线

当然，除以上介绍的两种人为机械特性外还有改变极对数及电源频率等的人为机械特性。

7.3　三相异步电动机的起动

电动机的起动是指接通电源后，电动机由静止状态加速到稳定运行状态的过程。对异步电动机起动性能的要求，主要有以下两点：

1）起动电流要小，以减小对电网的冲击；

2）起动转矩要大，以加速起动过程，缩短起动时间。

7.3.1　笼型异步电动机的起动

笼型异步电动机的起动方法有两种：直接起动和减压起动。

直接起动也称全压起动。起动时，电动机定子绕组直接接入额定电压的电网上。直接起动具有起动转矩大、起动时间短、起动设备简单、操作方便、易于维护、投资省、设备故障率低等优点。

直接起动的缺点是起动电流大。起动瞬间电动机转速为0，旋转磁场和静止转子间的相对转速最大为同步转速 n_0，因此转子中的感应电动势、转子电流很大，相应的定子电流随着转子电流的增大而增大，一般起动电流可达额定电流的5～7倍。通常情况下，由于起动时间短暂，对电动机本身的正常工作不会造成不良影响。但是过大的起动电流会引起供电线路的电压显著下降，从而影响接在同一电网的其他电气设备的正常工作，造成生产事故。此外当频繁起动时，由于温升过高加速绝缘老化，会影响电动机寿命甚至烧毁。因此一般只适用于小容量（低于7.5kW）的三相异步电动机，否则应采用减压起动。

减压起动是指降低定子边的端电压来起动电机，目的是限制起动电流。待起动过程结束后，恢复全压供电，使电动机进入正常运行。最常用的方法有Y-△减压起动和自耦变压器减压起动。

1. Y-△减压起动

这种起动方法只适合于正常运行时定子绕组为△联结且每相绕组都有两个引出端子的笼型异步电动机。如图7-12所示，起动时先将开关扳至起动位置，电动机定子绕组接成Y，此时，定子每相绕组电压为额定电压的$\frac{1}{\sqrt{3}}$，从而实现了减压起动。待电动机转速接近额定转速时，开关扳至运行位置，此时电动机换接成△全压运行，起动过程结束。

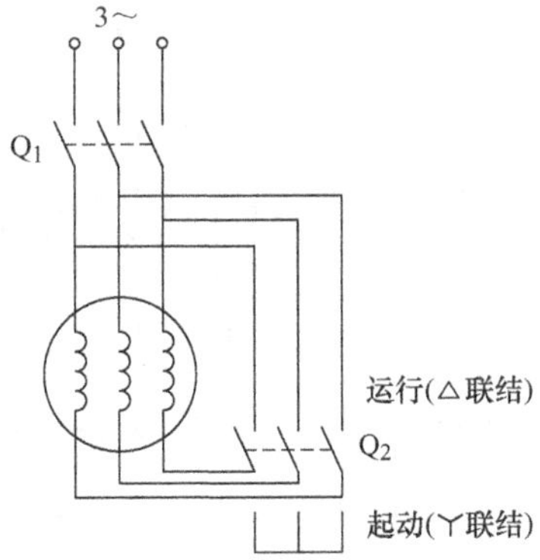

图7-12 Y-△减压起动电路

设电动机额定相电压为 U_N，定子每相绕组阻抗为 Z，则△联结直接起动时电流为

$$I_{st\triangle}=\sqrt{3}\frac{U_N}{Z}$$

Y-△减压起动时的起动电流为

$$I_{stY}=\frac{U_N}{\sqrt{3}Z}$$

可以得到

$$\frac{I_{stY}}{I_{st\triangle}}=\frac{1}{3} \tag{7-11}$$

即Y-△减压起动时的电流为直接起动时的1/3。由于转矩和电压的二次方成正比，所以起动转矩也减小到直接起动时的1/3。

Y-△减压起动方法优点是设备简单，操作方便。但只适用于空载或轻载起动，且正常运行时为△联结的电动机。

2. 自耦变压器减压起动

对于容量较大或正常运行连成星形不能采用Y-△减压起动的笼型电动机常采用自耦变压器减压起动。这种起动方法是通过自耦变压器把电压降低后再加到电动机定子绕组上，以达到减小起动电流的目的。如图7-13所示，起动时开关 Q_2 扳到起动位置，这时，自耦变压器一次绕组加全电压，而电动机定子绕组电压为自耦变压器二次抽头部分的电压，电动机在低压下起动。待转速上升至一定数值时，再把开关 Q_2 切换到工作位置，切除自耦变压器，电动机全压运行。

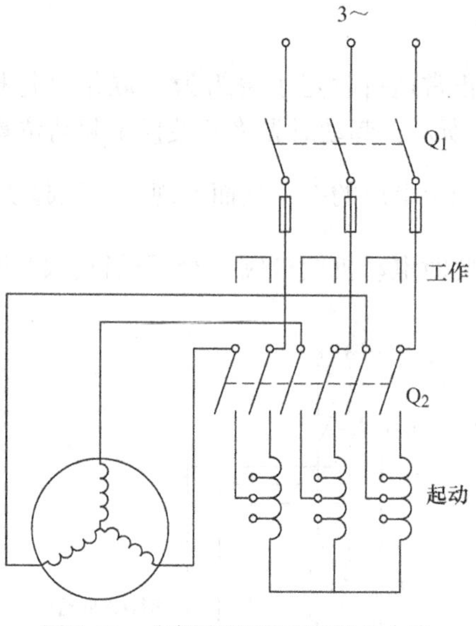

图7-13 自耦变压器减压起动电路

若自耦变压器的电压比为 K，可以证明采用自耦变压器减压起动时，起动电流和起动转矩都降低到直接起动的$\frac{1}{K^2}$。

自耦变压器中通常有三个抽头，其输出电压分别为电源电压的55%、64%、73%（或40%、60%、80%），可以根据起动转矩的要求灵活选用，常用于起动容量较大的电动机。其缺点是设备费用高，不宜频繁起动。

例7-3 一台△联结电动机，$P_N = 7.5\text{kW}$，$U_N = 380\text{V}$，$I_N = 14.9\text{A}$，$T_N = 49\ \text{N}\cdot\text{m}$，$T_{st}/T_N = 2$，$I_{st}/I_N = 7$。(1) 当负载转矩 $T_L = 0.5T_N$ 或 $T_L = 0.7T_N$ 时，能否采用Y-△减压起动？计算起动电流 I_{stY}、起动转矩 T_{stY}；(2) 如果不能采用Y-△减压起动，那么采用自耦变压器减压起动的变压器抽头比应是多少？计算起动电流 I'_{st}、起动转矩 T'_{st}。

解：(1) $T_{stY} = \frac{1}{3}T_{st\triangle} = \frac{1}{3} \times 2T_N = 0.67T_N$

当负载转矩 $T_L=0.5T_N$时，$0.67T_N>0.5T_N$，可以采用Y-△减压起动。

$$I_{stY}=\frac{1}{3}I_{st\triangle}=\frac{1}{3}\times14.9\times7\text{A}=34.8\text{A}$$

$$T_{stY}=\frac{1}{3}T_{st\triangle}=\frac{1}{3}\times49\times2\text{N}\cdot\text{m}=33\text{N}\cdot\text{m}$$

当负载转矩 $T_L=0.7T_N$时，$0.67T_N<0.7T_N$，不能采用Y-△减压起动。

（2）采用自耦变压器减压起动法：

$$T'_{st}=\frac{1}{K^2}T_{st}=0.7T_{st}$$

$$\frac{1}{K}=\sqrt{0.7}=0.837\approx0.85$$

采用自耦变压器减压起动法的变压器抽头比应不小于0.85。

$$I'_{st}=\frac{1}{K^2}I_{st}=0.85^2\times14.9\times7\text{A}=75.4\text{A}$$

$$T'_{st}=\frac{1}{K^2}T_{st}=0.85^2\times49\times2\text{N}\cdot\text{m}=70.8\text{N}\cdot\text{m}$$

7.3.2 绕线转子异步电动机的起动

绕线转子异步电动机可以采用在转子回路串接电阻或频敏变阻器的方法来改善起动性能。这样不但可以降低起动电流，又可以增大起动转矩。起动结束后，去除外串电阻，电动机的效率不受影响。对频繁起动又要求有较高起动转矩的生产机械，例如起重机、锻压机等通常采用绕线转子异步电动机拖动。

7.4 三相异步电动机的调速

所谓调速是指电动机在一定负载下，人为地调节电动机的转速，以满足工艺需要。由转速公式 $n=(1-s)n_0=(1-s)\frac{60f_1}{p}$可知，改变电动机转速的方法有三种，即改变电源频率 f_1 调速、改变定子极对数 p 调速和改变转差率 s 调速。对于笼型电动机，通常采用前两种调速方法，绕线转子电动机常采用改变转差率调速。

1. 变频调速

改变供电电源的频率 f_1，可改变异步电动机的同步转速 n_0，异步电动机转子转速 n 就随之得到调节，这种调速方法称为变频调速。变频调速可实现无级调速，频率调节范围一般为0.5～320Hz，并具有硬的机械特性，适用于要求精度高、调速性能较好的场合。

变频调速需要有变频器。随着电力电子器件及变流技术的发展，目前在许多设备中都有成套的调速装置。变频调速是一种高效、节能的调速方式，是电动机调速的发展方向。

2. 变极调速

在电源频率 f_1 不变时，改变电动机的极对数 p，电动机的同步转速 n_0 就会变化，极对数增加一倍，同步转速就降低一半，电动机的转速也几乎下降一半，从而实现转速的调节。

如图7-14所示，是通过改变定子绕组的接法来改变电动机的极对数的。图中以一相绕组的两个线圈为例画出。若两个线圈串联，通电后产生两对磁极的旋转磁场，同步转速为1500r/min；若两个线圈并联，通电后产生一对磁极的旋转磁场，同步转速为3000r/min。此种电动机称为双速电动机。也可在定子上安置几套三相绕组，每套绕组采用适当的连接方式，可以得到三速或四速的电动机。

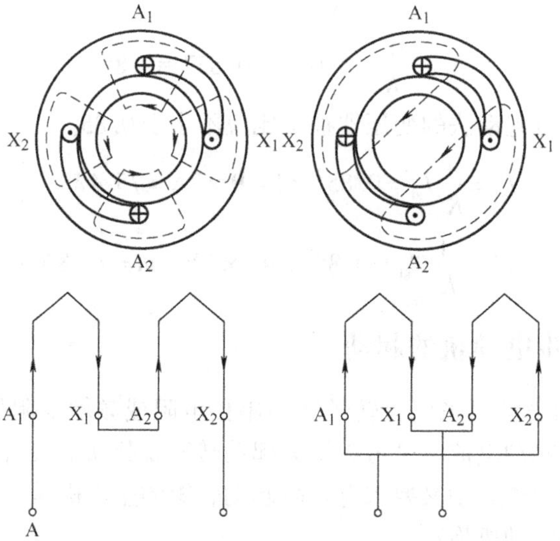

图7-14 改变磁极对数的方法

变极调速时，转速几乎是成倍变化，所以属于有级调速，调速的平滑性差，但在每个转速等级运转时，具有较硬的机械特性，稳定性好。因此在不需要无级调速的生产机械，如某些铣床、镗床、水泵等设备中得到了普遍应用。

3. 变转差率调速

变转差率调速的方法是在绕线式电动机的转子电路中接入调速电阻。在恒转矩负载下，增大调速电阻，机械特性变软，转速下降。

变转差率调速可得到平滑调速，设备简单，投资少，但能量损耗大，广泛应用于起重设备中。

7.5 三相异步电动机的制动

电动机的定子绕组断电后，其转动部分由于惯性还会继续转动一段时间才会停止。为了缩短辅助工时，提高生产机械的生产率，同时也为了安全，往往要求电动机能迅速停车或尽快减速，故需要对电动机制动。电动机制动常采取的方法有：机械方法——电磁抱闸；电气方法——能耗制动、反接制动、发电反馈制动。

1. 能耗制动

能耗制动通过消耗转子的动能（转换为电能）来进行制动。如图 7-15 所示，在切断三相电源的同时，接通直流电源，使直流电流通入定子绕组。直流电流产生固定不动的磁场，而转子由于惯性继续在原方向转动。可以判定此时的转子电流与固定磁场相互作用产生的转矩方向与电动机转动方向相反，起到制动作用。

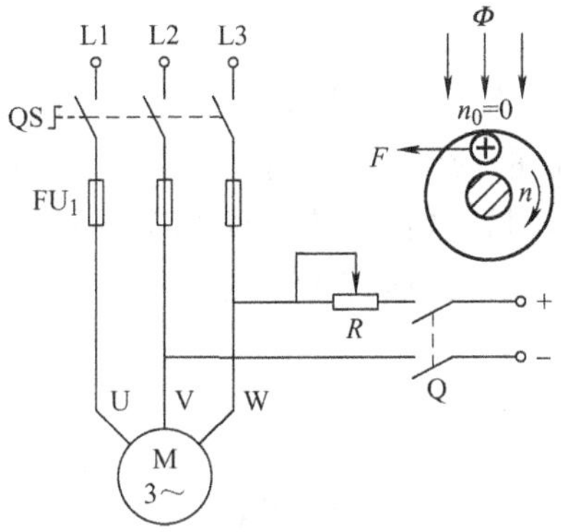

图 7-15　能耗制动原理图

制动转矩的大小与定子绕组中直流电流的大小有关，直流电流的大小一般为电动机额定电流的 0.5～1 倍，可用电阻 R 进行调节。

能耗制动能量消耗小，制动平稳，停车准确可靠，对交流电网无冲击，但需要直流电源，适用于某些金属切削机床。

2. 反接制动

当异步电动机转子的旋转方向与定子磁场的旋转方向相反时，电动机便处于反接制动状态。如图 7-16 所示，电动机停车时，可将接到电源的三根导线中的任意两根的一端对调位置，使旋转磁场反向旋转，而转子由于惯性仍沿原方向转动。这时的转矩方向与电动机的转动方向相反，因而起制动作用。

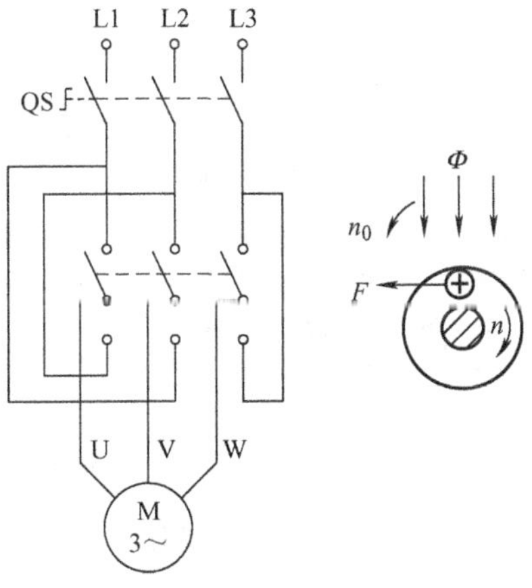

图 7-16　反接制动原理图

由于旋转磁场与转子旋转方向相反，其相对速度 n_0+n 很大，故定子电流很大。为了限制电流，对功率较大的电动机进行制动时，必须在定子电路（笼型）或转子电路（绕线式）中接入电阻。

反接制动方法简单可靠、效果较好，但能耗较大，振动和冲击也大，对加工精度有影响，常用于起停不频繁，功率较小的金属切削机床（如车床、铣床）的主轴制动。

3. 发电反馈制动

若异步电动机在电动状态运行时，由于某种原因，使电动机的转速超过了同步转速（转向不变），这时电动机便处于发电反馈制动。发电反馈制动用于限制电动机的转速而不是停转。如当起重机快速下放重物时，重物拖动转子，电动机转速超过旋转磁场转速，即 $n>n_0$。如图7-17所示，电动机的转矩与转子旋转方向相反，所以是制动转矩。此时电动机已转入发电机运行状态，将重物的位能转换为电能送入电网，故称为发电反馈制动。利用它可以稳定地下放重物。

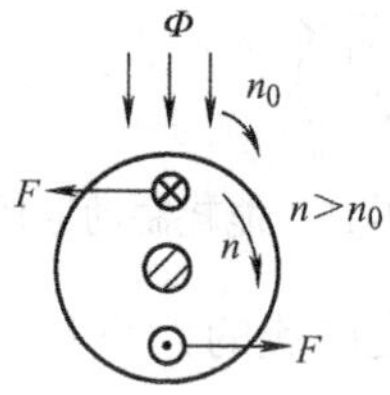

图7-17 发电反馈制动原理图

7.6 三相异步电动机的铭牌和选择

7.6.1 三相异步电动机的铭牌

电机制造厂按照国家标准，根据电机的设计和试验数据而规定的每台电机的正常运行状态和条件，称为电机的额定运行情况。如图7-18所示，电动机的铭牌用来表示电动机额定运行情况的各种数值。

××××电机厂

编号××××

三相交流笼型电动机

型　号	Y160L–4	电　压	380V	接　法	△
功　率	15kW	电　流	30.3A	定　额	连续
转　速	1460r/min	功率因数	0.85		
频　率	50Hz	绝缘等级	B		

出厂年月　×年×月

图7-18 电动机的铭牌

型号 Y160L－4：Y 表示异步电动机（T 表示同步电动机）；160 是机座中心高度为160mm；机座长度规格：L 表示长机座，S 表示短机座，M 是中机座规格；“4”表示旋转磁场为四极（$p=2$）。

额定功率 P_N（15kW）：指电动机在额定运行时轴上输出的机械功率，单位为 kW。

额定电压 U_N（380V）：指额定运行时加在定子绕组上的线电压，单位为 V。

额定电流 I_N（30.3A）：指电动机定子绕组加额定频率的额定电压，轴上输出额定功率时，定子绕组的线电流，单位为 A。

额定频率 f_1（50Hz）：我国规定标准工业用电频率为 50Hz。

工作方式：电动机运行的持续时间，分为连续、断续、短时工作制。

额定转速 n_N（1460r/min）：指电动机定子加额定频率的额定电压，且轴上输出额定功率时转子的转速，单位为 r/min。

额定功率因数 $\cos\varphi_N$：指电动机在额定运行时定子边的功率因数。

对三相异步电动机有 $P_N=\sqrt{3}U_NI_N\cos\varphi_N\eta_N\times10^{-3}$，$\eta_N$ 为电动机的额定效率。

绝缘等级：指其所用绝缘材料的耐热等级。表 7-2 所示为不同绝缘材料的耐热等级。

表 7-2　绝缘材料温升限值

绝缘等级	Y	A	E	B	F	H	C
工作极限温度/℃	90	105	120	130	155	180	>180

除铭牌上标出的参数外，还有其他一些技术数据，如对绕线转子异步电动机还标明了转子绕组接法、转子绕组额定电压（指定子绕组加额定电压、转子绕组开路时滑环间的电压）和转子额定电流等技术数据。额定数据是选择、使用电动机的重要依据。

7.6.2　电动机选择

1. 电动机种类的选择

选择电动机种类的原则是在电动机性能满足生产机械要求的前提下，优先选择结构简单、价格便宜、工作可靠、维护方便的电动机。在这方面交流电动机优于直流电动机，交流异步电动机优于同步电动机，笼型异步电动机优于绕线转子异步电动机。

对于负载平稳，对起动、制动没有特殊要求的连续运行的生产机械，如机床、水泵、风机等，应优先选用普通的笼型异步电动机。

对起动、制动比较频繁，要求有较大的起动、制动转矩的生产机械，如桥式起重机、矿井提升机、空气压缩机等，应选用绕线转子异步电动机。

对无调速要求，需要转速恒定或要求改善功率因数的场合，如大、中容量的水泵、空气压缩机等，应选用同步电动机。

对只要求几种转速的小功率机械，如电梯、锅炉引风机和机床等，可选用变极多速笼型异步电动机。

2. 电动机形式的选择

（1）安装形式的选择　电动机安装形式按其安装位置的不同，可分为卧式和立式两种。一般选卧式，立式电动机的价格昂贵，只有在为了简化传动装置，必须垂直运转时才采用。

（2）防护形式的选择　生产机械的种类繁多，它们的工作环境也不尽相同。为防止电动机受周围环境影响而不能正常工作，或因电机本身故障引起灾害，必须根据不同的环境选择不同的防护形式，以保证电动机在不同的工作环境中能安全可靠地运行。电动机常见的防护形式有开启式、防护式、封闭式和防爆式四种。

开启式电动机在构造上无特殊防护装置，价格便宜，散热条件好，用于干燥无灰尘的场所。

防护式电动机一般能防止水滴、铁屑等杂物落入机内，但不能防止潮气及灰尘的侵入，所以只用于干燥和灰尘不多又无腐蚀性和爆炸性气体的环境。

封闭式电动机的外壳严密封闭，电动机靠自身风扇或外部风扇冷却，并在外壳带有散热片，在灰尘多、潮湿或含有酸性气体的场所，可采用这种电动机。

防爆式电动机整个电动机严密封闭，主要适用于有易燃易爆气体的危险环境，如油库、煤气站或矿井等场所。

3. 电动机额定电压的选择

电动机额定电压的选择，主要取决于电力系统对该企业的供电电压和电动机容量的大小。一般低压电网为380V，因此中小型异步电动机都是220V/380V（△/Y联结）或380V（△联结）的。当电动机功率较大时，在允许条件下，可选用3kV、6kV、10kV的高压电动机，这样可以减小电动机的体积和运行费用。

4. 电动机额定转速的选择

额定功率相同的电动机，其额定转速越高，则电动机的体积越小，重量越轻，造价越低，而且电动机的飞轮矩 GD^2 也越小。但生产机械的转速一定，电动机的额定转速越高，拖动系统传动机构的速比越大，传动机构越复杂。所以，电动机额定转速的选择，应根据生产机械的具体情况，综合考虑各个因素来确定。

7.7 单相异步电动机

单相异步电动机只需要单相电源供电，使用方便，噪声小，对无线电系统干扰小，广泛应用于工业和日常生活的各个方面，尤其以家用电器、电动工具、医疗器械等使用较多。

单相异步电动机的定子绕组是单相的，转子都是笼型的，常用的有电容分相式和罩极式电动机两种。

1. 电容分相式单相异步电动机

电容分相式电动机是在定子上嵌放空间位置相差90°的主、辅两个绕组。如图7-19所示，辅助绕组中串联电容和离心开关，与主绕组并联在单相电源上。

辅助绕组中串联电容，它的电流在相位上就比线路电压超前。选择合适的电容，可以使两个绕组中的电流在相位上相差90°，即单相电流变为两相电流。两相相位差90°的电流，

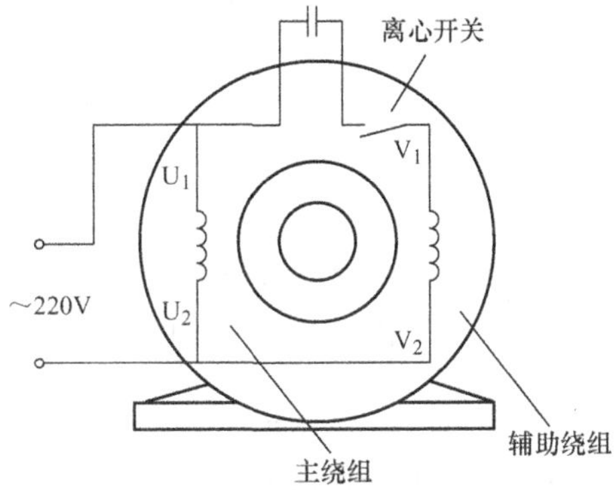

图7-19 电容分相式电动机接线图

通入空间位置相差90°的两个绕组，产生的合成磁场为旋转磁场，如图7-20所示。有了旋转磁场，转子就能自行起动旋转，当转速达到额定转速的70% ~80%时，离心开关动作，将辅助绕组断开。运行时电容不断开的电动机称为电容分相式电动机，它比一般的单相异步电动机功率因数高。

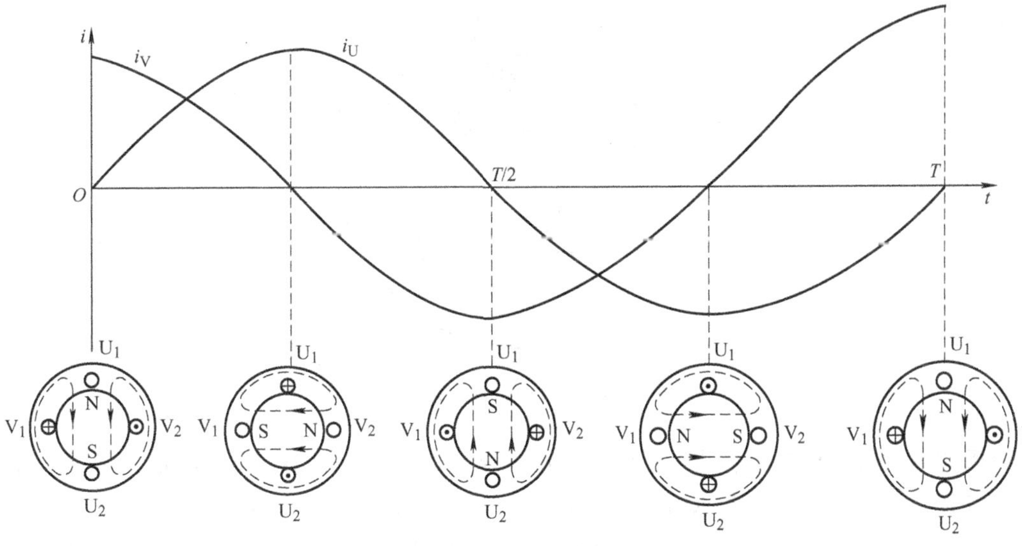

图7-20 两相电流产生的旋转磁场

这种电动机的反转，可以通过调换电容的串联位置来实现。图7-21是洗衣机的正反转控制原理图，S_2为定时器中的自动转换开关。如果将电容与主绕组串联，则电流 i_U 比 i_V 超前90°，旋转磁场的转向改变，从而实现电动机的反转。

2. 罩极式单相异步电动机

罩极式电动机的结构示意图如图7-22所示。定子上有凸出的磁极，磁极表面约1/3处开有一个凹槽，经凹槽放置一个短路铜环，将磁极的一部分罩起来，故称为罩极式电动机。当定子绕组中接入单相交流电后，产生的交变磁通分为两部分。穿过短路铜环的磁通，在铜环内产生感应电动势和感应电流，由于感应电流阻止磁通的变化，致使这部分磁通滞后于未

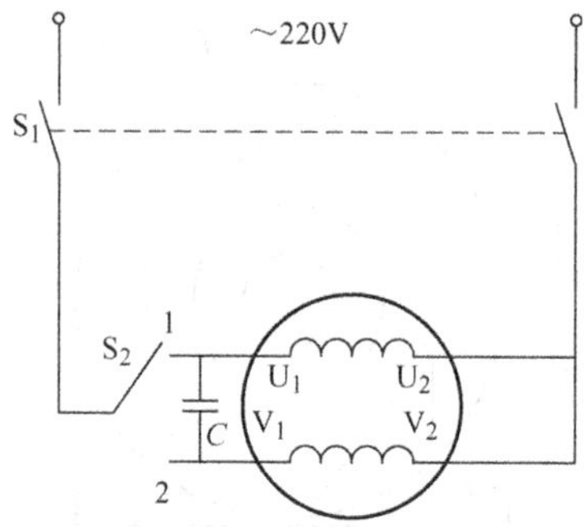

图 7-21　洗衣机的正反转控制原理图

罩部分的磁通。这两个在空间位置不一致，在时间上又有一定相位差的交变磁通，就可以合成旋转磁场，从而使转子得到起动转矩，自行起动。转动方向是由磁极未罩部分向被罩部分旋转。

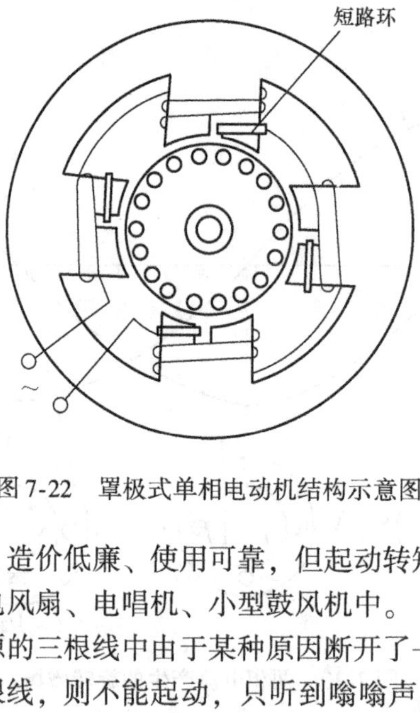

图 7-22　罩极式单相电动机结构示意图

罩极式电动机结构简单、造价低廉、使用可靠，但起动转矩小、反转困难，多用于轻载起动的设备中，如电吹风、电风扇、电唱机、小型鼓风机中。

三相异步电动机接到电源的三根线中由于某种原因断开了一根线，就成为单相电动机运行。如果在起动时就断了一根线，则不能起动，只听到嗡嗡声。这时电流很大，时间长了，电动机就会被烧坏。如果在运行中断了一根线，则电动机仍将继续运行，若此时还带动额定负载，则势必超过额定电流，时间一长，也会使电动机烧坏。这种情况往往不易察觉，在使用三相异步电动机时必须注意。

本 章 小 结

1. 三相异步电动机由定子和转子两部分组成。按转子结构不同可分为笼型和绕线式转子异步电动机两种。其中笼型结构简单，使用维修方便，应用很广。

2. 三相定子绕组通入三相交流电后会产生转速为 $n_0=\frac{60f_1}{p}$ 的旋转磁场。转子绕组切割旋转磁场产生感应电动势和感应电流，并形成电磁转矩驱动电机旋转。转子转速 n 恒小于旋转磁场转速，它们之间的差距用转差率 s 表示，由此转子转速可表示为 $n=(1-s)n_0=(1-s)\frac{60f_1}{p}$。

3. 三相异步电动机的转向由所加的三相交流电的相序决定。

4. 三相异步电动机有三个特征转矩：额定转矩、最大转矩和起动转矩，它们是使用和选择异步电动机的依据。

5. 三相异步电动机的起动包括直接起动和减压起动两种方式，减压起动的方法有Y-△起动、自耦变压器减压起动。

6. 三相异步电动机的制动方法有能耗制动、反接制动、发电反馈制动等。

7. 三相异步电动机调速的三种方法为变频调速、变极调速、变转差率调速。

8. 单相异步电动机有罩极式和电容分相式两类。罩极式电动机结构简单，起动转矩较小，电容分相式电动机的结构复杂，但起动性能好。

思考与习题

7.1 如何使三相异步电动机反转?

7.2 三相异步电动机在正常运行时，如转子突然卡住而不能转动有何危险？为什么?

7.3 在额定工作情况下的三相异步电动机，已知其转速为960r/min，试问电动机的同步转速是多少？有几对磁极对数？转差率是多大?

7.4 三相异步电动机断了一根电压线后，为什么不能起动？而在运行时断了一根线，为什么能继续转动？这两种情况对电动机有何影响?

7.5 有一台六极三相绕线转子异步电动机，在 $f=50\text{Hz}$ 的电源上带额定负载运行，其转差率为0.02，求定子磁场的转速及频率和转子磁场的频率和转速。

7.6 Y180L-4型电动机的额定功率为22kW，额定转速为1470r/min，频率为50Hz，最大电磁转矩为314.6N·m。试求电动机的过载系数。

7.7 已知Y180M-4型三相异步电动机，其额定数据如表7-3所示。求(1)额定电流 I_N；(2)额定转差率 s_N；(3)额定转矩 T_N；最大转矩 T_M、起动转矩 T_{st}。

表7-3 Y180M-4型三相异步电动机

额定功率/kW	额定电压/V	满载时			起动电流/额定电流	起动转矩/额定转矩	最大转矩/额定转矩	接法
		转速/(r/min)	效率(%)	功率因数				
18.5	380	1470	91	0.86	7.0	2.0	2.2	△

7.8 Y225-4型三相异步电动机的技术数据如下：380V、50Hz、△联结、定子输入功率 $P_{1N}=48.75\text{kW}$、定子电流 $I_{1N}=84.2\text{A}$、转差率 $s_N=0.013$，轴上输出转矩 $T_N=290.4\text{N}\cdot\text{m}$，求：(1) 电动机的转速 n_2；(2) 轴上输出的机械功率 P_{2N}；(3) 功率因数 $\cos\varphi_N$；(4) 效率 η_N。

7.9 四极三相异步电动机的额定功率为30kW，额定电压为380V，三角形联结，频率为50Hz。在额定负载下运动时，其转差率为0.02，效率为90%，电流为57.5A，试求：(1)转子的转速；(2)额定转矩；(3)电动机的功率因数。

7.10 在习题7.6中电动机的$\frac{T_{st}}{T_N}=1.2$，$\frac{I_{st}}{I_N}=7$，试求：(1)用Y-△减压起动时的起动电流和起动转矩；(2)当负载转矩为额定转矩的60%和25%时，电动机能否起动？

7.11 在习题7.6中，如果采用自耦变压器减压起动，而使电动机的起动转矩为额定转矩的85%，试求：(1)自耦变压器的电压比；(2)电动机的起动电流和线路上的起动电流各为多少？

第 8 章　继电-接触器控制

内容提要： 本章主要介绍了刀开关、熔断器、交流接触器、继电器等常用控制电器，电气识图方法，三相异步电动机的基本控制电路、自动往返和星-三角换接起动控制电路。

8.1　常用控制电器

控制电器主要用来实现对电气设备的控制和保护。低压电器是指工作在直流 1200V、交流 1500V 及以下的电路中，实现对电路或非电对象的控制、检测、保护、变换、调节等作用的电器。常用低压电器的种类繁多，分类方法也有多种。按动作性质可分为自动电器，如继电器、接触器、断路器等；手动电器如刀开关、组合开关、按钮等。按职能可分为控制电器如按钮、接触器等；保护电器如熔断器、热继电器等。

1. 刀开关

刀开关一般用于接通或切断电源，也可用来控制容量小于 7.5kW 的异步电动机进行不频繁的直接起动与停机。

刀开关主要由闸刀（动触头）、刀座（静触头）及底板等组成，其外形和符号如图 8-1 所示。

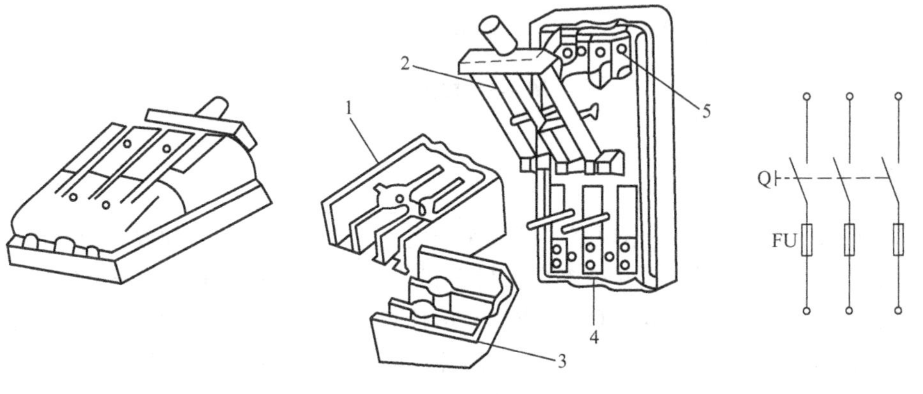

a) 外形　　b) 结构　　c) 符号

图 8-1　刀开关

1—上胶木盖　2—刀开关刀片　3—下胶木盖　4—接熔丝的接头　5—刀座

安装时，手柄要向上，不得倒装或平装，以免由于重力自由下落而引起误动作和合闸。接线时电源线应与静触头相连，负载与刀片和熔丝一侧相连，这样安装，当断开电源时，刀片不带电。

刀开关的额定电压通常为250V和500V，额定电流为10~500A。选择刀开关时，应使其额定电压大于或等于电路的额定电压，电流应大于电路的额定电流，当用于控制电动机时，其额定电流要大于电动机额定电流的三倍。

2. 按钮

按钮用来接通或断开控制电路。结构如图8-2所示。按钮由触头、按钮帽及弹簧等几个部分组成。按钮的触头有常闭触头(动断触头)和常开触头(动合触头)两种。按钮按下时，常闭触头先断开，然后常开触头闭合；松开后，依靠复位弹簧使触头恢复到原来的位置。按钮有单式按钮、复合按钮等。按钮的额定电流通常不超过5A。按钮符号如图8-3所示。

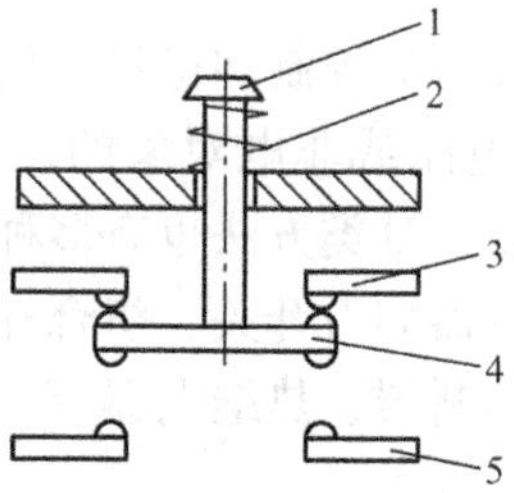

图8-2　按钮结构示意图

1—按钮帽　2—复位弹簧　3—常闭静触头　4—动触头　5—常开静触头

a) 常开按钮　b) 常闭按钮　c) 复合按钮

图8-3　按钮符号

3. 熔断器

熔断器俗称保险丝，主要作短路或过载保护用。它主要由熔断体和放置熔断体的绝缘管或绝缘座组成。熔断体(熔丝)由易熔金属材料铅、锌、锡、银、铜及其合金制成。绝缘管是装熔体的外壳，由陶瓷、绝缘钢纸制成，在熔体熔断时兼有灭弧作用。熔体与电路串联，如同一根特殊的导线，当线路短路或过载时熔体熔断，切断电路。熔断器有三种结构：管式熔断器，插式熔断器和螺旋式熔断器，如图8-4所示。

熔断器的选择主要是选择熔体的额定电流。熔体额定电流的选择如下：

1）照明和电热负载：应使熔体额定电流≥被保护设备的额定电流。

2）一台电动机：应使熔体额定电流≥(1.5~2.5)×电动机额定电流。

3）多台电动机：应选择熔体额定电流≥(1.5~2.5)×最大容量电动机额定电流+其余电动机额定电流之和。

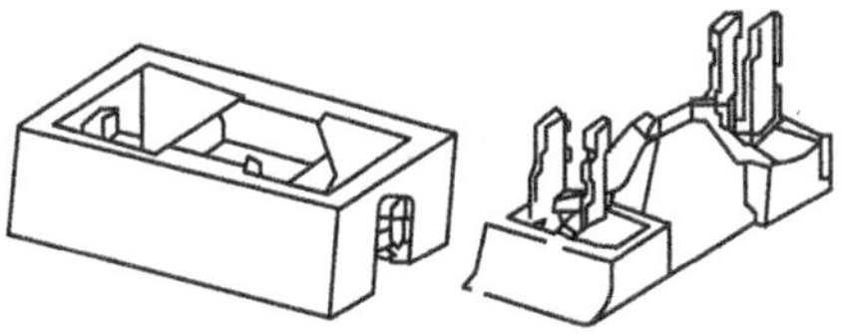

a) 插式熔断器

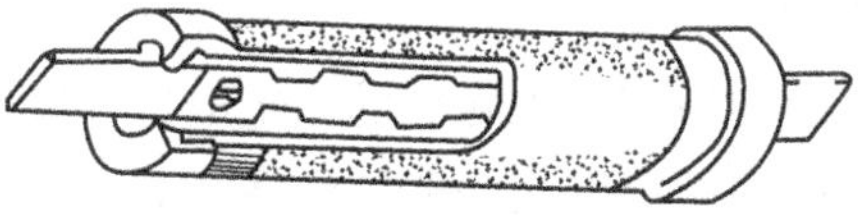

b) 管式熔断器

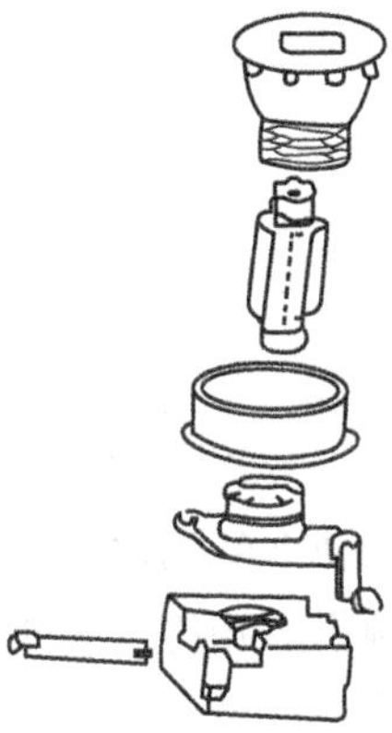

c) 螺旋式熔断器

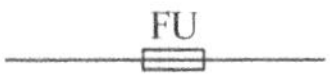

d) 熔断器符号

图 8-4　熔断器的结构及符号

4. 交流接触器

接触器是利用电磁吸力来接通和断开电路的自动切换电器，适合于频繁操作的远距离控制，并具有欠电压、失电压保护的功能。接触器主要用来控制电动机。按通入电流类型的不同，可分为交流接触器和直流接触器。下面主要介绍交流接触器的结构和功能。

交流接触器的结构如图 8-5 所示。它主要由电磁铁和触头两部分组成，其中电磁铁由线圈、铁心和衔铁构成。根据用途不同，触头可以分为主触头和辅助触头。主触头为常开触头，用于接通或分断较大的电流，常接在主电路中用于控制主电路的通断；辅助触头有常开触头、常闭触头两种，用于接通或分断较小的电流，常接在控制电路（或称辅助电路）中，起电气联锁作用。线圈通电时产生电磁吸引力将衔铁吸下，使常开触头闭合，常闭触头断开。线圈断电后电磁吸引力消失，依靠弹簧使触头恢复到原来的状态。接触器各部件符号如图 8-6 所示。

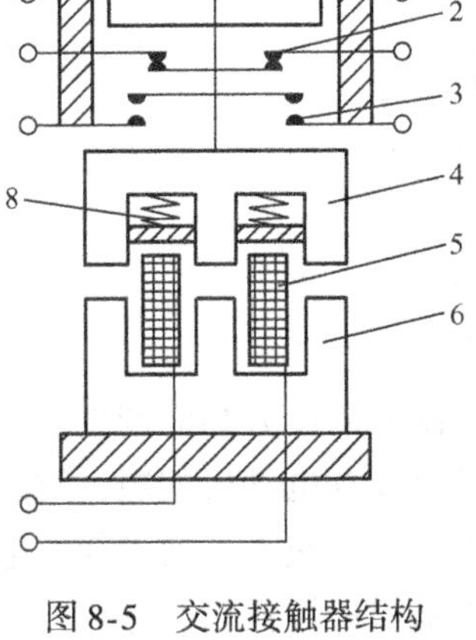

图 8-5　交流接触器结构

1—主触头　2—常闭辅助触头　3—常开辅助点　4—动铁心　5—电磁线圈

6—静铁心　7—灭弧罩　8—弹簧

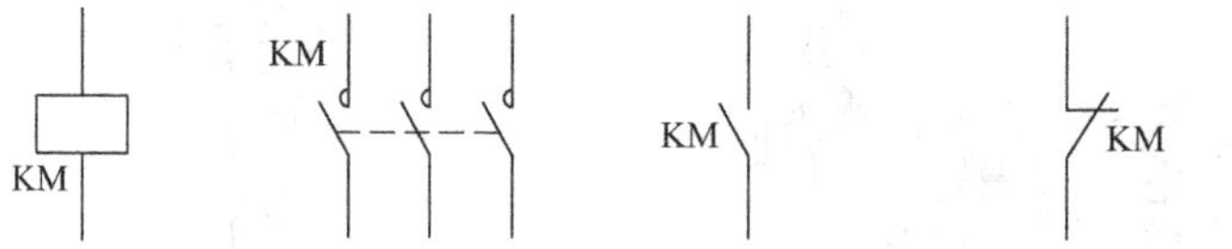

a) 接触器线圈　b) 主触头　c) 常开辅助触头　d) 常闭辅助触头

图 8-6　接触器各部件符号

使用交流接触器时，铭牌上的额定电压和额定电流均指的是主触头的额定电压和额定电流，应使之与用电设备的额定值相符。线圈的额定电压和额定电流一般标注在线圈上，选择时应使之与控制电路的电源相符。

5. 中间继电器

中间继电器与交流接触器的工作原理相同。只是它们的用途有所不同，中间继电器主要用在辅助电路中，用来弥补辅助触头的不足。因此，中间继电器触头的额定电流比较小，一般不大于5A，而触头数量比较多。在选用中间继电器时，主要是考虑电压等级和触头数目。

6. 热继电器

热继电器是利用电流热效应使双金属片受热后弯曲，通过联动机构使触头动作的自动电器，主要用于电动机的过载保护。

如图 8-7 所示，热继电器由热元件、双金属片、触头系统等组成。双金属片是感温元件，由两种热膨胀系数不同的金属碾压形成一体。热元件是一段电热丝，串接在电动机定子绕组中。当电动机长期过载时，热元件发热，使双金属片受热膨胀，由于两层金属的热膨胀系数不同，致使双金属片向上弯曲，当弹簧的拉力大于双金属片的作用力时，扣板将自动弹开，使常闭触头断开，从而断开电路。热继电器各部件符号如图 8-8 所示。

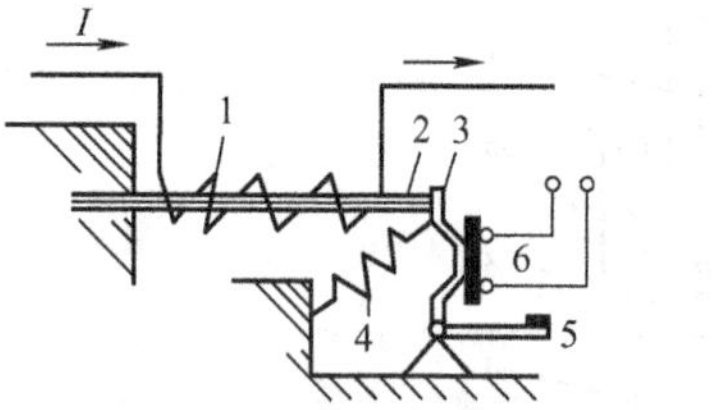

图 8-7　热继电器结构原理图
1—热元件　2—双金属片　3—扣板　4—弹簧
5—复位按钮　6—常闭触头

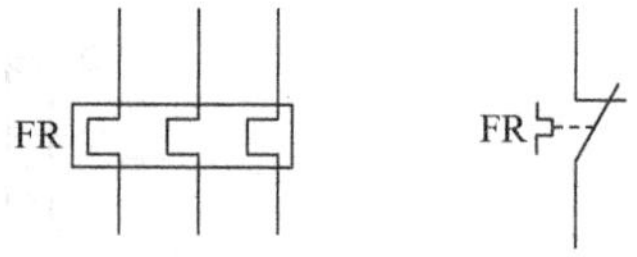

a) 发热元件　b) 热继电器触头

图 8-8　热继电器符号

由于双金属片存在热惯性，它随着温度升高而产生热膨胀需要一定的时间，因此它不会因电动机过载而立即动作。这样既可发挥电动机的短时过载能力，又能保护电动机不致因过载时间长而出现过热现象。同样地，当发热元件通过较大电流，甚至为短路电流时，热继电器也不会立即动作。因此，热继电器只能用作过载保护，不能用作短路保护。

热继电器的主要技术数据是整定电流。所谓整定电流是指发热元件中通过的电流超过此值的 20% 时，热继电器应当在 20min 内动作。选用热继电器时，一般将热元件的整定电流调整到等于电动机的额定电流。对于过载能力差的电动机，热元件的整定电流为电动机额定电流的 0.6 ~ 0.8。如果电动机起动时间较长或拖动冲击性负载时，热元件的整定电流为电动机额定电流的 0.95 ~ 1.05。

7. 断路器

断路器能实现欠电压、过载和短路保护。它与熔断器配合是低压电路中广泛应用的最基本保护手段。它的结构和符号如图 8-9 所示。

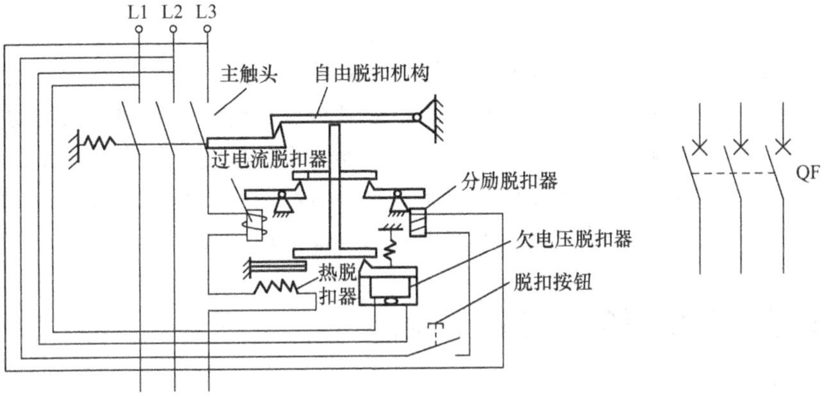

图 8-9　断路器结构及符号

开关主触头靠手动闭合。触头闭合后，自由脱扣机构将触头锁在合闸位置上。当电路发生故障时，脱扣机构动作，自动跳闸实现保护作用。

断路器额定电压和额定电流应选择不小于线路或设备的工作电流数值，且它的通断能力应不小于电路的最大短路电流。

8.2　基本电气识图

电动机或其他电气设备的电气控制系统是由多种电器组成，主要由接触器、继电器及按钮等组成的控制系统叫继电–接触器控制系统。为了分析该系统各种电器的工作情况和控制原理，需用电路按规定的图形和文字符号表示出来，这种图形叫电气图。

继电–接触器控制电气图可分为原理图、接线图和安装图。在原理图中的各种电器及部件都不是按实际位置绘制，而是根据控制的基本原理和要求分别绘在电路图中各个相应的位置，以表明各电器间的电路联系，便于分析控制电路原理。接线图和安装图是用于维修及安装，一般需画出各种电器间的位置及相互的关系。本节仅介绍电气原理图。

通常把原理图的整个电路分为主电路和控制电路两部分。主电路是电源进线到电动机的大电流连接电路，如有刀开关、接触器主触头、电动机等；控制电路是对主电路中各电器部件的工作情况进行控制、保护、监测等的小电流电路，包括接触器和继电器（直接串联于主电路的电流继电器除外）线圈及辅助触头、按钮等有关控制电器。

阅读继电–接触器控制原理图时，要掌握以下几点：

1）分清主电路和控制电路，主电路一般画在左侧或上方，控制电路一般画在右侧或下方。此外，还有信号电路、照明电路等。

2）电气原理图中，同一电器的不同部件，通常不画在一起，而是画在电路的不同地方，同一电器的不同部件都用相同的文字符号标明，如接触器的主动合触头常画在主电路中，而线圈和辅助触头通常画在控制电路中，它们都用 KM 表示。

3）全部触头都按常态给出。对接触器和各种继电器而言，常态是指其线圈未通电时的状态。对按钮、行程开关等是指未受外力作用时的状态。

在阅读电气原理图以前，必须对控制对象有所了解，尤其对于机械、液压（或气动）、电气配合得比较密切的生产机械的动作过程要了解，单凭电气原理图往往不能完全看懂其控制原理。

阅读电气原理图的步骤：一般先看主电路，再看控制电路，最后看显示及照明等辅助电路。先看主电路有几台电动机，各有什么特点，如是否有正反转，常用什么起动方法，有无调速和制动等；看控制电路时，一般从主电路接触器入手，按动作的先后顺序自上而下一个一个分析，搞清它们的动作条件和作用。控制电路一般都由一些基本环节组成，阅读时可把它们分解出来，便于分析。此外还要看电路中有哪些保护环节。

8.3 三相异步电动机的基本控制电路

8.3.1 起停控制

1. 点动控制

点动控制就是当按下按钮时电动机转动，松开按钮时电动机就停转。

三相笼型异步电动机点动控制电路图如图 8-10 所示，主电路由组合开关 Q、熔断器 FU、接触器的主触头 KM 和电动机 M 组成。控制线路由点动按钮 SB、接触器的线圈 KM 组成。动作过程是：合上开关 Q，接通电源。

起动：按下按钮 SB→接触器 KM 线圈得电→KM 主触头闭合→电动机 M 起动运行。

停止：松开按钮 SB→接触器 KM 线圈失电→KM 主触头断开→电动机 M 失电停转。

点动控制多用于机床刀架、横梁、立柱等快速移动和机床对刀等场合。

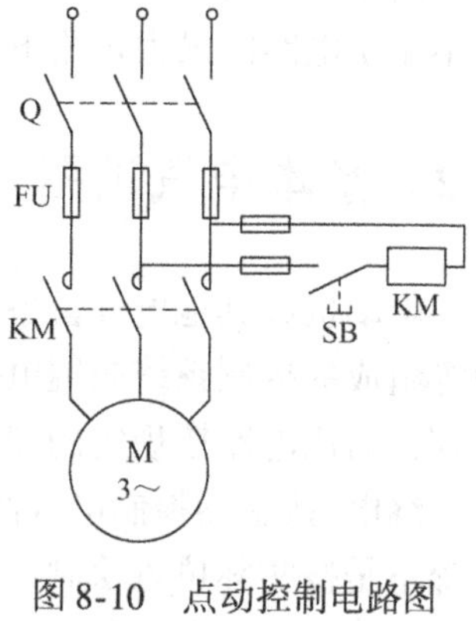

图 8-10 点动控制电路图

2. 单向起停控制

如图 8-11 所示为单向起停控制电路。它是在点动电路基础上串接了一个停止按钮 SB_2，在起动按钮 SB_1 两端并接一个接触器的常开辅助触头 KM。

起动时，合上 QS，引入三相电源。按下 SB_1，KM 线圈通电，主电路中 KM 主触头闭合，电动机接通电源直接起动运转。同时与 SB_1 并联的常开辅助触头 KM 闭合，即使 SB_1 松

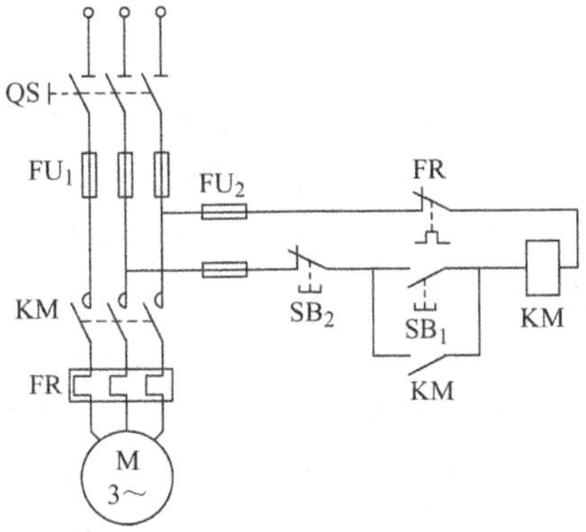

图 8-11　单向起停控制电路图

开后，KM 线圈仍保持通电，电动机可连续运行。这种依靠接触器自身辅助触头而使其线圈保持通电的控制方式称为自锁，这个辅助触头称为自锁触头。

按下停止按钮 SB_2，KM 线圈断电，KM 主触头断开，电动机停止工作；KM 常开辅助触头断开，解除自锁。

该电路具有短路、过载及失电压保护。短路保护靠熔断器 FU。热继电器（热元件串接在主回路中，常闭触头串接在控制回路中）可进行过载保护。交流接触器本身具有失电压和欠电压保护作用。

3. 多地控制电路

大型机电设备为了操作方便，常要求在两个或两个以上地点都能操作，其控制电路如图 8-12 所示，需要在每一个控制地点安装一组起动和停止按钮。各组按钮的接线原则是：起动按钮并联，停止按钮串联。按下任意一个起动按钮均可使 KM 线圈通电，电动机运行。同样按下任意一个停止按钮均可使 KM 线圈失电，电动机停止。

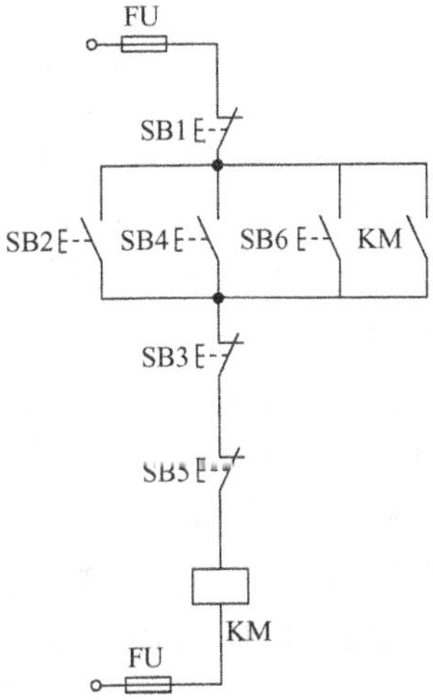

图 8-12　多地控制电路

8.3.2 正反转控制

在生产上往往要求运动部件有正反两个方向运动。由三相异步电动机工作原理可知，只要调换了电动机三根电源线中的任意两根，就可实现电动机反转。

正反转基本控制电路如图 8-13 所示。主电路中用两个接触器引入电源。KM1 闭合电动机正转，KM2 闭合电动机反转。

图 8-13 的控制电路缺点是 SB2 和 SB3 同时按下，会造成电源短路，为此加入“互锁”。如图 8-14a 所示，就是在反转的 KM2 线圈电路中串接一个正转接触器 KM1 的常闭辅助触头，KM1 线圈通电时，KM2 线圈因所在支路的 KM1 常闭辅助触头断开而确保断电。同样要在正转的 KM1 线圈电路中串接一个反转接触器 KM2 的常闭辅助触头。这种在各自的控制电路中串接对方的常闭辅助触头，达到两个接触器不会同时工作的控制方式称为互锁，这两个常闭触头称为互锁触头。

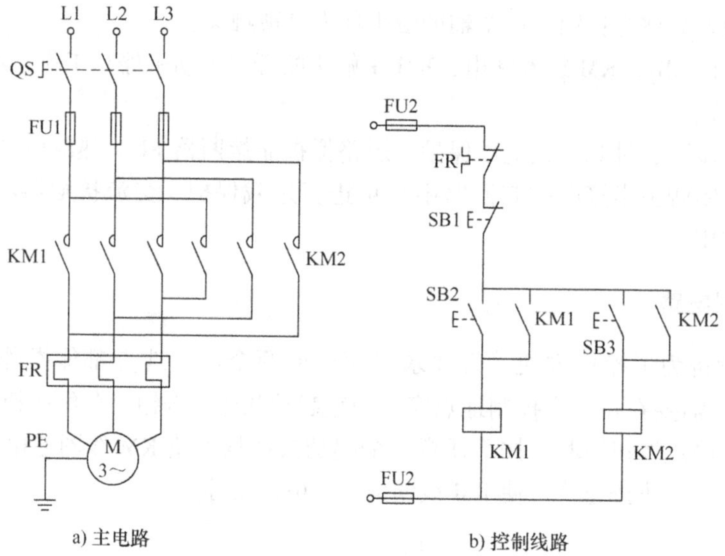

图 8-13　正反转基本控制电路

动作过程为：正转操作时按下 SB2，KM1 线圈通电，KM1 主触头闭合，电动机正转，并通过 KM1 常开辅助触头自锁、常闭辅助触头互锁。反转操作时先按停止按钮 SB1，KM1 线圈失电，触头复位，然后按下 SB3，使 KM2 线圈通电，KM2 主触头闭合，电动机反转，并通过 KM2 常开辅助触头自锁、常闭辅助触头互锁。

图 8-13b 所示的控制电路在正转过程中要求反转时，必须先按停止按钮 SB1，让 KM1 常闭辅助互锁触头复位闭合后，才能按 SB3 使电动机反转，带来操作的不便。为此可如图 8-14b 所示，采用复式按钮和接触器双重联锁的控制电路来进行改进。SB2 和 SB3 是两只复式按钮，它们各具有一对常开和常闭触头，将常闭触头交叉地串接在对方的控制电路中。

动作过程为：正转操作时按下 SB2，KM1 线圈通电，KM1 主触头闭合，电动机正转，并通过 KM1 常开辅助触头自锁，SB2 的常闭触头和 KM1 的常闭辅助触头断开，实现双重互锁。反转操作时按下 SB3，SB3 的常闭触头先断开，使 KM1 线圈失电，KM1 的主、辅触头

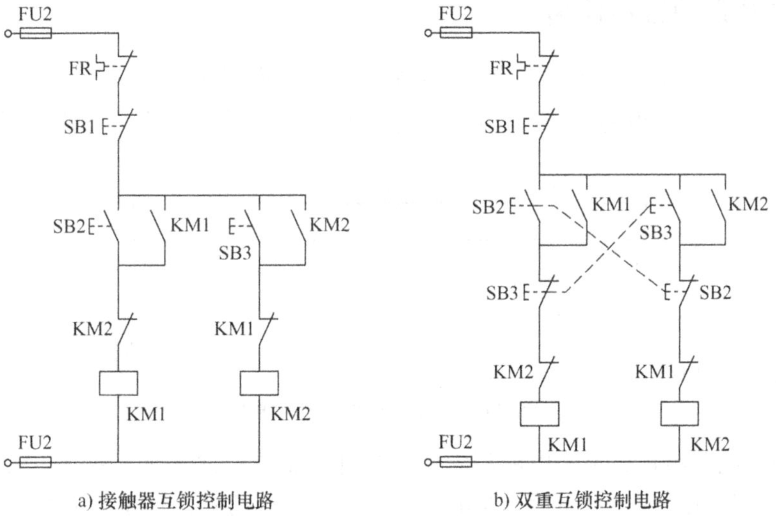

图 8-14　正、反转控制线路

复位，电动机停止正转，同时接通 KM2 线圈，KM2 主触头闭合，电动机反转，并通过 KM2 常开辅助触头自锁，SB3 的常闭触头和 KM2 的常闭辅助触头断开，实现双重互锁。

8.4　行程控制

在生产中，由于工艺和安全的需要，常要求按照生产机械中某一运动部件的行程或位置变化来对生产机械进行控制，例如生产中常见的龙门刨床的自动循环控制、磨床等生产机械的工作台的自动往复控制等，这类可往返的自动控制是利用行程开关来实现的，通常称为行程控制或限位控制。

8.4.1　行程开关

行程开关又称为限位开关，它是利用机械部件的位移来切换电路的自动电器。其结构如图 8-15 所示，符号如图 8-16 所示。它有一对常闭触头和一对常开触头。当运动部件的撞块压下推杆时，常闭触头断开，常开触头闭合。当撞块离开推杆时，触头复位。

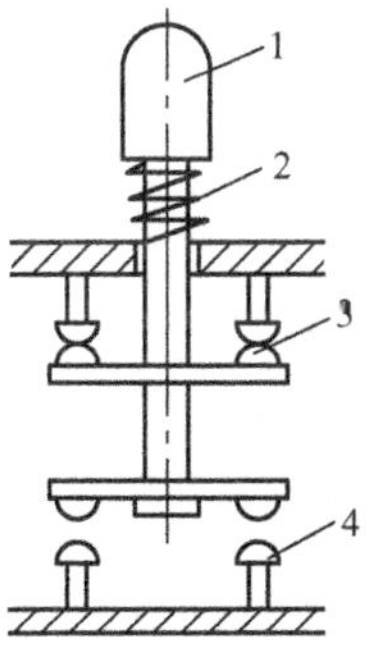

图 8-15　行程开关结构

1—推杆　2—弹簧　3—常闭触头　4—常开触头

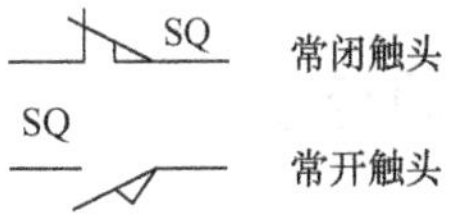

图 8-16　行程开关符号

8.4.2 自动往返的行程控制

工作台由电动机 M 带动进行自动往返运动，示意图如图 8-17 所示。行程开关 SQ_1、SQ_2 分别装在工作台的原位和终点，行程开关 SQ_3、SQ_4分别装在工作台的极限位置。

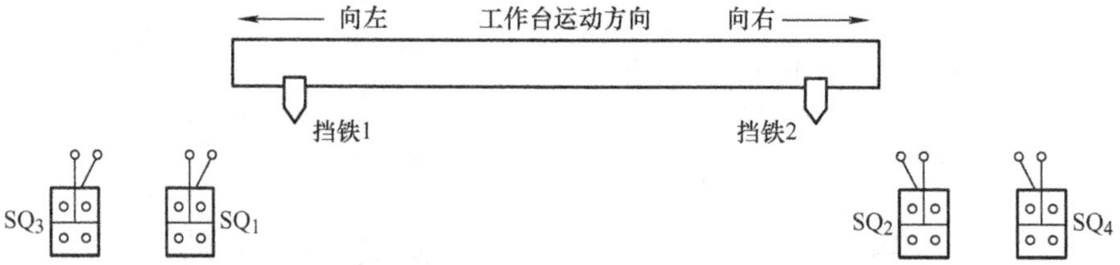

图 8-17 工作台往返运动示意图

电动机的主电路与正、反转电路相同，控制电路如图 8-18 所示。按下 SB_2，KM_1线圈通电，通过 KM_1辅助触头自锁并互锁，KM_1主触头闭合，电动机正转驱动工作台右移。工作台移至右极限位置时，挡铁 2 压下 SQ_2行程开关，SQ_2的常闭触头断开，KM_1线圈失电，KM_1触头复位使电动机停转并解除自锁；同时 SQ_2的常开触头闭合，KM_2线圈通电，通过 KM_2辅助触头自锁、互锁，KM_2主触头闭合，电动机反转驱动工作台左移。工作台移至左极限位置时，挡铁 1 压下 SQ_1行程开关，SQ_1的常闭触头断开，KM_2线圈失电，KM_2触头复位使电动机停转并解除自锁；同时 SQ_1的常开触头闭合，KM_1线圈通电，通过 KM_1辅助触头自锁、互锁，KM_1主触头闭合，电动机再次正转。如此循环，工作台则往返运动。

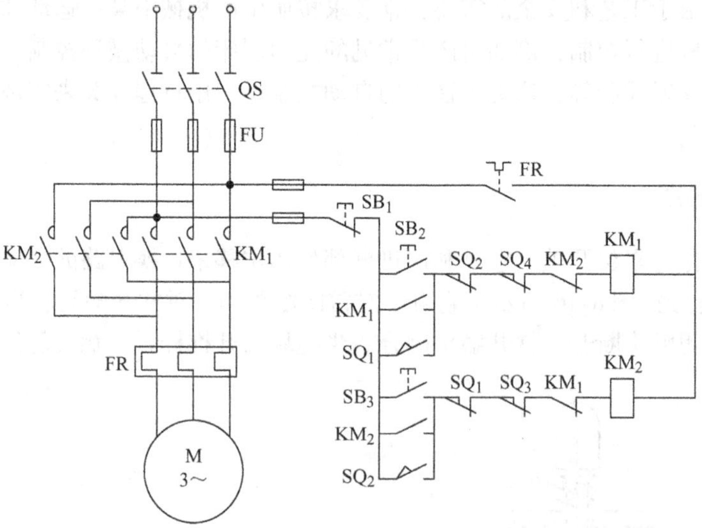

图 8-18 自动往返运动控制电路

8.5 时间控制

某些生产机械的控制电路需要按一定的时间间隔来接通或断开，如三相异步电动机的Y-△换接起动，这就需要采用时间继电器来实现延时控制。

1. 时间继电器

时间继电器是一种利用电磁原理或机械动作原理实现触头延时接通或断开的自动控制电器。其延时方式有通电延时和断电延时两种。时间继电器种类很多，常用的有电磁式、空气阻尼式、电动式和晶体管式等，这里以通电延时的空气阻尼式时间继电器为例进行介绍，其结构如图8-19所示。

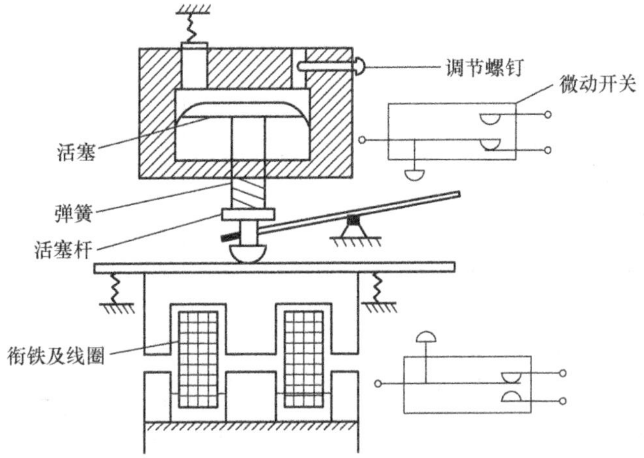

图8-19 空气阻尼式时间继电器的结构

通电延时的空气阻尼式时间继电器利用空气的阻尼作用达到动作延时的目的。线圈通电后将衔铁吸下，在释放弹簧作用下活塞杆向下移动。在伞形活塞的表面固定有一层橡皮膜，活塞向下移动时，膜上面会造成空气稀薄的空间，而活塞受到下面空气的压力，不能迅速下移。当空气由进气孔进入时，活塞才逐渐下移。移动到最后位置时，杠杆使微动开关动作。延时时间为从线圈通电时刻起到微动开关动作时为止的这段时间。通过调节螺钉调节进气孔的大小就可调节延迟时间。空气阻尼式时间继电器的延时范围较大，为0.4～180s。线圈断电后，依靠恢复弹簧的作用而复原，空气经出气孔被迅速排出，因此，在断电的情况下不延时。

时间继电器符号如图8-20所示，各种延时触头的动作方向总是指向触头上圆弧图形的圆心。时间继电器选用时主要考虑延时范围、延时类型、延时精度及工作条件等。

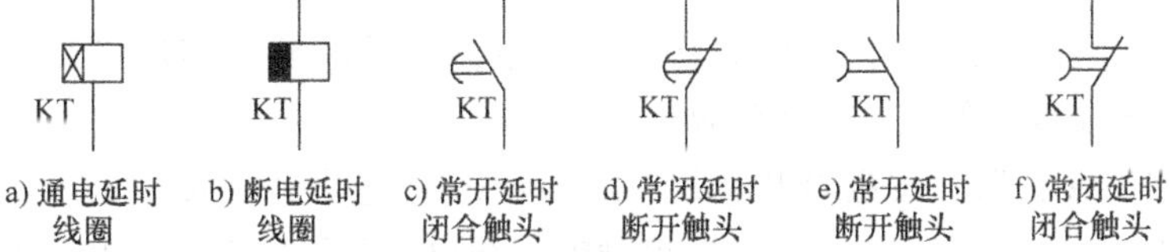

图8-20 时间继电器的图形文字符号

2. Y-△换接起动

Y-△换接起动控制如图8-21所示。

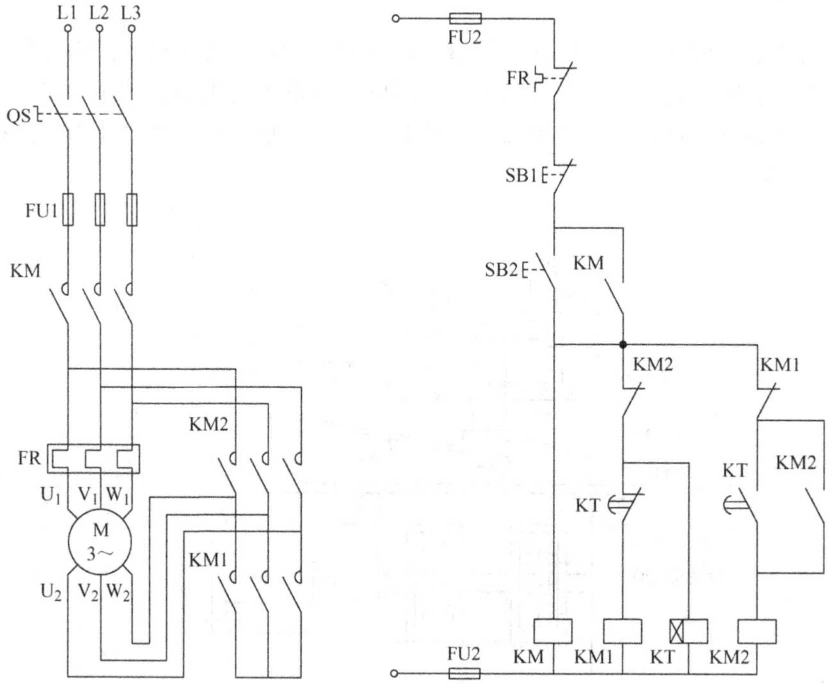

a) 主电路　　b) 控制线路

图 8-21　Y-△自动换接起动

起动时，按下 SB2，KM 线圈通电，并通过 KM 常开辅助触头自锁；同时，KM1 线圈、KT 线圈通电，KM1 常闭辅助触头实现互锁，主电路中的 KM 主触头与 KM1 主触头闭合，定子绕组连接成星形，实现减压起动。经过一定时间后，KT 线圈延时到，其常闭延时断开触头断开，KM1 线圈失电，KM1 常闭辅助触头闭合，同时 KT 延时闭合辅助触头闭合，KM2 线圈通电，并通过 KM2 辅助触头自锁和互锁，在主电路中 KM1 主触头断开，KM2 主触头闭合，定子绕组自动换接成三角形。

本章小结

1. 常用低压电器有刀开关、熔断器、交流接触器、继电器等。

2. 在电动机的控制线路中，实现短路保护的电器是熔断器，实现过载保护的电器是热继电器，实现失电压保护的电器是接触器。

3. 将继电器、接触器、按钮等电器元件组合起来对电动机或某些工艺过程进行自动控制，称为继电-接触器控制。继电-接触器控制电气图可分为原理图、接线图和安装图。原理图分为主电路和控制电路两部分。

4. 点动、自锁、互锁、单向运行、多地控制、正-反转控制都是电动机的基本控制电路。利用时间继电器的延时作用，可以实现电动机的星-三角换接起动。使用行程开关可实现工作台的自动往返控制。

思考与习题

8.1 什么是电动机点动控制？

8.2 交流接触器主要部件有哪些？交流接触器工作原理如何？

8.3 时间继电器有哪几种延时触头？

8.4 电动机起动时，电流很大，当电动机起动时，热继电器会不会动作？为什么？

8.5 图8-22所示控制电路有几处错误？请改正。

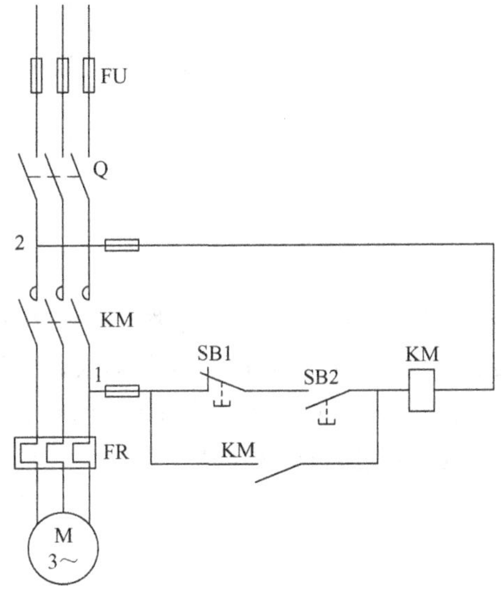

图8-22 题8.5图

8.6 试画出三相笼型电动机既能连续工作、又能点动工作的继电-接触器控制电路。

8.7 今要求三台笼型电动机M1、M2、M3按照一定顺序起动，即M1起动后M2才可起动，M2起动后，M3才可起动。试绘出控制电路。

8.8 如图8-23所示电路，能否实现正反转功能？该电路存在一些不足，试从电气控制的保护和易操作性等方面加以改进。

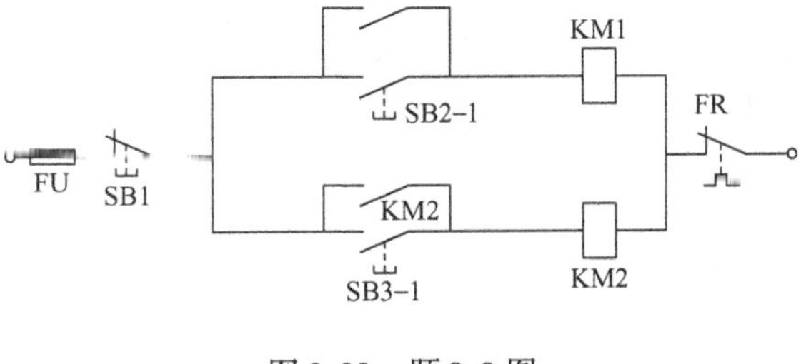

图8-23 题8.8图

8.9 如图8-24所示电路，能否实现自锁功能？为什么？

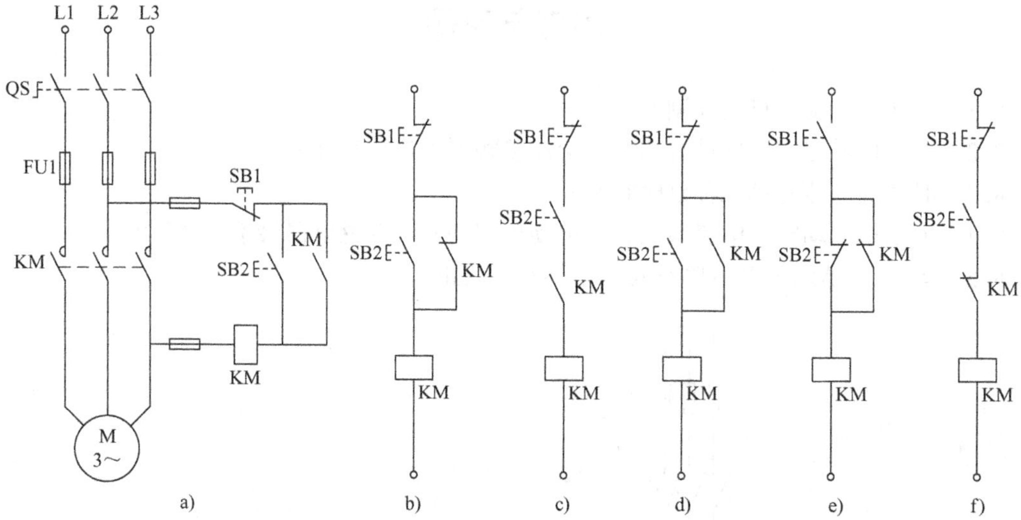

图 8-24　题 8.9 图

8.10　图 8-25 所示控制电路，将开关 Q 合上后按下起动按钮 SB2，发现有下列现象，试分析和处理故障：(1) 接触器 KM 不动作；(2) 接触器 KM 动作，但电动机不转动；(3) 电动机转动，但一松手电动机就不转；(4) 接触器动作，但吸合不上；(5) 接触器触头有明显颤动，噪声较大；(6) 接触器线圈冒烟甚至烧坏；(7) 电动机不转动或者转得极慢，并有“嗡嗡”声。

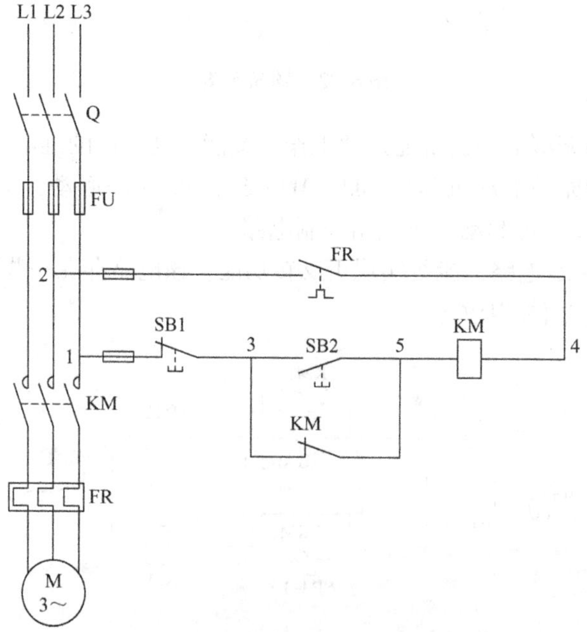

图 8-25　题 8.10 图

8.11　图8-26是电动葫芦（一种小型起重设备）的控制电路，试分析其工作过程。

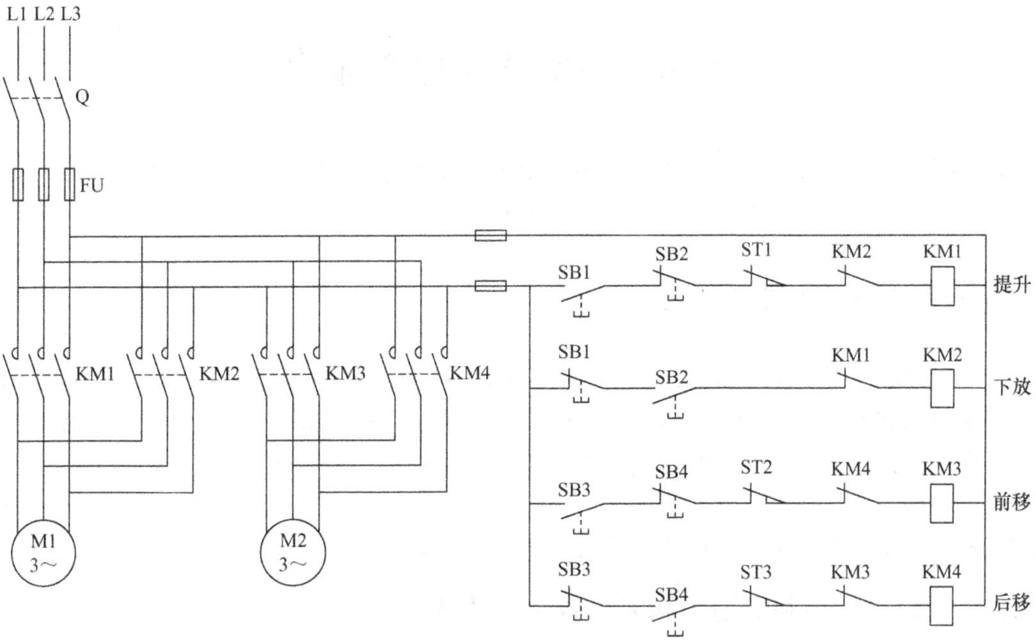

图8-26　题8.11图

第9章　可编程序控制器

内容提要：本章介绍了可编程序控制器PLC的结构、工作方式、主要技术性能、功能和特点；PLC的一些基本指令，以及简单的程序编制方法。

9.1　可编程序控制器概述

可编程序控制器（Programmable Logic Controller，PLC）是微电子技术、计算机技术、自动控制技术和通信技术融为一体的工业控制装置。它用编程替代传统的电磁继电器的控制电路，用执行指令的方式代替继电器触头动作，去控制生产设备的运行，具有通用性强、可靠性高、使用方便、抗干扰能力强等优点，已广泛应用于冶金、矿业、机械、轻工等领域，成为工业自动化有力的工具，加速了机电一体化的实现。

9.1.1　可编程序控制器的结构及各部分的作用

可编程序控制器的种类繁多，但组成结构基本相同，主要由中央处理器（CPU）、存储器（RAM、ROM）、输入输出（I/O）接口、电源等几大部分组成。PLC的结构框图如图9-1所示。

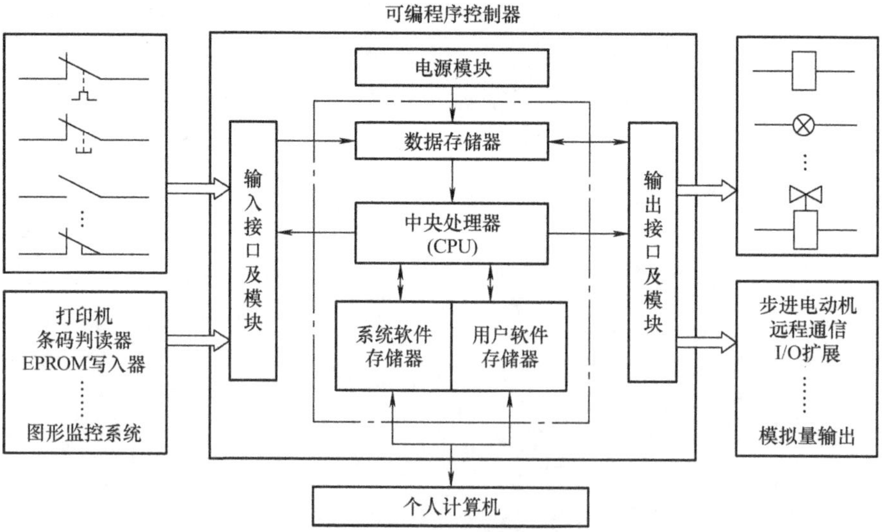

图9-1　PLC的结构框图

1. 中央处理器（CPU）

CPU由控制器、运算器和寄存器组成。CPU通过地址总线、数据总线和控制总线与存储单元、输入输出（I/O）接口电路连接。它主要用来接收与储存从编程设备输入的用户程序和数据；以扫描方式接收现场输入设备的状态和数据，并存入输入映像寄存器或数据存储器中；诊断电源、内部工作状态和编程中的语法错误等。运行后，它完成用户指令规定的各种操作，将结果送到输出端，并响应外部设备（如打印机、条码扫描仪等）的请求等。

2. 存储器

PLC 的存储器有系统存储器和用户存储器两部分。系统存储器用来存放系统监控程序、用户指令解释程序、标准程序模块及各种系统参数等，这些已由厂商固化，用户不能更改。用户存储器用来存放用户编制的应用程序及各种暂存数据和中间结果。

3. 输入输出（I/O）接口

I/O 接口是 PLC 和工业控制现场各类输入输出设备连接的部件。输入接口用来接受输入设备的各种信号。输出接口用来送出 CPU 处理后得出的控制信息，并通过执行机构完成工业现场的各类控制。输入输出（I/O）接口有数字量（开关量）输入、输出和模拟量输入、输出两种形式。

4. 电源

PLC 的电源包括为 PLC 各工作单元供电的开关电源及为掉电保护电路供电的后备电源（一般为锂电池）。PLC 电源的输入电压有直流 12V、24V、48V 和交流 110V、220V，使用时根据需要选择。电源模块的输出一般为直流 5V 和 24V，它们向 PLC 的 CPU、存储器等提供工作电源。

5. 编程器

编程器是 PLC 一种重要的外部设备。PLC 的编程设备一般有两类，一类是专用的编程器，有手持的、台式的，也有的 PLC 机身上自带编程器。其中，手持式的编程器便于携带，适合工业控制现场应用，手持式编程器又可分为简易型及智能型两类。前者只能联机编程，后者既可联机编程又可脱机编程。另一类是个人计算机，利用通信电缆将 PLC 和计算机连接，并使用专业的编程软件进行编程和监控。

6. I/O 扩展接口

I/O 扩展接口用于将扩充外部 I/O 端子数的扩展单元与基本单元连接在一起。

7. 外部设备接口

此接口可将编程器、计算机、打印机、条码扫描仪等外部设备与 PLC 相连，以完成相应操作。

9.1.2　可编程序控制器的工作方式

PLC 是按集中输入、集中输出、顺序控制、周期性循环扫描的方式进行工作的，整个过程如图 9-2 所示。CPU 从第一条指令开始逐条顺序执行，直到程序结束，然后重新返回第一条指令，开始下一轮新的扫描，周而复始。每一次扫描所用的时间称为扫描周期。

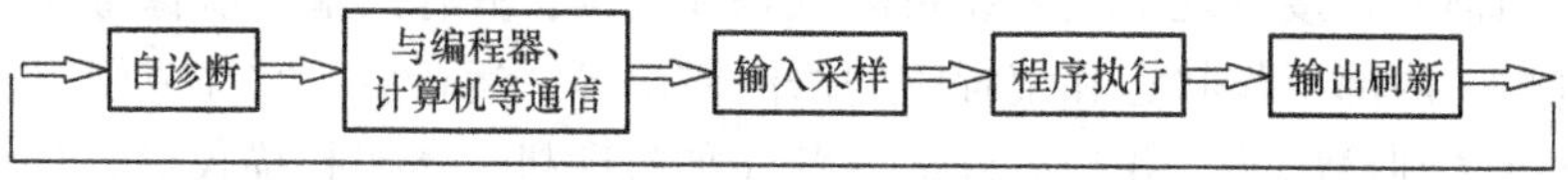

图 9-2　PLC 的工作方式

在每次扫描过程中，主要完成如图 9-3 所示输入采样、程序执行和输出刷新三个阶段的工作。

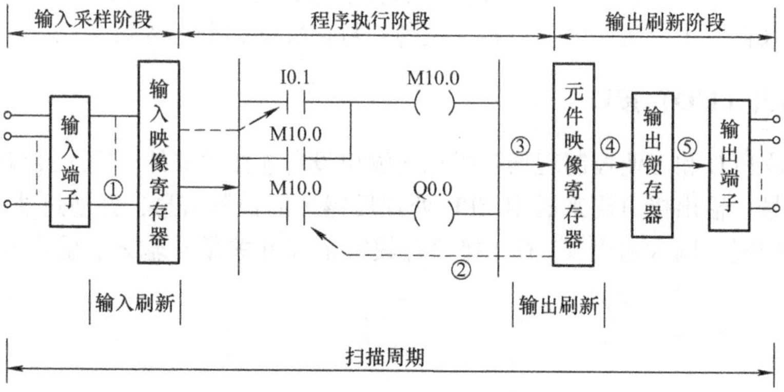

图 9-3　PLC 扫描工作过程

1. 输入采样阶段

在这个阶段中，PLC 读入所有输入的状态或数据，并将它们存放在输入映像寄存器内。此后，无论外部输入是否发生变化，输入映像寄存器中的内容在下一个周期输入采样之前将一直保持不变。

2. 程序执行阶段

在这个阶段中，PLC 从第一条指令开始逐条执行用户程序，并将运算结果存入输出暂存区的相应单元中，直到用户程序全部被执行完。

3. 输出刷新阶段

将本次执行用户程序的结果一次性地从输出状态暂存区送到各个输出口，对输出状态进行刷新。

顺序扫描的工作方式简化了程序设计，并为 PLC 可靠运行提供了保证，但是这种工作方式的明显不足是输入输出响应滞后。

9.1.3　可编程序控制器的主要技术性能

PLC 的主要性能通常可用以下各种指标进行描述。

1. I/O 点数

I/O 点数即指 PLC 的外部输入和输出端子数，这是最重要的一项技术指标。对于小型的可编程序控制器，输入输出点数为数十个，而中型机和大型机输入输出点数从几百到数千。

2. 内存容量

内存容量用来衡量 PLC 所能存储用户程序的多少。用户可根据控制对象复杂程度的不同，预估所需容量，进而选择机型。

3. 指令执行时间

指令执行时间是指 CPU 执行一步指令所需时间。一般执行一步指令需要几微秒至十几微秒。

4. 指令系统条数

PLC 具有基本指令和高级指令，指令的种类和数量越多，其软件控制功能越强。

此外，不同 PLC 还有其他一些指标，如编辑软件及编程手段、输入/输出方式、特殊功能模块种类、工作环境和电源等级等。

9.1.4 可编程序控制器的主要功能

随着技术的不断发展，目前 PLC 已能完成以下功能。

1. 开关逻辑控制

这是 PLC 最基本的应用，可用 PLC 取代传统的继电器控制系统，实现逻辑控制和顺序控制。

2. 模拟量控制

PLC 具有 A-D 及 D-A 转换功能，通过 I/O 模块可完成对模拟量的控制。

3. 过程控制

过程控制是指对连续变化的量进行控制。PLC 能编制各种各样的控制算法程序，完成闭环控制，目前已广泛应用于冶金、化工、热处理、锅炉控制等场合。

4. 运动控制

PLC 可以用于圆周运动或直线运动的控制，如可驱动步进电机或伺服电机的单轴或多轴位置控制模块。

5. 步进控制

PLC 为用户提供步进指令、寄存器移位指令等，用这些指令可方便地完成步进控制功能。

6. 数据处理

现代 PLC 具有数学运算、数据传送、数据转换、排序、查表、位操作等功能，可以完成数据的采集、监测、分析和处理。这些数据可以完成一定的控制操作，也可以利用通信功能传送到其他的智能装置，或将它们打印制表。

7. 通信及联网

现代 PLC 都有 RS－232 或 RS－485 接口，可进行远程 I/O 控制，多台 PLC 之间可联网通信，实现程序和数据交换。

9.1.5 可编程序控制器的特点

PLC 的主要特点有：

1）抗干扰能力强、可靠性高。对电源采取屏蔽，输入、输出均采用隔离耦合电路，主机的输入电源和输出电源可相互独立，采用循环扫描工作方式，这些措施提高了 PLC 的抗干扰能力。内部采用“监视器”电路，具有完善的监视和诊断功能，外壳采用密封防尘抗震的封装，保证了 PLC 可以可靠地工作。

2）模块化结构，功能完善，扩展方便。采用模块化组合式结构，使系统构成十分灵活，可根据需要任意组合，易于维修，易于实现分散式控制。

3）编程语言简单易学，可进行在线修改，便于普及。

4）体积小，重量轻，功耗低。

5）可与各种组态软件相结合，远程监控生产过程。

正是因为 PLC 具有以上特点，所以它的应用几乎覆盖了所有工业企业，成为生产控制领域中最重要的工业控制器。

9.2 可编程序控制器的程序编制

9.2.1 可编程序控制器的编程语言

PLC 提供的编程语言通常有两种：梯形图、指令语句表。

1. 梯形图

梯形图是一种从继电器控制电路图演变而来的图形语言。它是借助类似于继电器的动合触头、动断触头、线圈以及串并联等术语和符号，根据控制要求连接而成的表示 PLC 输入和输出之间逻辑关系的图形。

图 9-4 是梯形图示意图。左右两垂直的线称为母线，在母线之间，接点的水平方向串联相当于“与”(AND)，如图中 A、B、C 三个常开触头是“与”逻辑关系。垂直方向的接点

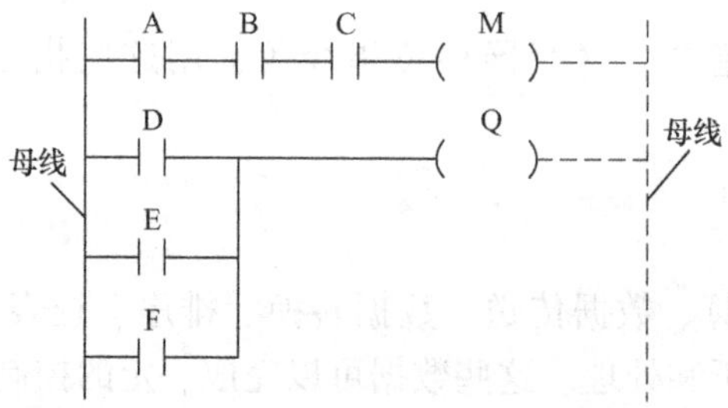

图 9-4 梯形图示意图

并联，相当于“或”（OR），如D、E、F三个常开触头是“或”逻辑关系。

梯形图是PLC形象化的编程方法，母线不接电源，因此在梯形图中不存在真实的电流，但为了形象，通常认为梯形图中有“电流”，该“电流”从左流向右。

梯形图编程原则：

1）梯形图中的继电器不是物理继电器，而是PLC存储器的一个存储单元。当写入“1”时，表示相应继电器接通，其常开触头闭合，常闭触头断开。因此梯形图中的继电器触头可多次重复引用，不存在触头短缺问题。

2）梯形图的每一行皆起始于左母线，终止于右母线。各个元件的输出“线圈”接在最右边，不能直接与左母线相连，且同一标号的输出继电器作为输出变量只能使用一次，任何触头不能放在线圈的右边。

3）梯形图是按从左至右、从上至下的顺序执行的。不符合顺序执行的电路不能直接进行编程，必须重新编排。图9-5是常见的“混联”电路改编方法。

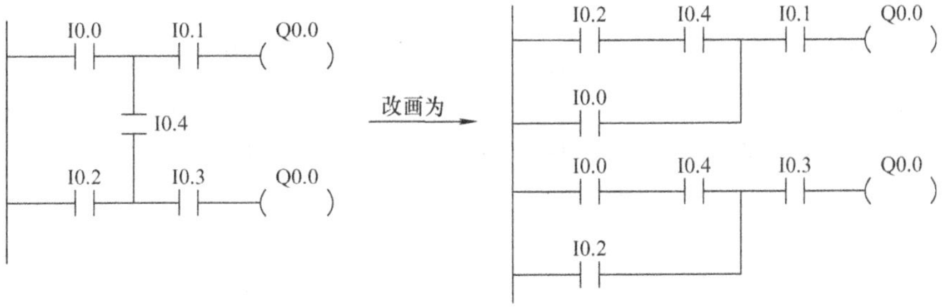

图9-5 梯形图中“混联”电路处理

4）梯形图构成的一个原则是“左重右轻，上重下轻”，即把串联触头较多的电路编在梯形图上方，并联触头较多的电路放在梯形图的左边，如图9-6所示。

图9-6 “左重右轻，上重下轻”原则

2. 指令语句表

语句表（STL）是用助记符来表达PLC各种控制功能的，它类似于计算机的汇编语言，但比汇编语言直观易懂，编程简单，因此也是应用很广泛的一种编程语言，使用时可与梯形图配合，互为补充。目前，各厂家的PLC语句表所用的助记符互不相同，不能兼容。现以S7－200系列PLC的指令系统为对象，介绍一些最常用的基本指令。

LD(Load)：取指令，用于从左母线开始的常开触头。

LDN(Load Not)：取反指令，用于从左母线开始的常闭触头。

=(Out)：线圈驱动指令。

它们的用法如图9-7所示。

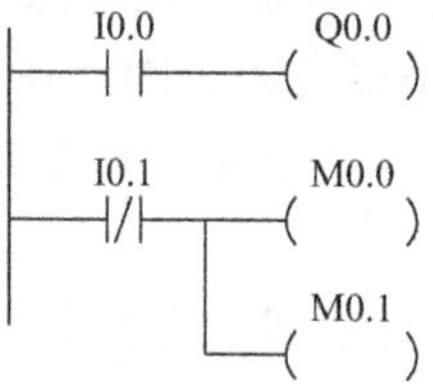


```
LD    I0.0
=     Q0.0

LDN   I0.1
=     M0.0
=     M0.1
```

图 9-7 LD、LDN、=指令使用举例

使用说明：LD、LDN 指令不仅用于与母线相连的常开和常闭触头，还可与 ALD、OLD 块操作指令配合用于分支电路的起始处；并联的“=”指令可连续使用任意次；在同一程序中不能使用双线圈输出，即同一个元器件在同一程序个只能使用一次“=”指令。

A(AND)：与指令，用于单个常开触头的串联连接。

AN(And Not)：与反指令，用于单个常闭触头的串联连接。

图 9-8 所示为上述两条指令的用法举例。

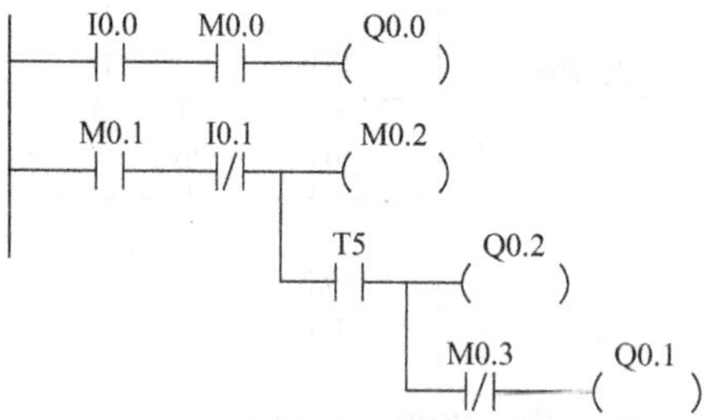


```
LD    I0.0
A     M0.0
=     Q0.0

LD    M0.1
AN    I0.1
=     M0.2

A     T5
=     Q0.2
AN    M0.3
=     Q0.1
```

图 9-8 A、AN 指令使用举例

使用说明：A、AN 是单个触头串联连接指令，可连续多次使用；图 9-8 中的连续输出电路，可以反复使用“=”指令，但次序必须正确。

O(OR)：或指令，用于单个常开触头的并联连接。

ON(Or Not)：或反指令，用于单个常闭触头的并联连接。

如图 9-9 所示，单个触头的 O、ON 指令可连续多次使用。

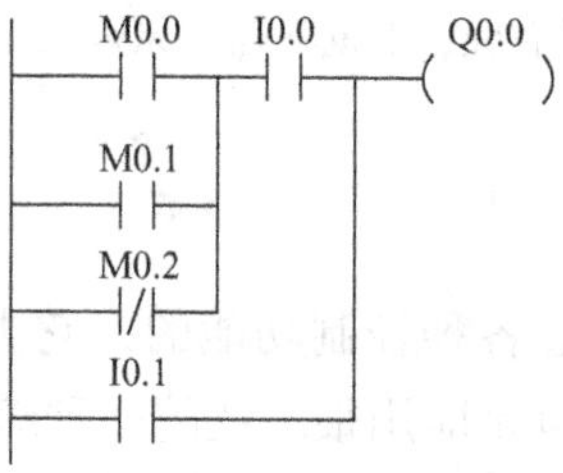


```
LD    M0.0
O     M0.1
ON    M0.2
A     I0.0
O     I0.1
=     Q0.0
```

图 9-9 O、ON 指令使用举例

两个以上触头串联形成的支路叫串联电路块。两条以上支路并联形成的电路叫并联电路块。

OLD(Or Load)：或块指令，用于串联电路块的并联连接。

ALD(And Load)：与块指令，用于并联电路块的串联连接。

图 9-10 所示为 OLD 指令的用法举例。每完成一次块电路的并联时要写上 OLD 指令。

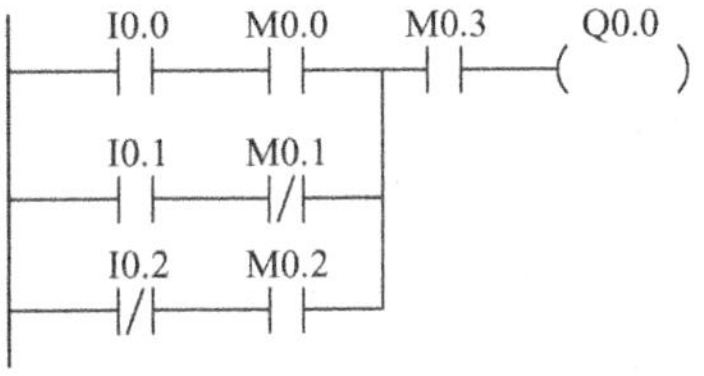


```
LD    I0.0
A     M0.0
LD    I0.1
AN    M0.1
OLD
LDN   I0.2
A     M0.2
OLD
A     M0.3
=     Q0.0
```

图 9-10　OLD 指令使用举例

图 9-11 所示为 ALD 指令的用法举例。

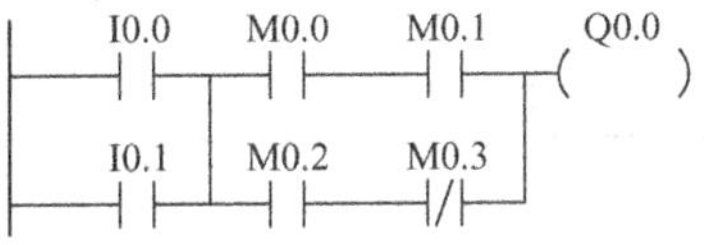


```
LD    I0.0
O     I0.1
LD    M0.0
A     M0.1
LD    M0.2
AN    M0.3
OLD
ALD
=     Q0.0
```

图 9-11　ALD 指令使用举例

置位指令 S(Set)/复位 R(Reset)：将从指定位地址 bit 开始的连续 n 个位置位/复位。图 9-12 所示为 S/R 指令的用法举例。

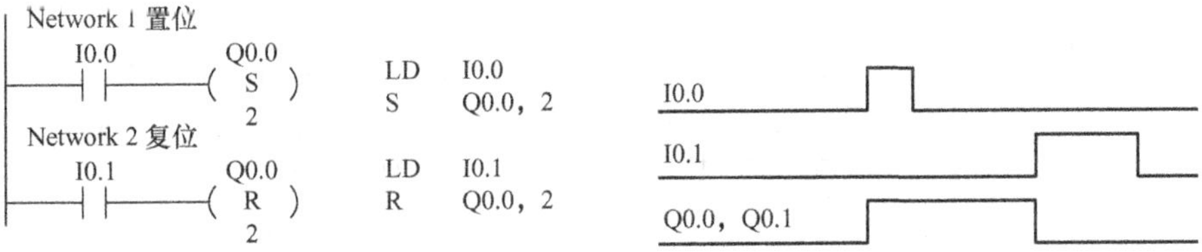

图 9-12　S/R 指令使用举例

使用说明：对位元件来说一旦被置位，就保持在通电状态，除非对它复位；而一旦被复位就保持在断电状态，除非再对它置位；置位、复位指令操作数 n 的范围是 0～255；同一编程元件可以多次使用置位指令和复位指令。

9.2.2　可编程序控制器的编程举例

以笼型电动机正反转控制电路为例来介绍用 PLC 进行编程控制的方法。

1. 确定 I/O 点数及其分配

外部接线如图 9-13 所示。按下正转起动按钮 SB_2，电动机正转；按下反转起动按钮 SB_3，则反转。在正转时如要求反转，必须先按下停止按钮 SB_1。

电路停止按钮 SB_1、正转起动按钮 SB_2、反转起动按钮 SB_3 这三个外部按钮接在 PLC 的三个输入端子上，可分别分配为 I0.0、I0.1 和 I0.2 来接收输入信号；正转接触器线圈 KM_1

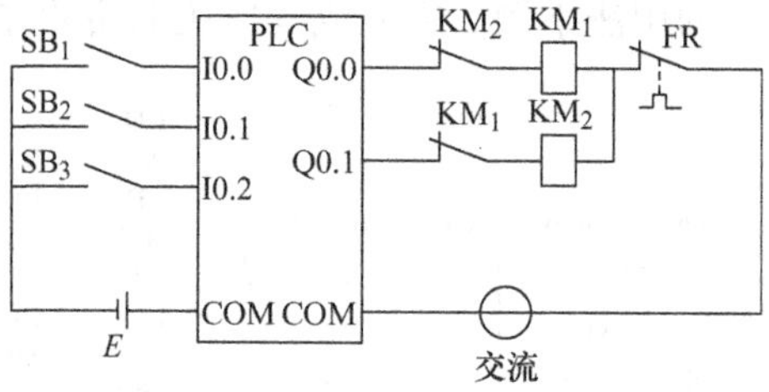

图 9-13　电动机正反转控制的外部接线图

和反转接触器线圈 KM_2 接在两个输出端子上，可分别分配为 Q0.0 和 Q0.1。共需用 5 个 I/O 点，如表 9-1 所示。

表 9-1　电动机正反转控制的 I/O 分配表

输　入		输　出	
SB_1	I0.0	KM_1	Q0.0
SB_2	I0.1	KM_2	Q0.1
SB_3	I0.2		

2. 编制梯形图和指令语句表

梯形图和指令语句表如图 9-14 所示。

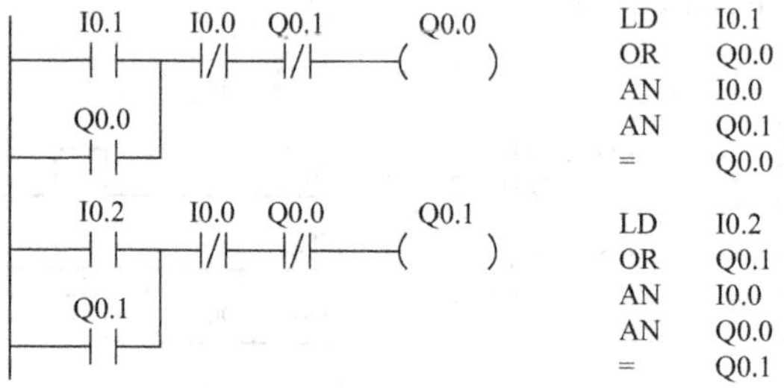

图 9-14　电动机正反转梯形图和指令语句表

本 章 小 结

1. 可编程序控制器（Programmable Logic Controller，PLC）是微电子技术、计算机技术、自动控制技术和通信技术融为一体的工业控制装置。它用编程替代传统的电磁继电器的控制电路，用执行指令的方式代替继电器触头动作，去控制生产设备的运行，具有通用性强、可靠性高、使用方便、抗干扰能力强等优点。

2. 可编程序控制器由中央处理器（CPU）、存储器（RAM、ROM）、输入输出（I/O）接口、电源等几大部分组成。

3. PLC 的主要性能通常可用 I/O 点数、内存容量、指令执行时间、指令系统条数等指标进行描述。

4. PLC 常用的编程语言有梯形图和指令表。

思考与习题

9.1　PLC 的用途是什么？它有什么特点？

9.2　PLC 的基本组成主要包括哪些？

9.3　在每次扫描过程中，PLC 主要完成哪三个阶段的工作？

9.4　梯形图编程原则有哪些？

9.5　写出梯形图（见图 9-15）对应的指令表。

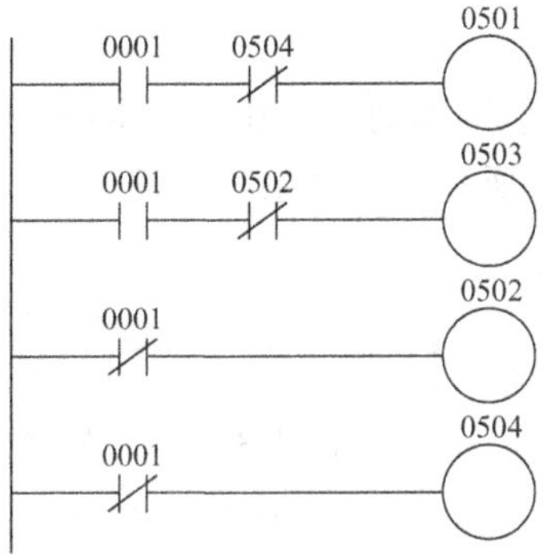

图 9-15　题 9.5 图

第 10 章　工厂供电与安全用电

内容提要：本章介绍了电力系统的组成、工厂供配电常识、安全用电常识及措施、节约用电的一些措施。

10.1　电力系统概述

电能是现代工业生产的主要能源和动力，在工矿企业、交通运输、国防科技和人民生活诸方面得到广泛应用。如图 10-1 所示，电力系统由发电厂、电力网和电能用户部分组成。

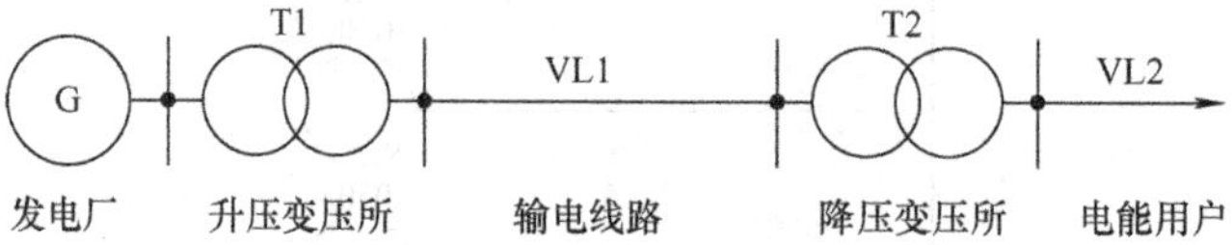

图 10-1　电力系统的组成

1. 发电厂

发电厂又称发电站，是将自然界蕴藏的各种一次能源转换为电能（二次能源）的工厂。发电厂按其所利用的能源不同，分为水力发电厂、火力发电厂、核能发电厂、风力发电厂以及太阳能发电厂等。由于我国的煤矿资源和水力资源丰富，因此，水力发电和火力发电占据了我国电力生产的主导地位。

2. 电力网

电力网是由变电站和不同电压等级的输电线路组成，其作用是输送、控制和分配电能。按供电范围、输送功率和电压等级的不同，电力网可分为地方电力网、区域电力网和超高压电力网三类。

地方电力网是指电压等级为 35 ~ 110kV，输电距离在 50km 以内的电力网，由于它直接将电能送到了用户，故又称配电网。

区域电力网是指电压等级为 110 ~ 220kV，输电距离在 50 ~ 300km 的电力网。它可以将较大范围内的发电厂联系起来，通过高压输电线路向较大范围内用户输送电能。

超高压电力网是指电压等级为 330 ~ 750kV，输电距离在 300 ~ 1000km 的电力网。它将地处远方的大型发电厂电能送往电力负荷中心，同时可以将几个区域电力网连接成跨省的大电力系统。

变电站是接受电能、变换电能和分配电能的场所，一般可分为升压变电站和降压变电站两大类。升压变电站多设在发电厂内，将发电厂生产的电能变成高压电能进行远距离传输。提高输电电压，不仅可以增大输送容量，而且会使输电成本降低、金属材料消耗减少、线路走廊利用率增加。通常将 220kV 及以下称为高压输电，330 ~ 765kV 的输电电压称为超高压输电，1000kV及以上的输电电压称为特高压输电。我国国家标准中规定输电线的额定电压为35kV、110kV、220kV、330kV、500kV、750kV等。降压变电站是将高电压变换为一个合理、规范的低电压，一般建立在负荷中心地点。

3. 电能用户

所有消耗电能的单位均称为电能用户。按其对供电可靠性要求的不同，通常分为三级。

（1）一级负荷　突然停止供电时，将造成人身伤亡，重大设备损坏，产品出现大量废品，引起生活混乱，重要城市供水、通信中断等。这类负荷应有两个独立电源供电。两个独立电源是指两个发电厂、一个发电厂和一个地区电网或两个地区变电所等。

（2）二级负荷　突然停止供电时，引起严重减产、停工，生产设备局部破坏，局部地区交通阻塞，大部分城市居民正常生活被打乱。这类负荷应尽量采用两回路供电，两回路应引自不同的变压器或母线段。

（3）三级负荷　突然停止供电时造成的损失较小，对供电无特殊要求，一般单回路供电。

10.2 工厂供配电常识

通常，工厂供配电系统由总降压变电所、高压配电所、配电线路、车间变电所和用电设备等组成。其具体组成，还取决于高压用电距离、企业的总负荷、负荷的分布和负荷的性质等因素。一般，工厂供配电有以下几种形式。

1. 大型企业的供电

电源进线一般为35kV或以上。通常先由总降压变电所将输入高压降为6～10kV，然后通过高压配电线输送到各用电变电所，再由变电所降为380/220V，分送到车间的各配电箱。目前也有将35kV直接降为380/220V使用的，称为35kV电源直配方式。

2. 中型企业的供电

电源进线一般为6～10kV。经高压配电所，通过高压配电线输送到各用电变电所，降为380/220V低压后供给用电设备。

3. 小型企业的供电

一般只需设立降压变电所。直接将进线6～10kV的电压降为380/220V低压后供给用电设备。

总之，具体到某个实际的配电系统各部分的设立与连接方式，随企业的具体情况而定。

10.3 安全用电

供配电系统要进行正常运行，首先必须保证其安全性。安全用电包括人身安全和设备安全。当发生用电事故时，不仅会损坏用电设备，而且还可能引起人身伤亡、火灾或爆炸等严重事故。因此，讨论安全用电问题是十分必要的。

10.3.1 电流对人体的危害

电流对人体的危害，概括起来有电击和电伤两种。

电击的伤害程度与通过人体电流的大小、电流通过人体的持续时间、电流通过人体的途径、电流的频率及人体的健康状况等因素有关。电流对人体能产生综合性的影响。电流通过人体后，使肌肉收缩产生运动，造成机械损伤。电流产生的生物化学反应将引起人体一系列的病理反应和变化，从而使人体遭受严重的伤害。其中尤为严重的是当电流流经心脏时，微小的电流即可引起心室颤动，甚至导致死亡。表 10-1 给出人体对不同电流的生理反应，这些数据是科学家通过事故分析获得的近似结果。

表 10-1　人体对电流的生理反应

电流大小/mA	生理反应
1 ~ 5	能感觉到，但无害
10	有害电击，但没有失去肌肉控制
23	严重有害电击，肌肉收缩，呼吸困难
35 ~ 50	极端痛苦
50 ~ 70	肌肉麻痹
235	心脏颤动，通常在几秒内死亡
500	心脏停止跳动

人体触电，当接触电压一定时，流经人体的电流大小由人体的电阻值决定。人体的电阻越小，流过人体的电流越大，也就越危险。目前根据国际电工委员会标准，不论男女老少均采用 10mA 作为安全电流值。可以通过建立简单的人体电路模型来研究电流流经人体的情况。图 10-2a 为人体简化电路模型，其中 $R_1 \sim R_4$ 分别表示头颈、臂、胸腹和腿的电阻。一种可能的触电方式为手和单脚接触电气设备电源的两端而遭受电击，如图 10-2b 所示，其中 $R_{P1}R_{P2}$ 分别为手部和脚部的接触电阻，u_S 为电源电压。通常我们可以假设 $u_S = 220V$，$R_1 = 500\Omega$，$R_2 = 350\Omega$，$R_3 = 50\Omega$，$R_4 = 200\Omega$，$R_{P1} = 3k\Omega$，$R_{P2} = 8k\Omega$，则流过人体的电流为

$$i = \frac{u_S}{R_{P1} + R_2 + R_3 + R_4 + R_{P2}} = \frac{220}{3000 + 350 + 50 + 200 + 8000}A = 18.97mA$$

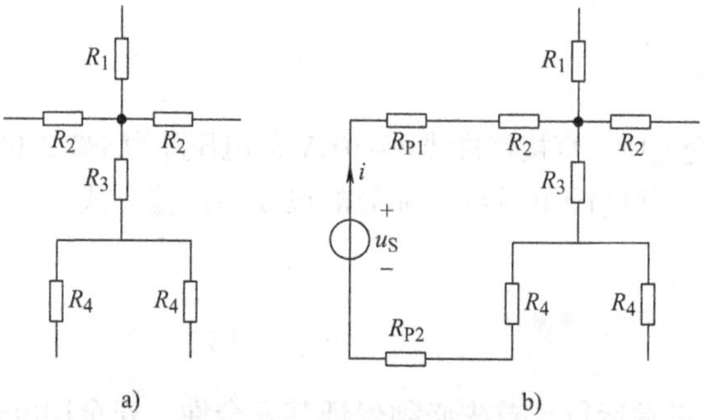

图 10-2　人体简化电路模型

可见，流经人体的电流超过了安全电流值。一旦出现触电事故，先要切断电源，再实施其他抢救措施。

常用的50～60Hz的工频交流电对人体的伤害最为严重，频率偏离工频越远对人体的伤害相对越轻。通过人体的工频电流超过50mA时，就有生命危险，若不及时脱离电源并及时抢救，人很快就会死亡。人体电阻为10～50kΩ，当角质层被破坏时，则降到800～1000Ω。按照人体最小电阻800～1000Ω来计算，可知接触36V以下的电压时，通过人体的电流不会超过50mA，故把36V及以下电压称为安全电压，常用的安全电压有36V、24V、12V等，例如手提照明灯、便携式电动工具等常用24V电源。对潮湿、导电尘埃较多的不良环境，可采用更低的安全电压（如6V）。目前，大多数国家将交流50V作为安全电压的极限值。

电伤是电对人体外部造成的局部伤害，包括电弧烧伤、熔化的金属渗入皮肤等伤害。电伤事故的危险虽不及电击严重，但也不可忽视。

10.3.2 人体触电方式

1. 单相触电

当人体直接接触带电设备的其中一相时，电流通过人体，这种触电现象称为单相触电。当人体碰触裸露的相线时，一相电流通过人体，经大地回到中性点。由于人体电阻比中性点直接接地的电阻大很多，所以相电压几乎全部加在人体上，十分危险。

2. 两相触电

人体同时接触不同相的两相带电导体，而发生触电，电流从一相导体通过人体流入另一相导体，构成一个闭合回路，这种触电方式称为两相触电。发生两相触电时，作用于人体上的电压等于线电压，因为没有任何绝缘保护，所以这种触电是最危险的。

3. 跨步电压触电

雷电流入地或电力线断散到地时，会在导线接地点及周围形成强电场。当人畜跨入这个区域，两脚之间出现的电位差即为跨步电压。线路电压越高，落地点越近，跨步电压越大，触电危险性越大。当距离超过20m（理论上为无穷远）时，可以认为跨步电压为0，不会发生触电危险。

4. 接触电压触电

人体与电气设备的带电外壳接触而引起的触电称为接触电压触电。人体站立点离接地点越近，接触电压越小。

5. 剩余电荷触电

剩余电荷触电是指人体触及带有剩余电荷的设备时，对人体放电造成的触电事故。带有剩余电荷的设备通常含有储能元件，如电容器、电力电缆、电力变压器及大容量电动机等，在运行结束或对其进行类似摇表测量的检修后，会带有剩余电荷，要及时对其放电，避免触电事故。

10.3.3 防止触电

防止触电是安全用电的核心。没有一种措施或一种保护器是万无一失的。最保险的钥匙掌握在你的手中，即安全意识和警惕性。遵循以下几点是最基本、最有效的安全措施。

1. 建立安全制度

所有的用电单位都要根据本单位的具体情况，建立起一套切合实际的安全用电制度，并且宣传、落实到每一个人。

2. 采取安全措施

1）用电单位的工作场所输电、配电、电源及布线，一定要按照国家有关标准规范施工，以保证工作环境符合安全用电标准。

2）根据用电的工作要求，选用合理的供电方式，建立防护系统（保护接地或保护接零等）。

3）电源的总开关及各重要场所的分开关，尽量采用自动开关，并装设漏电保护器，以保证在出现漏电及发生触电事故时及时跳闸。

4）随时检查所用电器的插头、电线，发现破损老化及时更换。

5）手持式电动工具尽量使用安全电压工作。

3. 注意安全操作

1）检修电路或电器都要确保断开电源，并在电源开关处挂上警示牌。

2）操作时，应根据检修对象采用相应规定装备，如穿绝缘鞋、戴绝缘手套、使用绝缘工具等。

3）遇到不明情况的电线，先认为它是带电的。

4）尽量养成单手进行电工作业的习惯。

5）遇到较大体积的电容器要先行放电，再进行检修。

4. 选购安全产品

系统设计者和用户必须注重总体系统设计，在功能、材料兼容性、额定值、正确安装、使用和维护等多方面考虑，以确保获得安全可靠的产品性能。

10.3.4 安全用电措施

1. 接地保护

接地保护主要是限制设备外壳的对地电压，将其限制在安全范围之内。为防止电气设备绝缘损坏而使人体有触电危险，将电气设备在正常情况下的金属外壳用金属导线与接地体（埋入大地并直接与大地接触的金属导体，称为接地体，如埋设在地下的钢管、角铁等）紧密相连接，作为保护接地，如图 10-3 所示。电气外壳装有保护接地时，若人体接触到外壳，人体就与接地装置的接地电阻并联，由于人体电阻远比接地装置的电阻大，所以电流主要由接地装置分担了，流过人体的电流很小，从而保证了人身安全。保护接地适用于中性点不接地的低压电网。

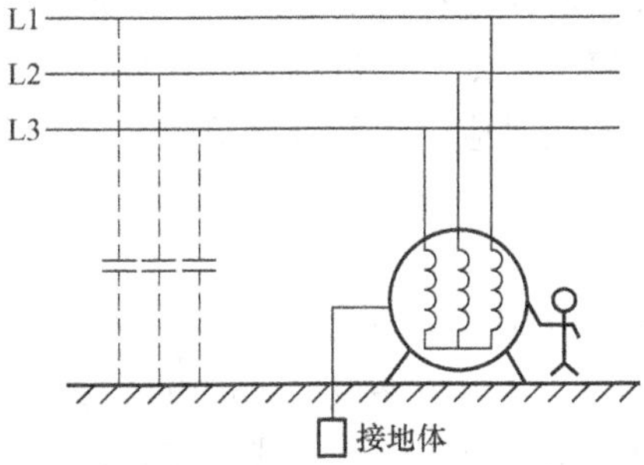

图 10-3 保护接地

2. 保护接零

在电源中性点接地的三相四线制的电网中，为防止因电气设备绝缘损坏而使人触电危险，应将电气设备的金属外壳与中性线（或与中性线相连接的专用保护线）连接起来，称为保护接零或保护接中性线，如图 10-4 所示。这时一旦电动机的一相绝缘损坏与外壳相碰时，该相电源通过机壳和中性线形成单相短路，电流很大，立即将线路上的熔丝熔断，或使其他保护设备迅速动作，切断线路，从而消除机壳带电的危险，起到保护作用。家用电器一般采用接零保护。

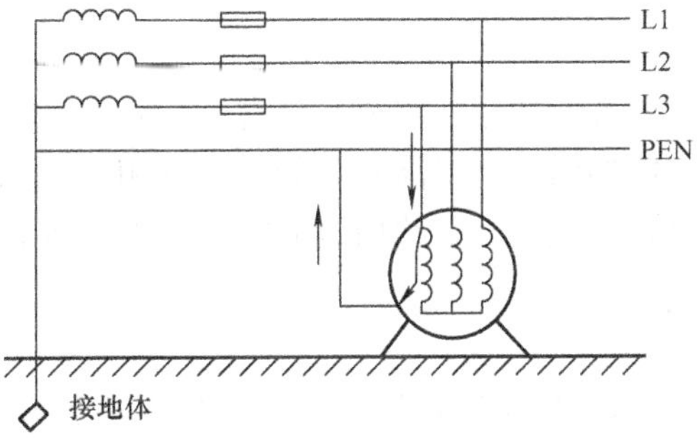

图 10-4 保护接零

3. 漏电保护开关

漏电保护开关有电压型和电流型两种，其工作原理基本相同，即可以把它看作一种具有检测漏电功能的灵敏继电器，当检测到漏电情况后，控制开关动作切断电源。由于电压型漏电保护开关安装较复杂，目前发展较快、使用广泛的主要是电流型漏电保护开关。

10.3.5 触电急救与电气消防

1. 触电急救

发生触电事故，千万不要惊惶失措，必须用最快的速度使触电者脱离电源。脱离电源最有效的措施是拉闸或拔出电源插头。如果一时找不到或来不及找电源插头的情况下，可用绝缘物（如带有绝缘柄的工具、木棍、塑料管等物件）移开或切断电源线。关键是：一要快，二要不使自己触电。一两秒的迟缓都可能造成无可挽救的后果。

脱离电源后如果病人呼吸、心跳尚存，应尽快送医院抢救。若心跳停止则采用人工心脏挤压法维持血液循环；若呼吸停止，则立即进行人工呼吸；若心跳、呼吸均停止，则同时采用上述两种方法急救，在抢救的同时应向医院告急求救。

2. 电气消防

高温是产生火灾与爆炸的直接原因。在发电、变电或用电等场所，产生高温的原因很多，如电气设备和线路超载运行、发生短路事故、雷电通过、电火花、电弧、散热不良、通风堵塞都可能造成高温。有时触头接触不良、导线连接处松动等都可使电阻增大，造成该处高温。因此，防火防爆的关键是防止高温，并应预防为先。要正确选用电气线路和电气设备，正确安装电气设备，保证电气设备的正常运行。

一旦发生电气火灾时，电气设备有可能带电，应注意防止触电，首先要尽快切断电源（拉开总开关或失火电路开关）。

电气火灾灭火应使用沙土、二氧化碳或四氯化碳等不导电灭火介质，忌用泡沫或水进行灭火。同时注意保持人体与带电部分的安全距离，不可将身体及灭火工具触及带电设备及线路。

有些电气设备有大量的变压器油，在充油设备发生火灾时，应注意防止喷油和爆炸。应立即将变压器油引入储油坑，防止着火的油流入电缆沟顺沟蔓延。

10.4 节约用电

随着国民经济的发展，各方面的用电需要日益增长。节约用电是指在满足生产、生活所必需的用电条件下，减少电能的消耗，提高用户的电能利用率和减少供电网络的电能损耗。节约用电对发展国民经济有重要意义。节约用电的措施主要包括下列几项。

1. 发挥用电设备的效能

应正确选择电动机及变压器的额定功率，避免“大马拉小车”的现象。电动机和变压器在接近额定负载时运行效率最高，且功率因数也较高，而在空载或轻载时效率及功率因数都较低，损耗大。

2. 提高线路和用电设备的功率因数

提高功率因数的目的在于发挥发电设备的潜力和减少输电线路的损失。在《供电营业规则》中规定：“用户在当地供电企业规定的电网高峰负荷时的功率因数应达到下列规定：100kV · A 及以上高压供电的用户功率因数为 0.90 以上。其他电力用户和大、中型电力排灌站等企业，功率因数为 0.85 以上。农村用电，功率因数为 0.80 及以上。”

3. 降低线路损耗

要降低线路损耗，除提高功率因数外，还必须合理选择导线截面，适当缩短大电流负载的连接，保持连接点的紧接，安排三相负载接近对称等。

4. 技术革新

改造现有能耗大的供用电设备，逐步更新、淘汰现有低效率的电气设备，其节电效果也是十分显著的。

5. 加强用电管理

工厂不仅要建立一个功能完善的能源管理机构，而且要建立一套科学的能源管理制度，加强并不断完善用电定额管理，加强节电的宏观管理。

本章小结

1. 电力系统由发电厂、电力网和电能用户组成。电力网是连接发电厂和电能用户的中间环节，它是由变电所和输电线路组成。

2. 工厂供配电系统由总降压变电所、高压配电所、配电线路、车间变电所和用电设备等组成。

3. 为了确保用电安全，必须建立安全用电制度，采取一系列的保护措施，如接地保护、接零保护、安装漏电保护及电气消防保护等。

4. 节约用电的措施主要有：正确选择电动机及变压器的额定功率、提高线路和用电设备的功率因数、降低线路损耗、改造现有能耗大的供用电设备、加强用电管理。

思考与习题

10.1　什么是电力系统？什么是电力网？试述电力系统的作用和组成。

10.2　什么叫工作接地与保护接地？什么叫保护接零？为什么在同一系统中不允许有的设备采取接地保护而另一些设备又采取接零保护？

10.3　什么叫接触电压和跨步电压？一般离接地故障点多远的范围对人身比较安全？

10.4　装设漏电保护装置的目的是什么？

10.5　为什么中性点接地的系统中不采用保护接地？

10.6　为什么中性点不接地的系统中不采用保护接零？

第11章　电工测量

内容提要：本章介绍了电工测量仪表的分类、标记符号及形式，电流、电压和功率的测量，万用表的类型及使用，兆欧表的使用。

11.1　电工测量仪表的分类及标记符号

测量是人类对自然界的客观事物取得数量概念的一种认识过程。电工测量就是利用电工测量仪表对电路中的各个物理量，如电流、电压、电功率、电能量等参数的大小进行实验测量。电工测量仪表是实现电工测量过程所需技术工具的总称。

按测量的方法，电工测量仪表可分为比较式仪表和直读式仪表两类。比较式仪表需将被测量与标准量进行比较后才能得出被测量的数量，常用的比较式仪表有电桥、电位差计等。直读式仪表将被测量的数量由仪表指针在刻度盘上直接指示出来，常用的电流表、电压表等均属直读式仪表。直读式仪表准确度不如比较式仪表，但因其测量过程简单，操作容易，价格低廉，被广泛应用。

按被测量的种类，电工测量仪表可分为电流表、电压表、功率表、频率表、相位表等。

按电流的种类，电工测量仪表可分为直流仪表、交流仪表和交直流两用仪表。

按仪表的工作原理，电工测量仪表可分为磁电系仪表、电磁系仪表、电动系仪表。

按仪表的显示方法，电工测量仪表可分为指针式（模拟式）仪表和数字式仪表两大类。

按仪表的准确度，电工测量仪表可分为0.1、0.2、0.5、1.0、1.5、2.5和5.0共7个等级。0.1和0.2级仪表用来进行精密测量或当成标准表校正其他仪表，0.5、1.0、1.5级用于实验室，2.5和5.0级用于工程测量。

准确度是电工测量仪表的主要特性之一。仪表的准确度与其误差有关。不管仪表制造得如何精确，仪表的读数和被测量的实际值之间总是有误差的。测量误差通常用绝对误差和相对误差来表示。

绝对误差是指仪表所测得示值A_X与被测量实际值A_0之差，用符号Δ表示，即

$$\Delta = A_X - A_0$$

相对误差是指绝对误差Δ与被测量实际值A_0之比的百分数，用符号v表示，即

$$v = \frac{\Delta}{A_0} \times 100\% \tag{11-1}$$

准确度是指仪表的最大绝对误差Δ_m与最大量程（满刻度）A_m的百分比，用$\pm K\%$表示，即

$$\pm K\% = \frac{\Delta_m}{A_m} \times 100\% \tag{11-2}$$

例11-1　有一准确度为1.5级、量程为50V的电压表，试分别计算测量10V和40V电压时的最大相对误差。

解：由式(11-2) 可知，此表产生的最大绝对误差为

$$\Delta_m = \pm K\% A_m = \pm 1.5\% \times 50V = \pm 0.75V$$

由式(11-1) 可知，10V 和 40V 电压时的最大相对误差为

$$v_{10} = \frac{\Delta_m}{A_0}\times 100\% = \frac{\pm 0.75V}{10V}\times 100\% = \pm 7.5\%$$

$$v_{40} = \frac{\Delta_m}{A_0}\times 100\% = \frac{\pm 0.75V}{40V}\times 100\% = \pm 1.9\%$$

可见，测量值越接近仪表的量程，其相对误差越小。因此，在选用仪表时，尽量使测量值在仪表量程的 2/3 以上。

电工测量仪表的表面有各种标记符号，以表明它的基本技术特性。电工仪表常见的表面标记符号如表 11-1 所示。

表 11-1　电工仪表常见的表面标记符号

分　类	符　号	名　称	分　类	符　号	名　称
电流种类	⎓	直流	端钮	+	正端钮
	～	交流		−	负端钮
	≃	交直流		*	公共端钮
	≋	三相交流	工作位置	⊥	标尺位置垂直
测量位置	A	安		⊓	标尺位置水平
	V	伏		∠60°	标尺位置与水平面夹角为 60°
	W	瓦	外界条件		Ⅰ级防外磁场（如磁电系）
	var	乏			Ⅰ级防外电场（如静电系）
	Hz	赫			Ⅱ级防外磁场及电场
工作原理		磁电系仪表			Ⅲ级防外磁场及电场
		电磁系仪表			Ⅳ级防外磁场及电场
		电动系仪表			A 组仪表
		磁电系比率表			B 组仪表
		铁磁电动系仪表			C 组仪表
		整流系仪表	绝缘强度		不进行绝缘强度试验
准确度等级	1.5	以表尺量限的百分数表示			绝缘强度试验为 2kV
	(1.5)	以指示值的百分数表示			

11.2 电工测量仪表的形式

按照工作原理可将常用的直读式仪表主要分为磁电系、电磁系和电动系等几种。

1. 磁电系仪表

磁电系仪表构造如图 11-1 所示。

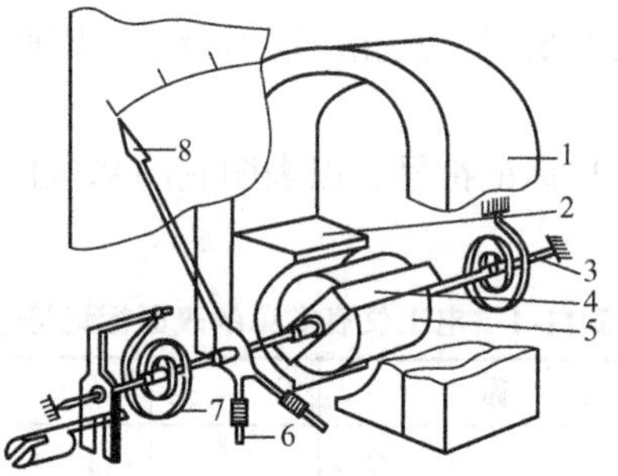

图 11-1 磁电系仪表构造

1—永久磁铁 2—极掌 3—转轴 4—可动线圈 5—圆柱形铁心 6—平衡锤 7—游丝 8—指针

当被测电流 I 通过可动线圈时，产生转动力矩带动指针偏转。当转动力矩与游丝的反作用力相平衡时，指针就停留不动了。指针的偏转角与通过线圈的电流成正比，因此磁电系仪表的刻度是均匀的。

磁电系仪表的优点是刻度均匀，灵敏度和准确度高，消耗电能少，受外界磁场影响小。缺点是只能测量直流电，过载能力较小，价格高。

2. 电磁系仪表

电磁系仪表有吸引式和推斥式。其中推斥式电磁系仪表的结构图如图 11-2 所示。

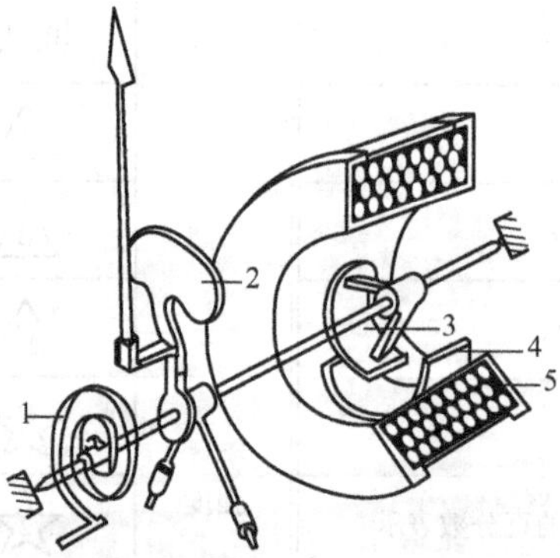

图 11-2 推斥式电磁系仪表的结构图

1—游丝 2—阻尼翼片 3—动铁心 4—静铁心 5—裸管线圈

当被测电流 I 通过线圈时，在线圈周围产生磁场，磁场中的软铁片磁化后被吸引或推斥，使仪表可动部分转动带动指针偏转。指针的偏转角与通过线圈的电流二次方成正比，即

$$\theta = kI^2 \tag{11-3}$$

式中电流以二次方的形式出现，电流的方向改变时，转矩的方向不变，所以电磁系仪表是交、直流两用表。由于偏转角与通过线圈的电流二次方成正比，因此标尺上的刻度是不均匀的。磁电系仪表结构简单、价格低廉，可测量交、直流电，具有较大的过载能力。缺点是刻度均匀性不好，灵敏度、准确度不高，易受外磁场干扰，不宜用在高频电路中。

3. 电动系仪表

图 11-3 是电动系仪表的结构示意图。

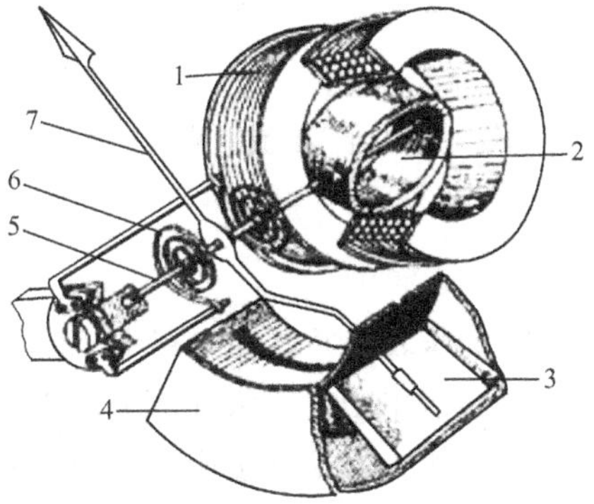

图 11-3　电动系仪表的结构示意图

1—固定线圈　2—可动线圈　3—阻尼翼片　4—空气阻尼盒　5—转轴　6—游丝　7—指针

它有两个线圈，固定线圈用来形成磁场，该磁场的强度和通过该线圈中的电流 I_1 成正比，可动线圈通过电流 I_2 后在磁场中受力形成转矩。

测量直流时，偏转角与电流 I_1、I_2 的乘积成正比。测量交流时，偏转角与电流的关系为 $\theta = kI_1I_2\cos\phi$（ϕ 为电流 i_1、i_2 的相位差）。

电动系仪表的优点是可以测量直流电和交流电，准确度较高，还可以用来测量负载的功率。其缺点是容易受外界磁场干扰，过载能力较差。

11.3 电流、电压、功率的测量

11.3.1 电流的测量

如图 11-4a 所示，测量电流时电流表应串联在电路中。为了使电路的工作不因接入电流表而受影响，电流表的内阻必须很小。因此，如果不慎将电流表并联在电路的两端，则电流表将被烧毁，在使用时务必注意。

在测量时应正确选择量程。如被测电流大小不清楚，应先用大量程，再根据指针偏转情况转换到合适的量程。

被测电流超过电流表的量程会造成电流表的损坏。对于交流电流，可采用电流互感器来扩大量程。对于直流电流，可采用在电流表上并联电阻 R_A（分流器）的方法扩大量程，如图 11-4b 所示，其值为

$$R_A=\frac{R_0}{\frac{I}{I_0}-1} \tag{11-4}$$

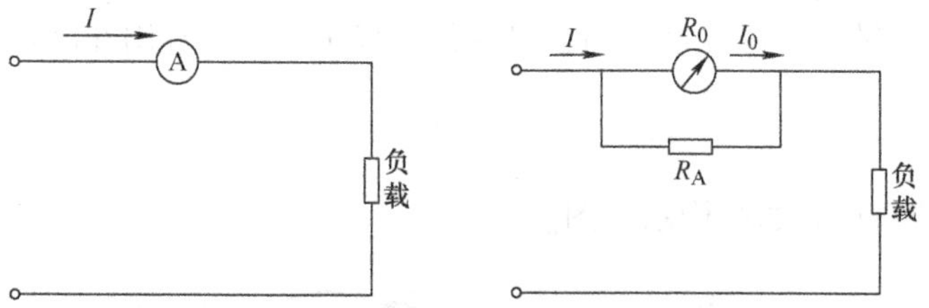

a) 测量电流　　b) 扩大电流表的量程

图 11-4　电流的测量

11.3.2　电压的测量

如图 11-5a 所示，测量电压时电压表应并联在电路中。为了使电压表的接入不影响测量值，所选择仪表的内阻必须远大于负载电阻。扩大交流电压表量程的方法主要是采用电压互感器。如图 11-5b 所示，可采用在电压表上串联电阻 R_V（倍压器）的方法扩大直流电压表的量程，其值为

$$R_V=R_0\left(\frac{U}{U_0}-1\right) \tag{11-5}$$

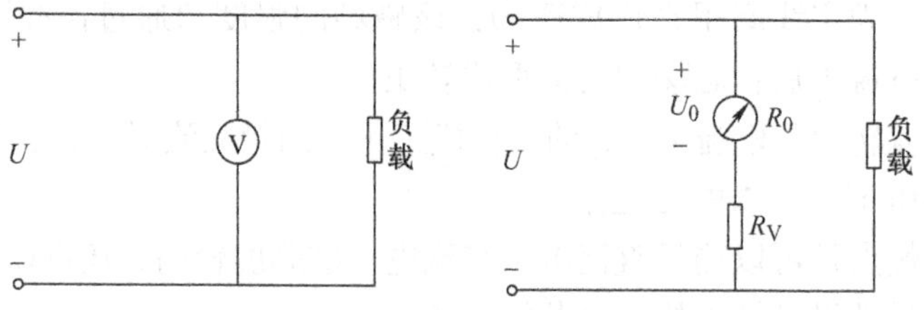

a) 测量电压　　b) 扩大电压表的量程

图 11-5　电压的测量

11.3.3　功率的测量

1. 直流功率和单向交流功率的测量

功率的测量需要电压和电流两个参数，因此构成功率表必须要有两个线圈，如图 11-6 所示，一个和负载并联反映电压的大小，称为电压线圈；另一个和负载串联连接反映电流的大小，称为电流线圈。功率表偏转角的大小与负载的有功功率成正比。所测的功率 P 为

$$P = \frac{\text{所选择的电压量程} \times \text{所选择的电流量程}}{\text{仪表满刻度的格数}} \times \text{实测格数}$$

功率表接线时必须注意线圈的极性，只有电流都从规定的流入端流入时指针才是正偏的，否则指针反转不能读数。在符号图上和实际电表中都用 * 号作为电流流入端的记号。

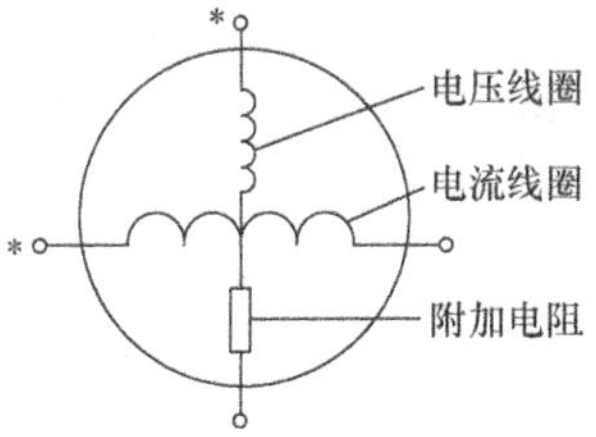

图 11-6　功率表内部接线

使用功率表测量功率有两种接法，如图 11-7 所示。图 11-7a 是电压线圈的前接，它适用于负载电压比较高的场合，带来的误差是电流线圈的功耗误差；图 11-7b 是电压线圈后接，带来的误差是电压线圈的功耗误差，它适用于负载电压比较低，而电流又比较大的场合。

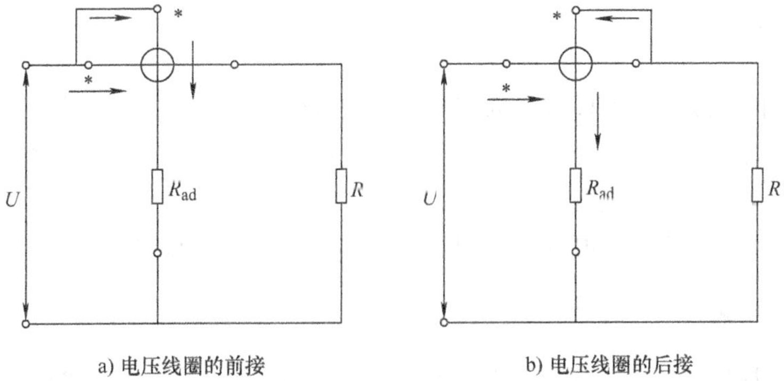

图 11-7　功率表接线图

2. 三相功率的测量

三相功率的测量要根据负载的连接方式和对称与否采用不同的测量方法。常用的测量方法有一表法、两表法。

（1）一表法　此法只适用于三相四线制系统中三相对称负载功率的测量。由于三相功率相等，因此三相功率等于单相功率的 3 倍。

（2）两表法　在三相三线制电路中，不论负载为星形联结或三角形联结，也不论负载对称与否，都广泛采用两表法来测量三相功率，其接线方法如图 11-8 所示。设负载为星形联结，则三相瞬时功率为

$$p = p_1 + p_2 + p_3 = u_1 i_1 + u_2 i_2 + u_3 i_3$$

因为 $i_1 + i_2 + i_3 = 0$，所以

$$p = u_1 i_1 + u_2 i_2 + u_3(-i_1 - i_2) = (u_1 - u_3) i_1 + (u_2 - u_3) i_2 = u_{13} i_1 + u_{23} i_2 = p_1 + p_2$$

由上述推导可知，三相功率可以用两个功率表来测量。每个功率表的电流线圈中通过的是线电流，电压线圈所加的是线电压。两个电压线圈的一端都连在未串联电流线圈的相线上。应注意，两个功率表的电流线圈可以串联在任意两线中，两个功率表读数之和即为三相功率。

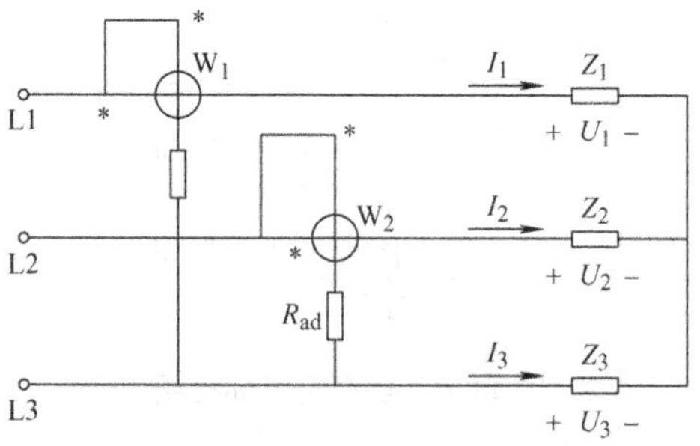

图 11-8　两表法测量三相功率

11.4　万用表和兆欧表

11.4.1　万用表

万用表是一种可以测量多种电量的多量程便携式仪表。由于它具有测量种类多、量程范围宽、价格低，以及使用和携带方便等优点，因此广泛应用于电气维修和测试中。一般的万用表可以测量直流电流、直流电压、电阻、交流电压等电量，有的万用表还可以测量交流电流、电容、电感以及晶体管的值等。万用表有磁电系和数字式两种。

1. 磁电系万用表

磁电系万用表由磁电系微安表、若干分流器和倍压器、半导体二极管及转换开关等组成，可以用来测量直流电流、直流电压、交流电压和电阻等。图 11-9 是常用的 MF－30 型万用表的面板图。

使用电表前首先要观察万用电表的外表是否正常，指针是否停在“0”位置处，如有偏差可以用电表表头下方的调零螺钉加以调节。

由于万用电表测量对象较多，使用时一定要正确选择测量档位。如果用电流档或电阻档测量电压，将会把表烧坏。

应合理选择量程。电压、电流的测量应使测量对象在电表量程的 2/3 以上。测量电阻时指针在指示范围的中间读数的分辨率比较高，测量结果也更精确。不要带电切换量程，以免使转换开关在转换过程中产生电弧而烧坏。

测量电阻时，必须切断被测电路的电源，以免损坏电表。测量前应将红黑表笔短接，进行欧姆调零，并且每次更换量程时都要调零。用毕应将转换开关转到高电压挡位，以免浪费电池。

普通万用表只适于测量频率为 45 ~ 1000Hz 的交流电压。

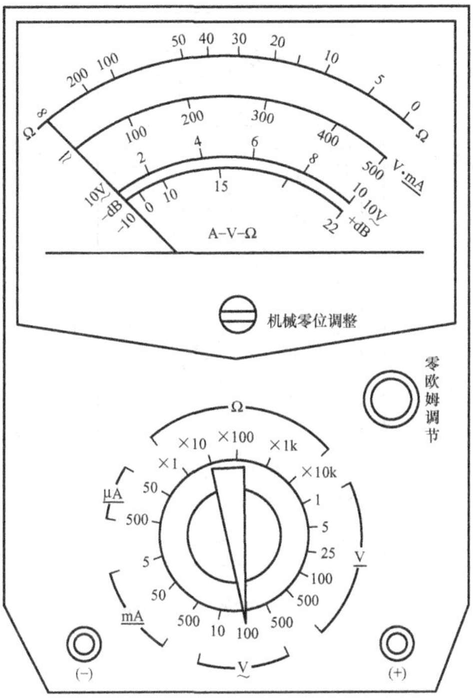

图 11-9　MF－30 型万用表的面板图

在用欧姆档测试二极管或晶体管参数时，应选用 $R\times100$ 或 $R\times1k$ 档。否则将因测试电流过大（用 $R\times1$ 档）或电压太高（$R\times10k$ 档）而损坏被测管了。

此外，面板上的“＋”端接在表内电池的负极，而“－”端是接在电池的正极的。

2. 数字式万用表

数字式万用表测量结果直接用数字显示，非常直观，减少了因读数不正确而造成的误差。

图 11-10 是 DT－830 型数字式万用表的面板图。其显示器可显示四位数字，最高位只能显示 1 或不显示数字，最大指示值为 1999 或－1999。当被测量超过最大指示值时，显示“1”或“－1”。使用时将黑色测试笔插入“COM”插座。红色测试笔有三种插法，测量电压、电阻、晶体管电流放大系数 h_{FE}时插入“V · Ω”插座；测量小于 200mA 的电流时插入“mA”插座；测量大于 200mA 的电流时插入“10A”插座。

DT－830 型数字式万用表的测量范围如下：

1）直流电压分五档：200mV、2V、20V、200V、1000V。输入电阻为 10MΩ。

2）交流电压分五档：200mV、2V、20V、200V、750V。输入阻抗为 10MΩ。频率范围为 40～500Hz。

3）直流电流分五档：200μA、2mA、20mA、200mA、10A。

4）交流电流分五档：200μA、2mA、20mA、200mA、10A。

5）电阻分六档：200Ω、2kΩ、20kΩ、200kΩ、2MΩ、20MΩ。

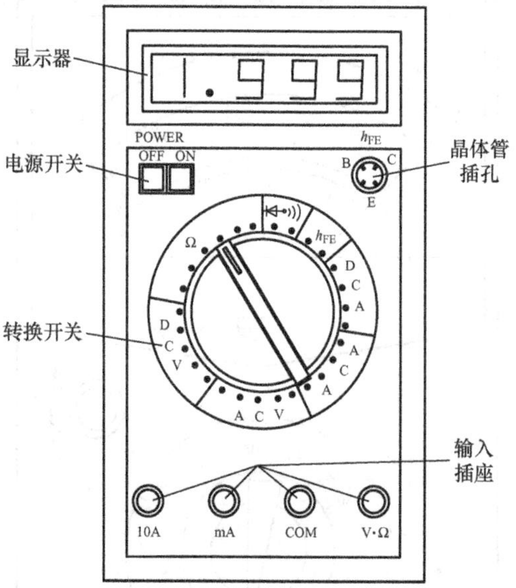

图 11-10　DT-830 型数字式万用表的面板图

11.4.2　兆欧表

兆欧表是用于测量高电阻的仪表，它是专用于检查和测量电气设备或供电线路的绝缘电阻的一种可携带式仪表。

常用兆欧表包括比率表型的磁电系测量机构和手摇直流发电机两部分，输出电压有 500V、1000V、2500V、5000V 等几种。

选用兆欧表时，其额定电压一定要与被测电气设备或线路的工作电压相对应，测量范围应与被测绝缘电阻的范围相吻合。不能用额定电压过高的兆欧表测量低电压电气设备的绝缘电阻，以免设备的绝缘受到损坏。用额定电压较低的兆欧表测量高电压电气设备的绝缘电阻，其测量结果不能正确地反映在工作电压作用下的绝缘电阻。

兆欧表接线柱有 3 个：L（线路）、E（接地）和 G（屏蔽）。

在测量前应进行开路和短路试验，检查仪表是否良好：将 L、E 两端开路，摇动手柄，指针指示电阻为∞；将 L、E 两端短接，摇动手柄，指针指示电阻为 0，则说明仪表正常。

要根据不同测量对象进行相应接线。测量电路的绝缘电阻时，被测电阻接在 L 与 E 之间；测量电机某相的绝缘电阻时，E 接电机机座，L 接被测相；测量电缆绝缘电阻时，E 接电缆外表皮（铅套）上，L 接电缆线芯，G 接线芯最外层绝缘层上。

手柄的摇动要由慢到快，直到转速为 120r/min 左右后保持稳定，一般转动 1min，待指针稳定后读数。若发现指针指零，说明被测对象出现短路现象，应立即停止摇动，以免兆欧表因发热而损坏。

兆欧表未停止转动之前，切勿用手去触及设备的测量部分或兆欧表接线柱。待兆欧表停止转动和被测物接地放电后方可拆除连接导线。

本 章 小 结

1. 电工仪表按其工作原理可分为磁电系、电磁系、电动系等类型，一般可以用来测量电流、电压、电阻、功率、功率因数等。

2. 测量电流时电流表应串联在电路中。测量电压时电压表应并联在电路中。测量三相功率常用的测量方法有一表法、两表法。

3. 万用表是一种多量程、多用途的常用电工仪表，有磁电系和数字式两种类型，可以测量电流、交直流电压和电阻等电学量。

4. 兆欧表又称摇表，它是专用于检查和测量电气设备或供电线路的绝缘电阻的一种可携带式仪表。

思考与习题

11.1　电工测量仪表是如何分类的?

11.2　电流表和电压表在测量时应该如何接线?

11.3　已知表头的内阻为 1kΩ，满偏电流为 50μA，如果将该量程表的电流扩大为 5A，问应该并联一个多大的分流电阻?

11.4　一磁电系毫伏表，其量程为 150mV，满偏电流为 5mA，求该电压表的内阻。若将其量程扩大到 150V，其附加电阻和电压表的内阻各为多少? 如将其改为 3A 的电流表，则应并接多大的分流电阻?

11.5　功率表是如何工作的? 说说单相有功功率和三相有功功率是如何测量的?

11.6　兆欧表的用途是什么? 使用时应注意哪些事项?

参 考 文 献

[1] 秦曾煌. 电工学 [M]. 7 版. 北京：高等教育出版社，2009.
[2] 林平勇. 电工电子技术 [M]. 2 版. 北京：高等教育出版社，2004.
[3] 周元兴. 电工与电子技术基础 [M]. 北京：机械工业出版社，2005.
[4] 付植桐. 电子技术 [M]. 北京：高等教育出版社，2000.
[5] 方承远. 工业电气控制技术 [M]. 2 版. 北京：机械工业出版社，2000.
[6] 王仁祥. 常用低压电器原理及其控制技术 [M]. 北京：机械工业出版社，2003.